航天科技图书出版基金资助出版

航天集成电路测试技术

蒋顺成　王　勇　主编

中国宇航出版社
·北京·

图书在版编目（CIP）数据

航天集成电路测试技术 / 蒋顺成，王勇主编. -- 北京：中国宇航出版社，2025.1

ISBN 978-7-5159-2186-0

Ⅰ.①航… Ⅱ.①蒋… ②王… Ⅲ.①航天器—集成电路—电路测试 Ⅳ.①V44

中国国家版本馆 CIP 数据核字(2023)第 015685 号

责任编辑　张丹丹　　　**封面设计**　王晓武

出版发行	中国宇航出版社		
社　址	北京市阜成路 8 号 (010)68768548	**邮　编**	100830
网　址	www.caphbook.com		
经　销	新华书店		
发行部	(010)68767386 (010)68767382		(010)68371900 (010)88100613(传真)
零售店	读者服务部 (010)68371105		
承　印	北京厚诚则铭印刷科技有限公司		
版　次	2025 年 1 月第 1 版		2025 年 1 月第 1 次印刷
规　格	880×1230	**开　本**	1/32
印　张	11.5　**彩　插**　4 面	**字　数**	334 千字
书　号	ISBN 978-7-5159-2186-0		
定　价	98.00 元		

本书如有印装质量问题，可与发行部联系调换

航天科技图书出版基金简介

航天科技图书出版基金是由中国航天科技集团公司于2007年设立的，旨在鼓励航天科技人员著书立说，不断积累和传承航天科技知识，为航天事业提供知识储备和技术支持，繁荣航天科技图书出版工作，促进航天事业又好又快地发展。基金资助项目由航天科技图书出版基金评审委员会审定，由中国宇航出版社出版。

申请出版基金资助的项目包括航天基础理论著作，航天工程技术著作，航天科技工具书，航天型号管理经验与管理思想集萃，世界航天各学科前沿技术发展译著以及有代表性的科研生产、经营管理译著，向社会公众普及航天知识、宣传航天文化的优秀读物等。出版基金每年评审2次，资助30～40项。

欢迎广大作者积极申请航天科技图书出版基金。可以登录中国航天科技国际交流中心网站，点击“通知公告”专栏查询详情并下载基金申请表；也可以通过电话、信函索取申报指南和基金申请表。

网址：http：//www.ccastic.spacechina.com

电话：(010) 68767205，68767805

《航天集成电路测试技术》
编 委 会

主　编　蒋顺成　王　勇

副主编　李　澍　姚全斌　林建京　刘　楠

编　者　赵　曦　马明朗　江　良　郭　伟　刘栋嫣
陈　淼　孟　燕　张翠竹　郑　权　周　涛
王　亮　张鑫星　李明哲　胡文瑞　王　莉
冯　伟　段　冲　秦　贺　梁　云　李　鑫
张国良　蔡　琳　周昊鹏　张军强　张　燏
赵　磊　赵　鹏　保兴润　苏良勇　杨晓强
唐景磊　何晓亮　徐道润　吕　慧　祝大龙
郑大农　赵喜庆　闫　娜　英　爽　李冬梅
汤　雷　郭增玉　续焕超　刘晓波　姜　强
李九思　谢君洁　刘文佳　王远程

前言

集成电路的技术水平和发展规模，已成为衡量一个国家产业竞争力和综合国力的重要标志，是大国博弈的重要筹码。航天集成电路是决定产品性能的关键因素，是支撑科技竞争的核心基础，是航天领域的基础性、战略性和先导性技术。

区别于商用集成电路，航天集成电路要在空间辐射、强力学、宽温区等恶劣环境下长期工作，具有显著特点；航天集成电路一旦出现问题，无法更换，将导致产品故障甚至报废。因此，航天集成电路的测试技术极为复杂、要求十分苛刻，贯穿航天集成电路的研制全流程，拥有决定各流程能否进入下一环节与最终应用的一票否决权。

本书由中国航天电子技术研究院组织编写，首先从宏观层面阐述了集成电路测试的基础分类和发展现状，进而深入分析了在技术推动、需求牵引双轮驱动下集成电路测试的发展，再从微观层面将航天集成电路测试方法分门别类，结合大量宝贵实例，对其进行了全面阐述。本书旨在系统固化多年来航天集成电路测试的技术经验与成果，推动其规范发展，提升测试人员实操水平与工作效率，完善航天集成电路人才培育体系。

本书共分6章，第1章为“体”，让读者对集成电路测试产业整体了解；第2、3章为“面”，全面分析集成电路测试的技术与需求；第4章、第5章为“线”“点”，按单片与混合集成电路分类，以实例“勾勒”出具体到细节的测试方法；第6章为“辅”，详细介绍了集成电路测试的典型设备。本书主要面向从事航天集成电路测试工作的技术与管理人员，既可作为工具书使用，也可作为大学相关专业的教学参考书。

在编写本书的过程中，蒋顺成、王勇、李澍、姚全斌、林建京、赵曦、刘楠参与了全书的策划工作。本书编写分工如下：第1章与第2章由马明朗编写，第3章由王亮、马明朗编写，第4章由周涛、段冲、张鑫星、李明哲、胡文瑞、王莉、冯伟、张燏、赵磊、赵鹏、保兴润、苏良勇、杨晓强、唐景磊、何晓亮、徐道润、吕慧、祝大龙、郑大农、赵喜庆编写，第5章由闫娜、秦贺编写，第6章由蔡琳、周昊鹏、张军强编写，赵曦、江良、郭伟、刘栋嫣、张国良、王远程、孟燕、张翠竹、郑权、刘晓波、姜强、李九思、谢君洁、刘文佳参与了全书的统稿，李鑫、梁云、马明朗、陈淼、英爽、李冬梅、汤雷、郭增玉、续焕超参与了全书的审校。

在此，由衷感谢为本书编写付出努力的各级技术人员与管理人员，感谢给予指导的有关专家与领导！

囿于编者的统筹能力和编写水平，本书难免存在疏漏和不妥之处，敬请广大读者批评指正。

编　者

2024年10月

目 录

第 1 章　集成电路测试概论

1.1　概述

集成电路产业是衡量国家综合国力的战略性、基础性、先导性支柱产业，其主体构成涵盖集成电路设计、晶圆制造、封装和测试等多个关键环节。在集成电路产业链条中，集成电路测试是唯一贯穿集成电路生产和应用全过程的环节。从集成电路设计的原型验证测试开始，到晶圆制造中的晶圆测试，再到封装后的成品测试，每一步都离不开测试的严格把关（图 1－1）。

在集成电路产业的工程应用中，由于不同的应用目标和使用条件，集成电路必须经过多种综合性或特需性测试。随着半导体技术的发展和电子领域新技术的出现，集成电路的功能日趋复杂，工作频率持续提升，同时芯片上集成的晶体管数量呈指数级增长，这无疑增加了生产过程中出现缺陷的风险。测试在集成电路产业中扮演的角色越发重要，它对于确保产品性能和质量具有举足轻重的作用。

集成电路测试领域涵盖测试设备和测试服务两大方面。测试设备主要包括各类专用测试仪、测试系统和辅助设备，如信号发生器、频谱分析仪、自动测试系统（ATE）、自动分选机（handler）、探针台（prober）以及老化测试设备等。而集成电路测试服务则涵盖生产、流通和应用三个层面。在生产方面，测试服务涉及验证测试、晶圆中测、产品成测等多个环节，以及工艺过程控制、工厂综合信息管理、可靠性分析、芯片模拟、验证、安全、解密、解剖和可测性设计等多方面的测试服务；在流通和应用方面，测试服务呈现出多样性，包括产量控制测试，验收检验测试以及现场维修测试等；

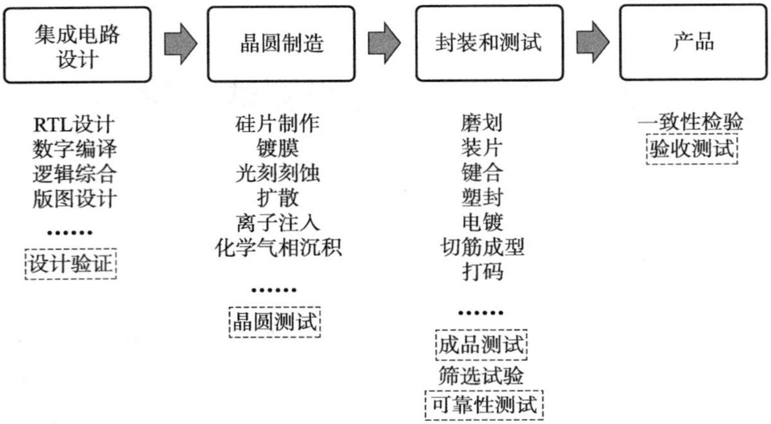

图 1－1　集成电路制造流程

同时，根据测试级别的不同，如器件级、板级和系统级，测试原理和测试设备也会有所差异。

本书所述的集成电路测试，主要是针对集成电路芯片在生产制造过程中可能引入的缺陷进行详尽的检测。这一过程通过参数测试和功能测试两大手段得以实现。参数测试着眼于芯片的交、直流参数测试，用以检验芯片的性能和缺陷程度；而功能测试则运用逻辑故障建模，通过算法自动生成针对这些逻辑故障的测试向量，旨在揭示制造缺陷。测试的作用远不止于判断被测器件是否合格，还可以提供制造过程的相关信息，助力提高成品率。此外，还可以揭示设计方案中可能存在的薄弱环节，为设计问题的检测提供有力支持。

集成电路测试是保障产品性能、质量的关键手段之一，更是支撑集成电路产业发展的三大技术支柱之一。

1.2　基础分类

集成电路测试根据测试内容的不同，主要分为参数测试和功能测试两大类。其基本过程可概括为三步：施加激励、检测响应、结果分析。通过向被测试电路（Device Under Test，DUT）加载测试向量，产生输出响应，测试机（Tester）随后与预期的输出结果进行比较，从而得出测试结果，并据此判断被测试电路的功能和性能参数是否正确。

基于不同的测试目的，集成电路测试可进一步细分为四种类型：验证测试、生产测试、可靠性测试和验收测试。

（1）验证测试

当新款的芯片完成设计与生产后，首先会接受验证测试。此阶段涵盖功能测试，以及交、直流参数的全面检测。通过验证测试，可以诊断和修改设计上的错误，为最终规范（产品手册）提供芯片的电气参数测量数据，并开发出相应的测试流程。

（2）生产测试

当芯片的设计方案通过验证测试，进入量产阶段，便会利用前期调试好的流程进行生产测试。此阶段的主要目的就是明确判断被测芯片是否合格。鉴于每颗芯片都要经过生产测试，测试成本成为首要考虑因素，所以生产测试通常所采用的测试向量集不会包含过多的功能向量，但是必须确保足够高的模型化故障覆盖率。

（3）可靠性测试

通过了生产测试的每一颗芯片性能并不完全相同，最典型的例证就是同一规格产品的使用寿命会存在差异。可靠性测试的目的就是要保证产品的稳定性，通过提高供电电压、延长测试周期、改变温度等手段，将不合格的产品淘汰。

（4）验收测试

验收测试是用户端对接收到的芯片进行的再次检测。例如，系统集成商在组装系统前，会对采购的各个器件进行验收测试。

根据测试方式的不同，集成电路测试分为晶圆测试（中测）和成品测试（成测）两种类型。

（1） 晶圆测试

晶圆测试是指在晶圆制造完成之后、封装之前，通过探针将裸露的芯片引脚与测试机相连对整片未划分封装的晶圆上的芯片进行的检测。

晶圆测试的主要目的是对单个裸芯电性能参数和功能进行测试，保障芯片质量以及合格率，提高良品率，降低后续封测成本。由于封装时会将某些芯片引脚封在内部，导致部分功能无法测试，所以晶圆测试是必需的环节。根据晶圆测试结果，芯片将被划分不同级别，以满足不同市场的需求。

晶圆测试主要使用的设备为测试机和探针台。探针台的主要作用是承载晶圆，自动传送晶圆 die 至测试位置，并不断移送，使得探针卡上的探针可以和芯片 Pad 点连接。而测试机则对芯片施加输入信号并采集输出信号，判断芯片功能和性能是否达到设计规范要求。测试结果通过通信接口传送给探针台，探针台据此对芯片进行打点标记，形成晶圆图（Wafer Map）。探针卡（Prober Card）是测试机和晶圆之间的连接介质，探针主要材质为钨铜或铍铜，一般具有强度高、导电性能良好及不易氧化等特性。由于 DUT 具有独特性，所以不同的芯片需要配备相应型号的探针卡。

（2） 成品测试

成品测试发生在封装完成之后，是对封装后芯片进行功能和电参数性能测试，保证出厂的每个集成电路的功能和性能指标都能够达到设计规范标准。

成品测试主要使用的设备为测试机和分选机。分选机的主要作用是自动拾取待测芯片，放在可监测区域，等到测试机完成测试后，根据测试结果将芯片放置到对应区域，如好品区、坏品区等。与晶圆测试相比，探针卡则换成了测试接口板。

1.3　发展现状

集成电路产业链涵盖上游芯片设计、中游晶圆制造、下游集成电路封装测试等多个关键环节。其中，集成电路封装测试是我国发展最完善的板块，技术能力与国际先进水平比较接近，但大部分的专业集成电路测试资源仍集中在我国台湾地区和东南亚地区。自2000年以来，集成电路专用测试设备经历了大规模的整合，被美国和日本公司高度垄断。在测试机领域，美国泰瑞达和日本爱德万两家公司占据了主导地位，他们的主要机型如SoC测试系统和存储器测试系统，约占全球市场的80%份额，中高端芯片测试机市场几乎被国外企业所垄断。同时，探针台作为与测试机配套进行晶圆测试的关键设备，也主要被日韩企业所掌握，尤其是日本的东京电子和东京精密，这两家公司的合计市场占有率已超过80%。在分选机领域，虽然行业相对较分散，但全球排名前二的美国科休和日本爱德万公司依然占据了约52.5%的市场份额。尽管国外企业在测试设备领域占据主导，但国内专用测试设备在细分领域也有所突破，如北京华峰测控技术股份有限公司的模拟测试机已打开市场，杭州长川科技股份有限公司在测试机和分选机上也有产出，并开始研发探针台。

从总体市场结构来看，集成电路产业链中技术含量较高的芯片设计已成为我国集成电路的第一大细分行业。根据中国半导体行业协会2023年的统计数据，芯片设计销售额在三大行业中占比达到了45%，晶圆制造和集成电路封测占比分别为30%和25%，整体产业结构趋于完善。上游高附加值的芯片设计行业的快速发展，将进一步推动下游集成电路测试行业的进步。我国集成电路产业的专业分工起步较晚，目前第三方独立测试厂商相对分散且规模较小，因此芯片设计公司的测试需求由产业链上下游共同承担，形成了协同合作的局面。无论是晶圆制造厂商、封测一体公司还是专用测试公司，都能提供一定的晶圆测试或芯片成品测试服务，共同服务于芯片设计公司。然而，由于各家公司的主营业务、技术特点以及提供的测试服务各不相同，这也使得他们在市场竞争中展现出不同的优劣势。

未来的测试行业市场空间极为广阔，我国专业测试需求快速增长。受益于集成电路产业加速向我国大陆转移的趋势，以及集成电路产业链分工的日益细化，集成电路测试领域将迎来确定性的发展机遇。根据当前集成电路产业链的现状，虽然独立测试企业中，京元电子股份有限公司已具有一定规模，但总体来看，我国独立测试企业的规模仍然偏小。这主要是因为测试行业属于资金密集和技术密集型领域，需持续投入巨额资金和高层次人才。测试环节位于晶圆制造和芯片封装之后，涉及的专业人才和核心技术各有特色，因此需要由不同的专业代工厂提供相应服务。垂直整合的模式在一定程度上制约了集成电路产业的发展，进一步凸显了独立测试细分领域的重要性。集成电路测试产能主要分布在晶圆制造、封装厂商、独立测试企业和 IDM 厂商等。随着芯片制程不断突破物理极限、芯片功能日趋复杂、资本支出不断增加，越来越多的晶圆制造和封装厂商开始减少测试环节的投资预算，导致产能出现不足，这为独立测试业提供了发展的契机。我国专业测试仍处于初级赶超阶段，数十家中小测试公司随着上游设计、制造环节的快速发展而迅速壮大。

第 2 章　集成电路测试技术

2.1　概述

集成电路测试贯穿于集成电路或模块的设计、制造、封装以及应用等各个环节。这一过程通过测量集成电路的实际输出响应，并与预期输出进行比较，旨在确定或评估集成电路元器件的功能和性能。在整个制造流程中，集成电路测试涵盖了多个关键阶段，包括设计阶段的原型验证、晶圆制造阶段的过程工艺检测、封装前的晶圆测试以及封装后的成品测试。这些测试是验证设计、监控生产、保证质量、分析实效以及指导应用的重要工具。本节将简要概述集成电路测试技术中涉及的基本概念。

2.1.1　基础术语

本节将介绍两个最基础的集成电路测试专业术语，即 DUT 和测试程序。

2.1.1.1　DUT

需要被测试的半导体器件通常叫做被测器件（Device Under Test，DUT），或者叫做被测单元（Unit Under Test，UUT）。

被测器件的引脚分为信号、电源和地三大类。

信号引脚包括输入、输出、三态和双向四类。

1）输入：在外部信号和器件内部逻辑之间起缓冲作用的信号输入通道；输入引脚感应其上的电压，并将它转化为内部逻辑识别的“0”和“1”电平。

2）输出：在芯片内部逻辑和外部环境之间起缓冲作用的信号输

出通道；输出引脚提供正确的逻辑“0”或“1”的电压，并提供合适的驱动电流。

3）三态：输出的一类，它有关断的能力，即引脚达到高阻态。

4）双向：具有输入、输出功能并能够达到高阻态的引脚。

电源和地引脚构成供电回路，其电路结构与信号引脚有所不同。

V_{CC}：TTL 器件的供电输入引脚。

V_{DD}：CMOS 器件的供电输入引脚。

V_{SS}：为 V_{CC} 或 V_{DD} 提供电流回路的引脚。

GND：接地连接到测试系统的参考电位节点或 V_{SS}，为信号引脚或其他电路节点提供参考零电位；对于单一供电的器件，我们称 V_{SS} 为 GND。

2.1.1.2 测试程序

集成电路测试程序是控制测试系统硬件以一定方式来实现判别被测器件是否达到或超越器件规格书中设计指标的机器语言。测试程序通常分为 DC 测试、功能测试、AC 测试等几个部分。DC 测试可验证电压及电流参数是否符合要求；功能测试可验证芯片内部一系列逻辑功能操作的正确性；AC 测试则关注芯片在特定的时间约束内完成逻辑操作的能力。

测试程序通过控制测试系统的硬件对被测器件进行测试，并对每个测试项给出通过“Pass”或未通过“Fail”的结果。“Pass”指器件性能达到或者超越了其设计规格；Fail 则相反，表示器件没有达到设计要求，不适合最终应用。此外，测试程序还会根据器件在测试中的性能表现进行分类，这个过程叫做“Binning”或“分 Bin”。例如，一个微处理器如果可以在 150 MHz 下正确执行指令，会被归为性能最佳的一类，称之为“Bin 1”；而只能在 100 MHz 下正确执行指令的器件，虽然性能有所下降，但仍可以应用于其他领域，因此会被归为“Bin 2”，以供给对性能要求不高的客户。

程序不仅要有控制外围测试设备（比如 Handler 和 Prober）的能力，还应能搜集和提供测试结果或数据的摘要性内容。这些结果或数据提供有价值的信息给测试或生产工程师，用于良率（Yield）的分析和控制。

2.1.2　测试系统

测试系统（Automatic Test Equipment，ATE）由电子电路和机械硬件组成，由同一个主控制器控制，集成了电源、计量仪器、信号发生器、向量生成器和其他硬件等。测试系统通过模拟被测器件的应用过程进行测试，以识别和筛选出不合格品。

测试系统的硬件部分由计算机控制，在测试时为 DUT 提供合适的电压、电流、时序和功能状态，并监测 DUT 的响应，将每次测试的结果和预期进行对比，做出通过或未通过的判断。

下面将简要介绍一种当前主流测试机的结构，它主要由控制器和测试头（Testhead）组成（图 2－1）。

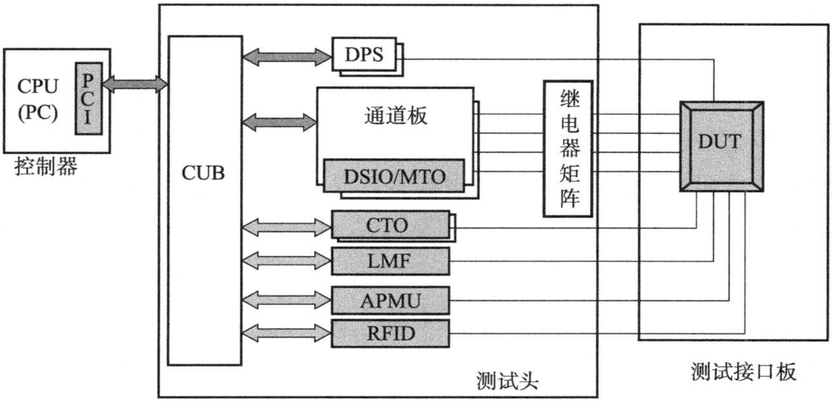

图 2－1　通用测试系统内部结构

控制器是测试系统的控制中心，由控制测试系统的计算机及数据总线控制器组成。测试系统提供网络接口，用以传输测试数据；计算机硬盘和内存用来存储本地数据；显示器及键盘则为测试操作员提供了与系统进行交互的接口。

测试头主要由器件电源（Device Power Supply，DPS）、时钟多功能板（Clook Utility Board，CUB）、通道板和一些功能板卡（如CTO、LMF等）构成。DPS为被测器件的电源引脚提供电压和电流；CUB为被测器件和测试系统提供时序；通道板包含参考电压源（Reference Voltage Supplies，RVS）、精密测量单元（Precision Measurement Unit，PMU）、引脚电路（Pin Electronics，PE）等。RVS为系统内部测量单元的驱动和比较电路提供逻辑0和逻辑1电平参考电压，这些电压设置包括输入低电平电压 V_{IL} 、输入高电平电压 V_{IH} 、输出低电平电压 V_{OL} 和输出高电平电压 V_{OH} 。PMU和PE在下两小节里详尽阐述。另外，测试系统还都具备用于存储测试向量（Pattern）的向量存储器和用于存储定时沿（Timing）、格式（Formatting）和时序组合等信息的格式化存储器，这两类存储器在高度模块化的现代测试系统中，一般也集合在通道板上。测试向量是反映被测器件真值表的文件，是器件设计所期望的一系列逻辑功能的输入输出状态的组合。测试系统从向量存储器中读取输入信号驱动状态，传送到被测器件的相应输入引脚，再从器件相应输出引脚读取信号，与向量存储器中相应的输出信号期望状态进行比较。进行功能测试时，测试向量为被测器件提供激励并监测器件的输出，如果器件输出与期望不相符，则电路功能结果为不通过。定时沿和格式则定义了输入信号的波形和对输出信号进行比较的时间范围。测试系统从向量存储器接收激励状态，结合格式化存储器里的时序和格式等信息，生成格式化的波形数据输送给引脚电路的驱动部分，进而传送到被测器件输入引脚；从被测器件输出引脚采集的响应信号，经过引脚电路的比较部分，结合格式化存储器里的信息，在定义的时间范围里与向量存储器中的输出期望状态进行比较，进而得出器件测试结果。

2.1.3 精密测量单元

精密测量单元用于精确DC参数测量，它能驱动电流进入器件而去测量电压或者为器件加上电压而去测量产生的电流。PMU 的数量跟测试机的等级有关，低端的测试机往往只有一个 PMU，通过共享的方式被测试通道逐次使用；中端的测试机则有一组 PMU，通常为 8 个或 16 个，而一组测试通道往往也是 8 个或 16 个，这样可以整组逐次使用；高端的测试机则会采用 per pin 的结构，即每个测试通道配置一个 PMU。

2.1.3.1　驱动模式和测量模式（Force and Measurement Modes）

在 ATE 中，驱动是指测试系统施加于被测器件一定数值的电流或电压。在对 PMU 进行编程时，驱动模式可选择为电压或电流模式：如果选择了电流模式，则测量模式自动被设置成电压；反之，如果选择了电压模式，则测量模式自动被设置成电流。一旦选择了驱动模式，则相应的数值必须同时被设置。

2.1.3.2　驱动线路和感知线路（Force and Sense Lines）

为了提升 PMU 驱动电压的精确度，常使用 4 条线路的结构：两条驱动线路传输电流，另两条感知线路监测关注点（通常是 DUT）的电压。根据欧姆定律，任何线路都有电阻，当电流流经线路时，会在其两端产生压降，给到 DUT 端的电压往往小于我们在程序中设置的参数。设置两根独立（不输送电流）的感知线路去检测 DUT 端的电压，反馈给电压源，电压源再将其与理想值进行比较，并做相应的补偿和修正，以消除电流流经线路产生的偏差。驱动线路和感知线路的连接点被称作“开尔文连接点”。

2.1.3.3　量程设置（Range Settings）

在编程时必须选定或设置 PMU 的驱动和测量范围，合适的量程设置将保证测试结果的准确性。需要提醒的是，PMU 的驱动和测量本身就有范围的限制，驱动的范围取决于 PMU 的最大驱动能力。如果程序中设置 PMU 输出 5 V 电压，而 PMU 本身输出驱动范围只是 4 V 电压，那么最终只能得到 4 V 的输出电压。同理，如果电流测量的量程被设置为 1 mA，则无论实际电路中电流多大，能测到的读数不会超过 1 mA。

值得注意的是，PMU 上无论是驱动的范围还是测量的量程，在连接到 DUT 的时候都不应该再发生变化。因为这种范围或量程的变化会引起浪涌，类似于 ESD 放电，会对 DUT 造成损害。

2.1.3.4 边界设置（Limit Settings）

PMU 有上限和下限这两个可编程的测量边界，它们既可以单独使用（如某个参数只需要小于或大于某个值），也可以一起使用。实际测量值大于上限或小于下限的器件，均会被系统判定为不合格品。

2.1.3.5 钳位设置（Clamp Settings）

大多数 PMU 会被测试程序设置钳位电压和电流，钳位电路是在测试期间控制 PMU 输出电压与电流的上限，以保护测试操作人员、测试硬件及被测器件的电路。

当 PMU 用于输出电压时，测试期间必须设置输出钳位电流。驱动电压时，PMU 会给予足够的电流，用以支持相应的电压，对 DUT 的某个引脚，测试系统的驱动单元会不断增加电流，以驱动它达到程序中设置的电压值。如果此引脚对地短路，此时又没有设置电流钳位，则通过它的电流会一直加大，导致与其相关的电路（如探针、探卡、相邻 DUT）甚至测试系统的通道全部烧毁。

当 PMU 用于输出电流时，测试期间则需要进行电压钳位。电压钳位和电流钳位在原理上大同小异，这里不再赘述。

2.1.4 引脚电路

引脚电路是测试系统资源和被测器件之间的接口，它给被测器件提供输入信号并接收被测器件的输出信号。

每个测试系统都有自己独特的设计，但是通常 PE 电路都会包括：

1）提供输入信号的驱动电路；

2）输入输出切换及电流负载开关的电路；

3）检验输出电平的电压比较电路；

4）与 PMU 的连接电路；

5）可编程的电流负载。

PE 还可能包括用于高速电流测试的附加电路和 Per Pin 的 PMU 结构。

尽管有着不同的变种，但 PE 的基本架构还是一脉相承的。图 2-2 所示为典型 PE 卡的一个数字测试通道的电路结构。

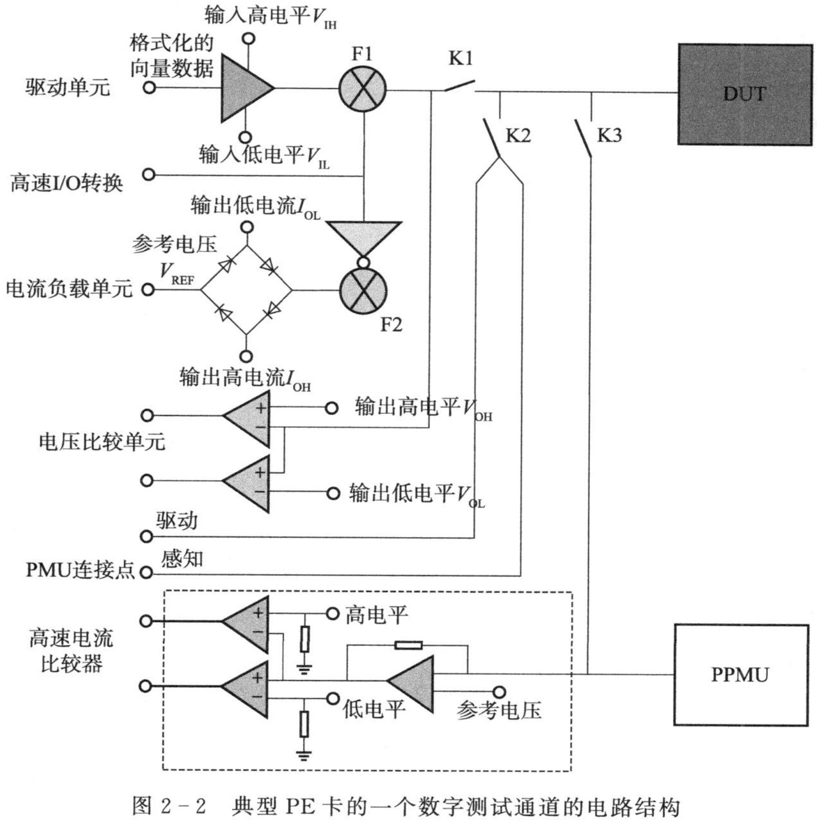

图 2-2　典型 PE 卡的一个数字测试通道的电路结构

2.1.4.1　驱动单元（The Driver）

驱动电路从测试系统的其他部分获取格式化的向量数据

(FDATA)。当 FDATA 通过驱动电路时，从参考电压源（RVS）获取的 V_{IL} / V_{IH} 参考电平就被施加到格式化的数据上。如果 FDATA 指示驱动单元去驱动逻辑 0，则驱动单元会驱动 V_{IL} 参考电压；如果 FDATA 指示驱动单元去驱动逻辑 1，则驱动单元会驱动 V_{IH} 参考电压。

F1 场效应管用于隔离驱动电路和被测器件，在进行输入输出切换时，充当快速开关角色。当测试通道被程序定义为输入时，F1 导通，开关 K1（通常是继电器）闭合，使信号由驱动单元输送至 DUT；当测试通道被程序定义为输出或不关注状态，F1 截止，则驱动单元上的信号无法传送到 DUT 上。F1 只可能处于其中的一种状态，这样就保证了驱动单元和被测器件同时向同一个测试通道送出电压信号的 I/O 冲突状态不会出现。

2.1.4.2 电流负载单元（Current Load）

电流负载（也叫动态负载）在功能测试时连接到被测器件的输出端充当负载的角色，由程序控制，提供从测试系统到被测器件的正向电流或从被测器件到测试系统的负向电流。电流负载提供 I_{OH} (Current Output High) 和 I_{OL} (Current Output Low)。I_{OH} 指当被测器件输出逻辑 1 时，输出引脚必须提供的电流总和；I_{OL} 则相反，指当被测器件输出逻辑 0 时，输出引脚必须接纳的电流总和。

测试程序设置 I_{OH} 和 I_{OL} 后，还要设置 V_{REF} 参考电压作为它们的转换点。转换点决定了 I_{OH} 起作用还是 I_{OL} 起作用：当待测器件的输出电压高于转换点时，I_{OH} 提供电流；当待测器件的输出电压低于转换点时，I_{OL} 提供电流。

F2 和 F1 一样，也是一个场效应管，在输入输出切换时充当高速开关角色，并隔离电流负载电路和被测器件。当程序定义测试通道为输出时，F2 导通，允许输出正向电流或抽取负向电流；当定义测试通道为输入时，F2 截止，将负载电路和被测器件隔离。

电流负载电路在三态测试和开短路测试中也会用到。

2.1.4.3 电压比较单元（Voltage Receiver）

电压比较电路用于功能测试时比较被测器件的输出电压和 RVS

提供的输出参考电压。RVS 为有效的逻辑 1(V_{OH}) 和逻辑 0(V_{OL}) 提供了参考：当器件的输出电压等于或小于 V_{OL} 时，则认为它是逻辑 0；当器件的输出电压等于或大于 V_{OH} 时，则认为它是逻辑 1；当它大于 V_{OL} 而小于 V_{OH} 时，则认为它是三态电平或无效输出。

2.1.4.4　PMU 连接点（PMU Connection）

当 PMU 连接到器件引脚时，K1 先断开，然后 K2 闭合，用于将 PMU 和 PE 卡的 I/O 电路进行隔离。

2.1.4.5　高速电流比较单元（High Speed Current Comparators）

相对于为每个测试通道配置 PMU，部分测试系统提供了快速测量小电流的另一种方法，即可进行快速漏电流（Leakage）测试的电流比较器，由开关 K3 控制它是否与被测器件连接。如果测试系统本身就是 Per Pin PMU 结构的，则不需要这部分。

2.1.4.6　PPPMU（Per Pin PMU）

高端主流系统提供 PPPMU 的电路结构，以支持对 DUT 每个引脚同步地进行电压或电流测量。与 PMU 一样，PPPMU 可以驱动电流测量电压或者驱动电压测量电流。

2.1.5　测试开发基本规则

测试开发基本规则有以下几点注意事项：

1）进行功能测试时，不可随意将 DUT 的输入引脚当作输出引脚使用，最常见的是在测试向量中，不需要关注（即给 0 或给 1 不影响测试结果）的输入引脚会被设置成“X”状态，这是一种输出测试的屏蔽态。这样测试系统可能会将此引脚当作输出去处理，并将其连接到比较电路单元，只是不会对结果进行比较。要注意在功能测试中，输入引脚是不能直接测试的。我们的目的是测试输出引脚，而输入引脚仅用于施加信号。

2）不可将测试系统的驱动单元连接到 DUT 的输出引脚。这样会造成测试系统和 DUT 同时驱动电压和电流到该引脚，从而引发竞争冒险现象。

3）任何输入引脚都不可被悬空，必须施加一个有效的逻辑 0 或者逻辑 1 到输入引脚。对于 CMOS 工艺的器件，悬空输入引脚可能引发闩锁（latch - up）现象，导致大电流流过损坏器件。

4）不可向输入或输出引脚施加大于 V_{DD} 或小于 GND 的电压。否则会引起浪涌现象，从而损害器件。

5）驱动电压信号到 DUT 时，必须设置电流钳位功能，以限制测试系统的最大输出电流。

6）驱动电流信号到 DUT 时，必须设置电压钳位功能，以限制测试系统的最大输出电压。

7）在驱动单元与器件引脚连接时，不可改变驱动信号（电压或电流）的范围，也不可在此时改变 PMU 的驱动模式（例如将电压驱动改为电流驱动）。

2.2 功能测试

功能测试旨在验证 DUT 是否能正确实现设计所预期的逻辑功能。逻辑 I/O 通过测试向量以特定的流程和格式在器件中传输，确保对器件每一个内部节点都进行能否正常工作的验证。

功能测试的基本过程是应用有序的或随机的数据组合成测试图形，以设定的速率施加到 DUT 上，随后，监测 DUT 的输出并与预期数据图形比较，从而判别 DUT 功能是否符合要求。

当执行功能测试时，必须考虑 DUT 性能的所有方面，并仔细检查下列项的规范值：

1）电源电平最大/最小值（$V_{DD,\ max/min}$）、施加顺序；

2）输入电平（V_{IL}/V_{IH}）；

3）输出电平（V_{OL}/V_{OH}）；

4）输出电流负载（I_{OL}/I_{OH}）；

5）参考电压（V_{REF}）；

6）测试频率/周期；

7）输入信号时序；

8）输入波形格式；

9）输出采样比较时序；

10）向量文件序列。

综上所述，在功能测试中需要利用测试系统的大部分资源，所有的功能测试均由两个不同的部分组成：功能测试向量文件和程序控制文件。功能测试向量文件记录了 DUT 的输入和输出逻辑状态，程序控制文件包括控制测试硬件以产生必要的电压、波形和时序所需的信息。

功能测试如图 2－3 所示，执行功能测试时，测试系统给 DUT 提供输入数据并逐个周期、逐个引脚监测 DUT 的输出，任何引脚输出逻辑状态、电压、时序与期望不符时，则功能测试无法通过。

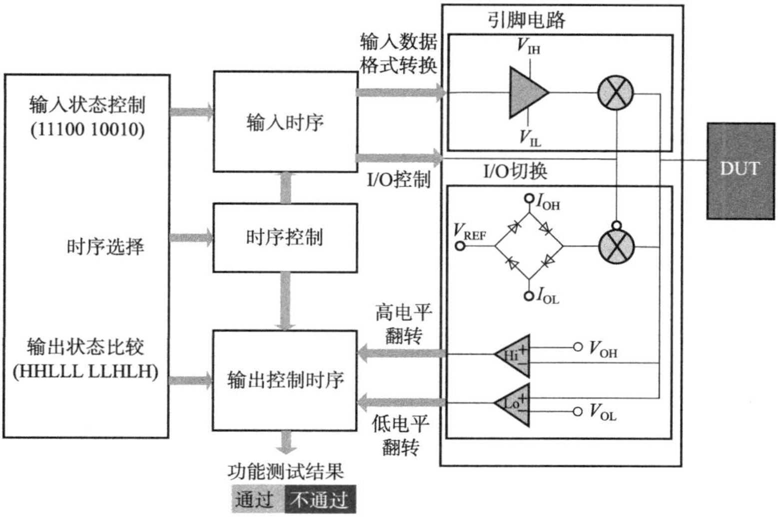

图 2－3　功能测试示意图

2.2.1 测试向量转换和测试向量

一般设计人员会对 DUT 进行仿真，形成的测试激励和相应预期输出文件并不能直接应用于测试系统，需要借助特定的转换软件，把该文件转换成不同测试系统可以识别的向量文件。例如会通过转换软件把仿真 .vcd 文件转换成美国泰瑞达 J750HD 测试系统可识别的 .tp 文件，再通过 J750HD 自带的编译器把 .tp 文件转换成程序可用的 .pat 向量文件。

测试向量文件中一般包含 DUT 引脚名称、施加到 DUT 输入引脚的逻辑状态（一般用 0 表示输入逻辑 0，1 表示输入逻辑 1）、期望在输出引脚出现的逻辑状态（一般用 L 表示输出逻辑 0，用 H 表示输出逻辑 1，用 Z 表示高阻态，用 X 表示不关注）、供测试系统识别的标识（如 I/O 引脚切换标识、子循环标识、重复标识等）、复合时序设置信息等。

转换软件还可以转换出时序信息文件，包含测试周期、DUT 引脚输入变化的时间点、输出比较时间点、波形格式等，这些信息综合到测试程序中和向量文件一起形成测试波形，进行功能测试。

2.2.2 测试周期和输入信号

2.2.2.1 测试周期

测试周期（test cycle 或 test period）是基于器件测试过程中的工作频率而定义的每单元测试向量所持续的时间，其公式为 $T=1/F$，T 为测试周期，F 为工作频率。每个周期的起始点称为 time zero 或 T_0。确定测试周期是功能测试建立时序的第一步。

2.2.2.2 输入数据

输入数据由以下部分组合而成：

1）测试向量输入数据（给 DUT 的指令或激励逻辑）；

2）输入信号时序（信号转变点）；

3）输入信号格式（波形）；

4）输入信号电平（V_{IH} / V_{IL}）；

5）时序设置选择。

最简单的输入信号是逻辑 0 或逻辑 1，这些信号直接施加于 DUT 的输入引脚。其中，V_{IL} 电平代表逻辑 0，V_{IH} 电平代表逻辑 1。测试向量数据在此情境下简化为 0 或 1，这些代表逻辑状态的电平信号则由测试头中的 V_{IH} / V_{IL} 参考电平生成。大部分输入信号有着更为复杂的数据结构，除了包含向量数据和信号电平外，还融入了格式和时序，通过程序实现控制和调用。

2.2.2.3　输入信号的建立

测试周期确定后，周期内各控制信号的时沿位置就可以相继确定，随后就能确定信号格式。使用恰当的输入信号格式可保证 DUT 的测试向量覆盖全部的 AC 参数。信号格式与向量数据、时沿设置以及电平组合使用可以描述施加到 DUT 的输入信号波形。输入信号格式在不同的测试系统中有着不同的表示方式，但内涵是相近的，比较常见的输入信号格式有以下几种：

NRZ（Non Return to Zero，非归零码）；

DNRZ（Delayed Non Return to Zero，延时非归零码）；

RL（Return Low，归零码）；

RH（Return High，归一码）；

SBC（Surround By Complement，补码环绕）；

ZD（High Impedance Drive，高阻驱动）。

时钟信号通常使用 RL（正脉冲）或 RH（负脉冲）格式；高电平有效的信号通常使用 RL 格式；低电平有效的信号通常使用 RH 格式；有建立时间和保持时间要求的数据信号通常使用 SBC 格式；其他类型的输入信号可使用 NRZ 或 DNRZ 格式。

信号格式在 ATE 中是个很重要的概念，即使向量数据、时沿设置和输入电平值一样，信号格式的不同还是会造成输入信号的波形看起来差别很大。输入信号由测试系统各区域提供的数据组合创建，最后从测试头输出的信号波形是测试向量、时沿设置、信号格式以及 V_{IH} / V_{IL} 设置共同作用的结果，如图 2－4 所示。

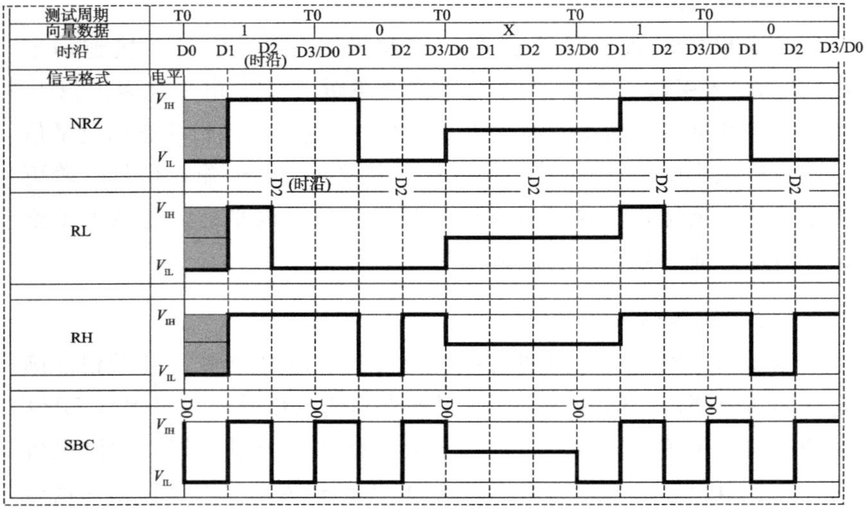

图 2－4　输入信号的建立

2.2.3　输出信号

2.2.3.1　输出数据

输出数据由以下部分组合而成：

1）测试向量采样数据（期望的输出逻辑）；

2）采样时序（测试周期内何时对输出引脚进行采样）；

3）期望的逻辑电平（V_{OH} / V_{OL}）；

4）输出电流负载（I_{OH} / I_{OL}）。

2.2.3.2　输出信号时序

功能测试期间，程序会为每个输出引脚在测试周期内指定一个输出采样时间。在这个采样时间内，比较单元会对输出进行采样，再将采到的输出信号电平和 V_{OH} / V_{OL} 参考电平进行比较。测试向量含有每个引脚的期望逻辑状态，如果期望是逻辑 0，当采样进行时，合格 DUT 的输出电平必须小于或等于 V_{OL}；如果期望是逻辑 1，当采样进行时，合格 DUT 的输出电平必须大于或等于 V_{OH}；如果期望是高阻态，当采样进行时，合格 DUT 的输出电平必须介于 V_{OL} 与 V_{OH} 之间。在功能测试中，DUT 可能会带载输出，测试系统资源配置有可编程的动态电流负载电路，为 DUT 施加 I_{OH} 或 I_{OL} 电流。

输出信号的转变通常由时钟和控制信号的时间沿进行控制，要仔细查阅被测器件的时序图，确定输出达到有效逻辑电平的时间范围，从而确定输出信号的采样比较时间。采样形式可以是边沿采样或窗口采样。边沿采样只在周期内特定的时间点采集并比较一次数据，而窗口采样则在周期内特定的一段时间都对输出进行采样和比较。测试过程中一些因素综合影响着在什么时间点怎样才能精确地测试输出信号，包括向量数据决定的输出状态，V_{OH} / V_{OL} 参考电平决定期望的输出电压，输出采样时序决定着周期内输出信号的测试点，输出比较屏蔽（Mask）决定了输出结果是进行 pass/fail 判断还是忽略，如图 2－5 所示。

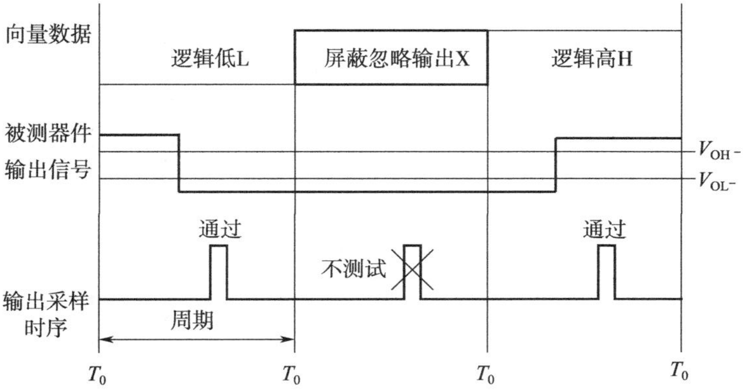

图 2－5　输出采样

总之，功能测试主要用于验证 DUT 是否可达到预期的功能，时序约束或电平约束的标准依据测试需求制定即可。如无特殊要求，可按最宽松条件设置。

2.3 基本参数测试

集成电路参数测试一般分为直流参数测试和交流参数测试，这里介绍的基本参数测试为通用的和典型的，首先还是要明确参数的定义，根据定义和测试原理采用合适的测试方法。

2.3.1 直流参数测试

2.3.1.1 连接 Opens/Shorts

连接测试虽然在器件的电特性表中不会提及，但它是必要的，且对于绝大多数的器件来说，它的测试方法和参数都是标准的。连接测试用来确认 DUT 在测试过程中所有的信号引脚与测试系统相应的通道是否完成了正确的电气连接，且没有信号引脚与其他信号引脚、电源或地发生短路，其测试接线如图 2-6 所示。

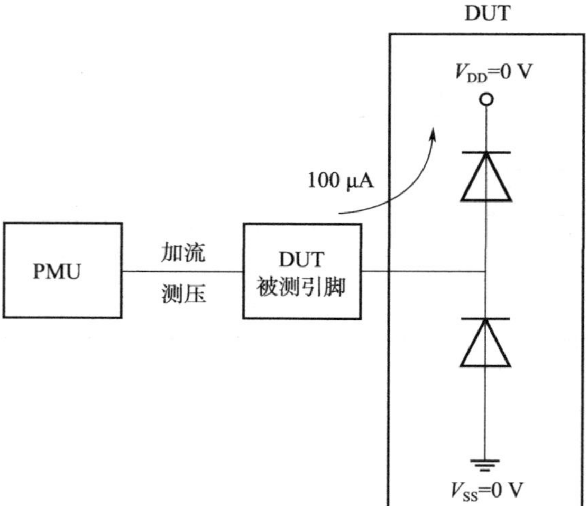

图 2-6 连接测试示意图（测试连接到电源的二极管）

首先 ATE 将 DUT 所有引脚（包括电源和地）强制连接到地，然后 PMU 单元通过内部继电器的切换连接到被测的信号引脚，提供或抽取规定的电流 I_{IK}（100～500 μA），以测量该引脚上的电压 V_{IK}。如果 DUT 与 ATE 连接正常，ATE 提供电流时，V_{DD} 保护二极管应正向导通，PMU 测得二极管上有 0.65 V 左右的压降。由此可将程序的边界设置为 0.2 V 和 1.2 V，即 PMU 测得保护二极管的管压降在［0.2 V，1.2 V］范围内时，该测试结果为“PASS”，否则为“FAIL”。同理，ATE 抽取电流时，V_{SS} 保护二极管应正向导通，PMU 测得二极管上有－0.65 V 左右的压降。由此可将程序的边界设置为－1.2 V 和－0.2 V，即 PMU 测得保护二极管的管压降在［－1.2 V，－0.2 V］范围内时，该测试结果为“PASS”，否则为“FAIL”。

2.3.1.2　功耗 I_{DD}

功耗 I_{DD} 用于反映流入器件 V_{DD} 引脚的总电流，其测试主要分为静态和动态两种。

以静态 I_{DD} 为例，测试接线如图 2－7 所示。

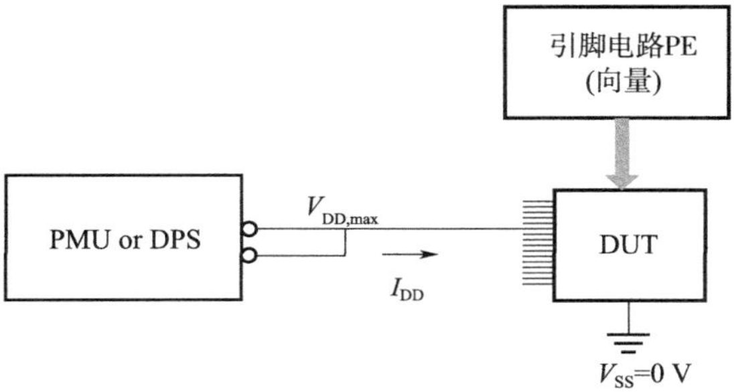

图 2－7　功耗测试接线示意图

静态 I_{DD} 是 DUT 处于非活动状态或低功耗状态下的电源电流。ATE 运行一定的测试向量使 DUT 进入非活动或低功耗状态，运用 PMU 单元或 DPS 测量流入 V_{DD} 的电流，再将测量值与电特性表的规范值对比，如果测量值超出规范值范围，则测试结果为“FAIL”。

动态 I_{DD} 测试与静态 I_{DD} 类似，只是测试的是 DUT 处于活动状态、工作状态下的电源引脚电流。一般在 DUT 最高工作频率下运行一段连续的测试向量，使 DUT 进入活动状态后进行测量。

V_{IH} 、V_{IL} 、V_{DD} 、输出负载和测试向量以及 DUT 外围电路的旁路电容等都会影响测试结果，需要严格按照详细规范中的规定去设置。静态 I_{DD} 的期望值非常小时，可以在测量电流前增加一点延迟时间，在一些特殊情况下，甚至需要将旁路电容断开，以确保测量结果的精确性。

另外，还有一个总电流的测试，主要用于连接测试后尽早地挑选出功耗过大的电路，功耗过大意味着器件存在结构缺陷或者已经有损坏。因为对测试效率有要求，所以会尽可能正确并且简单地设置一些输入条件（比如所有输入引脚为固定 0 V 或 V_{DD} 电平值，输出引脚与负载断开），使 DUT 进入稳定状态后就测试，边界规范值的范围也会相应很宽。

一般认为规范中 V_{DD} 的最大值是功耗 I_{DD} 测试的最苛刻条件。

2.3.1.3 输入漏电 I_{IL} / I_{IH}

I_{IL} / I_{IH} 是输入引脚在施加规定的低电平/高电平电压时流出/流入器件的电流。I_{IL} 反映了输入引脚到 V_{DD} 的阻抗，I_{IH} 反映了输入引脚到 V_{SS} 的阻抗。输入漏电（以 I_{IL} 为例）的测试接线如图 2-8 所示。

在 I_{IL} / I_{IH} 测试中，V_{DD} 一般被设置为 DUT 规范中的最大值。所有的输入引脚施加 V_{IH} 预处理，以将其置于逻辑 1 状态或者器件详细规范中规定的电平，随后通过切换将 PMU 单元连接到被测引脚，施加规定的低电平电压，测量其电流并与电特性表的规范值对比。如果测量值超出规范值范围，则测试结果为“FAIL”。

同理，I_{IH} 测试时会先给所有的输入引脚施加 V_{IL} 预处理，以将其置于逻辑 0 状态或者器件详细规范中规定的电平，随后通过切换将 PMU 单元连接到被测引脚，施加规定的高电平电压，测量其电流并与电特性表的规范值对比。如果测量值超出规范值范围，则测

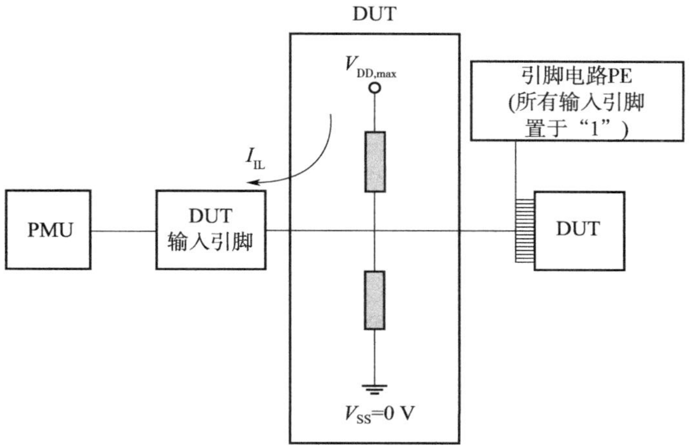

图 2-8　输入漏电测试接线示意图

试结果为“FAIL”。

依据 ATE 的硬件情况，I_{IL} / I_{IH} 测试有串行测试和并行测试两种方法。串行测试如上所述，逐一对被测输入引脚进行电平电压施加和电流测量，虽然可以检测到引脚间的漏电情况，但相对耗时；并行测试则是利用 PPPMU，对所有被测输入引脚同时施加电压，并行地测量每个被测引脚的电流值。这种方法测试速度快，但引脚间的漏电流难以发现。

2.3.1.4　输出电压 V_{OH} / V_{OL} 和输出电流 I_{OH} / I_{OL}

V_{OH} 指器件输出逻辑 1 时输出引脚上需要保证的最低电压，I_{OH} 指器件输出逻辑 1 时输出引脚上的负载电流。同理，V_{OL} 指器件输出逻辑 0 时输出引脚上需要保证的最高电压，I_{OL} 指器件输出逻辑 0 时输出引脚上的负载电流。

V_{OH}/I_{OH} 测试实际上测量的是输出引脚在输出逻辑 1 时的电阻，此测试确保了输出阻抗满足设计要求，并保证在严格的 V_{OH} 条件下提供定义的 I_{OH} 电流。在 ATE 测试中，V_{OH} 和 I_{OH} 的测试一般是同时进行的，其测试接线如图 2-9 所示。

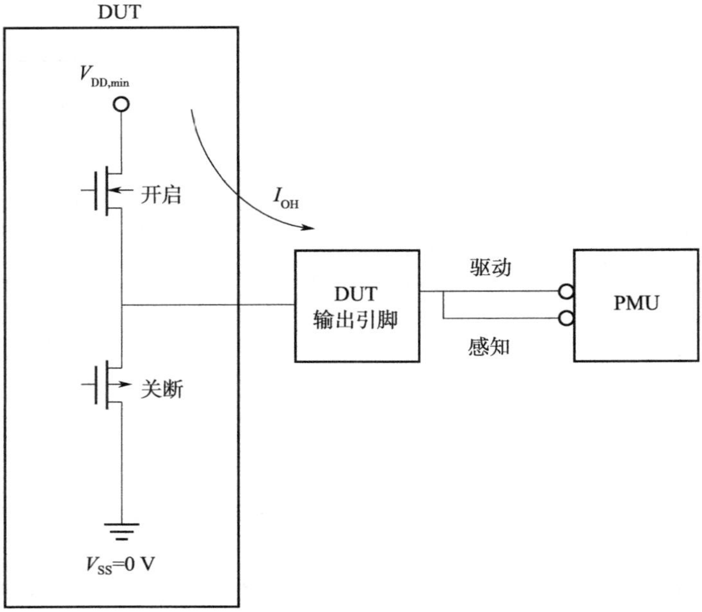

图 2－9　输出电压测试接线示意图

V_{OH} 是输出引脚为逻辑高电平时保持的最低电压，器件的被测输出引脚首先要被预置到输出逻辑 1 状态，ATE 的 PMU 单元通过内部继电器的切换连接到被测输出引脚，并为其提供器件详细规范规定的 I_{OH} 电流，测量此时引脚上的电压值并与器件的电特性表的规范值相比。如果测量值超出规范值范围，则测试结果为“FAIL”。

同理，在 ATE 测试中，V_{OL} 和 I_{OL} 的测试一般也是同时进行的。V_{OL} 测试时，器件的被测输出引脚先被预置到输出逻辑 0 状态，ATE 的 PMU 单元通过内部继电器的切换连接到被测的输出引脚，并为其提供 I_{OL} 电流。此时测量引脚上的电压值并与器件的电特性表的规范值相比较。如果测量值超出规范值范围，则测试结果为“FAIL”。

另外值得注意的是，一般 V_{OH} / V_{OL} 测试在 V_{DD} 最小值时是其最苛刻的测试条件。

2.3.1.5　输入电压 V_{IH} / V_{IL}

V_{IH} / V_{IL} 测试是确保输入为 V_{IH} / V_{IL} 时，输入引脚能正确识别逻辑状态。V_{IH} 指器件输入引脚确认为输入逻辑 1 时的最小电压，V_{IL} 指器件输入引脚确认为输入逻辑 0 时的最大电压。

尽管 V_{IH} / V_{IL} 通常在器件电特性表的“DC 特性”中，但在 ATE 测试中它们是通过功能测试进行验证的。在器件电特性表中定义的输入高/低电平电压条件下执行功能测试向量，如果测试结果为“PASS”，则认为器件可以正常工作且满足 V_{IH} / V_{IL} 规范值。

2.3.1.6　高阻电流 I_{OZH} / I_{OZL}

I_{OZH} 指当一个高电平施加在一个处于高阻态的输出引脚上，引脚所产生的电流；与之相似，I_{OZL} 指当一个低电平施加在一个处于高阻态的输出引脚上，引脚所产生的电流。

I_{OZ} 测试的目的是确保器件输出引脚被预置为高阻态时，其输出阻抗足够高，或者说引脚能处于“关闭”状态。I_{OZH} 测试测量的是处于高阻态时输出引脚到 GND 的阻抗，I_{OZL} 测试测量的则是输出引脚到 V_{DD} 的阻抗。它们实质上是确定输出引脚关闭时的阻抗满足设计要求，以保证引脚上不会产生高于器件电特性表中定义的漏电流，这也是发现 CMOS 器件制程缺陷的好方法。

I_{OZ} 测试接线图如图 2－10 所示。

测试时，施加规定的 V_{DD} 电压（一般 V_{DD} 最大值是该测试的最苛刻条件），将器件引脚预处理到高阻态状态。DC 测试系统（如 PMU）依次驱动高电平和低电平到被测引脚，测量电流值后将测量值与器件电特性表中的规范值相比较，并判断测试通过与否。与之前的 I_{IH} / I_{IL} 测试相似，串行测试法的优点在于能够独立测试每个引脚，缺点同样是测试时间的问题。并行测试也一样需要 ATE 的相应硬件给予支持，其速度快，但引脚间的问题难以发现。

2.3.1.7　输出短路电流（output short circuit current）

输出短路电流（I_{OS}）顾名思义，是指器件输出引脚处于短路状

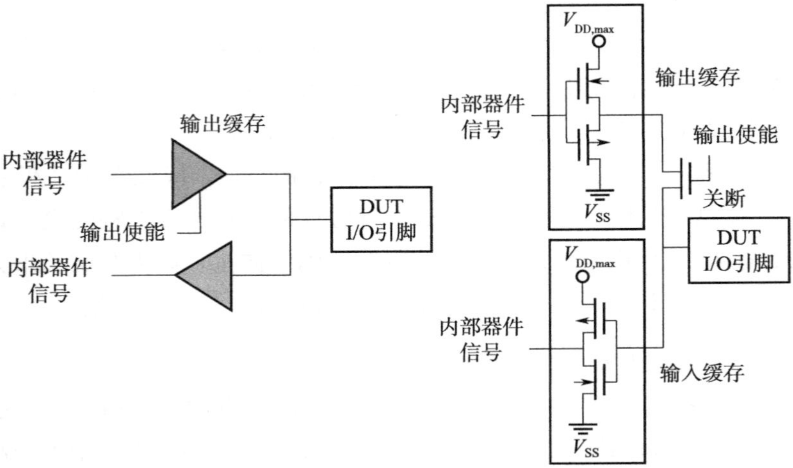

图 2-10　I_{OZ} 测试接线图

态时的电流。I_{OS} 测试测量的是器件的输出引脚输出为逻辑 1 而又有 0 V 电平施加在上面的时候，该输出引脚的阻抗。此项测试确保了当器件工作在极端负载条件下，其输出阻抗依然能满足设计要求，并且在输出短路条件下，其电流能够控制在预先定义的范围内。这个电流表征器件引脚给一个容性负载充电时可提供的最大电流，并且此电流值可用于计算输出信号的上升时间。

测试 I_{OS}，一般给器件施加最大的 V_{DD} 电平电压。首先给 DUT 各输入引脚施加规定的电平，使其被测输出引脚呈现逻辑高电平状态。然后由 DC 测试单元（如 PMU）对选定的单一输出引脚施加 0 V 电压，接着测量电流并将测量值与器件电特性表的规范值相比较，这一过程不断重复，直到所有被测引脚测试完毕。器件规格书通常会标识引脚允许短路的最大时间，以防止器件过热损毁（图 2-11）。

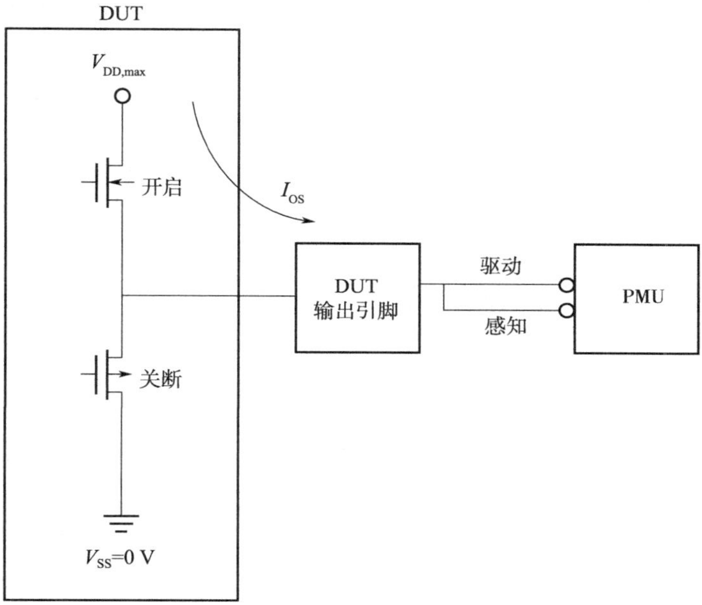

图 2-11　I_{OS} 测试

I_{OS} 测试要特别注意避免热切换。器件输出被预处理为逻辑 1，器件输出的电压将在 V_{OH} 和 V_{DD} 之间，一旦 PMU 驱动0 V 电压然后再短接到器件输出上，因为存在电压差，高电流将随之产生，热切换的问题也就随之而来。

正确的操作方法是，先设置 PMU 为电压测量模式且为零电流，然后连接到被测的输出引脚，测量器件的电压并记录。接着断开连接，设置 PMU 为电流测量模式且电压为刚才测量到的电压值。这样 PMU 与 DUT 输出端的电压就一样了，就可以安全地连接到一起，从而避免热切换。连接到一起后，PMU 再设置为 0 V 电压，测量电流 I_{OS} 并比较测量值。测量完毕后再恢复 PMU 的 DUT 电压并断开连接。

2.3.1.8　电源抑制比

电源抑制比用于测试器件电源电压变化所引起的器件变化，在模拟电路和混合电路中比较常见，具体要根据器件规范手册或同类电路测试原理来定义。以数模转换器（DAC）电路为例，其直流电源抑制比指电源电压变化所引起的输出变化。首先设置 DAC 的电源电压为 V_{ps}，输入全“1”码，记录 DAC 模拟输出结果为 V_1；改变电源电压，改变量为 ΔV_{ps}，记录此时器件输出结果为 V_2，电源抑制比由以下公式计算得出

$$\text{PSRR}=[(V_2-V_1)/\text{VFSR}]/(\Delta V_{ps}/V_{ps}) \tag{2-1}$$

式中 VFSR——满幅电压范围。

2.3.1.9 失调误差

以 DAC 的失调误差为例，DAC 的失调误差指当数字输入为“0”时，模拟输出与理想值之间的偏差。首先给 DUT 施加规定的电源电压和参考电压，在数字输入端施加规定的逻辑电平（全“0”码），测得模拟输出端的电压为 V_0。失调误差即为 V_0 与理想输出电压值 V_{0I} 的差值，如下式所示

$$E_0=V_0-V_{0I} \tag{2-2}$$

2.3.1.10 增益误差

DAC 增益误差测试的是 DAC 实际输出范围和理想输出范围之间的偏差。首先给 DUT 施加规定的电源电压和参考电压，输入端施加全“0”码，测输出端的电压，记为 V_0；在输入端施加全“1”码，测输出端的电压，记为 V_1，增益误差单位一般为%FSR，可由以下公式计算得出

$$E_G=[(V_1-V_0)/(\text{VFSR}-\text{VLSB})-1]\times 100 \tag{2-3}$$

式中 VFSR——满幅电压范围；

VLSB——1 个 LSB 电压。

2.3.1.11 无杂散动态范围

无杂散动态范围反映了信号基波功率与最大杂波功率之比。以 DAC 为例，首先给 DUT 施加规定的电源电压和参考电压，设置器件的采样时钟信号，数字码型发生器给待测 DAC 施加规定幅度和频

率的数字正弦信号，待 DAC 工作稳定后，由频谱分析仪或数字量化仪测量器件输出正弦信号波形的功率谱，计算基波功率 P_1 和最大杂波功率 P_s，由以下公式计算得出

$$SFDR = 10\lg(P_1/P_s) \tag{2-4}$$

2.3.1.12　总谐波失真

总谐波失真反映了信号谐波分量功率与信号分量功率之比。首先给 DUT 施加规定的电源电压和参考电压，设置器件的采样时钟信号、输入信号类型（一般用正弦信号）、幅度、频率，将时钟信号、输入信号通过测试机台发送到 DUT，通过相关仪表测量器件输出波形的频谱，计算基波功率 P_1 和 2～5 次（一般计算到 5 次）谐波分量的功率总和 P_D，由以下公式计算得出

$$T_{HD} = 10\lg(P_D/P_1) \tag{2-5}$$

2.3.2　交流参数测试

交流参数的测试是为了保证器件在要求的时间发生状态转换，满足工作时的时序关系。集成电路的交流参数测试实际上是对电路工作时的时间关系进行测量，测量电路在施加激励后随时间的响应、电路内部逻辑状态的变化时间、输入输出信号之间的时间关系、电路极限工作频率等。测量的方法是确定信号的两个不同或相同电平之间的时间间隔。所取电平值通常是信号脉冲幅度的 50％、10％或 90％。基本原理可以归纳为在规定的条件下，对 DUT 被测输入引脚施加脉冲信号，用时间测量电路单元，对参数按照其定义进行测量。下面介绍几个常见的交流参数测试。

2.3.2.1　建立时间

建立时间指的是在触发信号（参考信号）达到一定电压值前，数据准备好能保证被正确识别所需的最小时间。如图 2－12 中，DATA IN 数据对 WE 信号的建立时间是 DATA IN 数据翻转变化到 1.5 V 电压点和 WE 信号上升触发到达 1.5 V 电压点之间的最小时

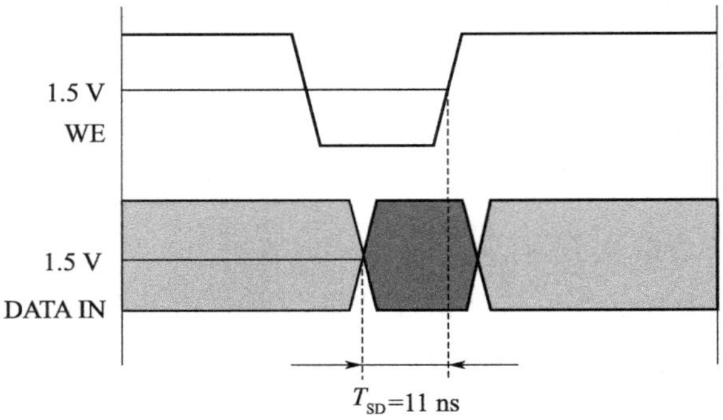

图 2-12 建立时间

间，即如果这个时间再变小，DATA IN 上的数据就不能被识别或识别不到它的数据变化。

建立时间是保证输入数据在触发信号有效前的最少时间里可以达到被正确读取的状态，只与输入信号有关。其数据也可以为负数，即数据变化发生在触发信号之后。在测量时对被测输入引脚和触发输入引脚施加脉冲，对其他引脚施加规定的信号，调节被测输入引脚脉冲电压比触发输入引脚脉冲电压超前的时间，使相应输出引脚逻辑电平发生规定的转变，这个时间的最小值就是建立时间。在 ATE 量产测试中，一般这种表征输入信号的交流参数是按照器件规范中的时序边界值预先设置好信号输入数据（测试向量输入数据、输入信号时序、格式、电平等），运行一段相应功能向量，监测 DUT 输出或功能是否合格来验证的。

2.3.2.2 保持时间

保持时间指的是触发信号（参考信号）到达一定电压后，为了保证读取无误，数据保持当前状态所必须持续的最小时间。如图 2-13 所示，DATA IN 数据对 WE 信号的保持时间是在 WE 信号上升到达 1.5 V 电压点后 DATA IN 保持不变的时间，即如果这个时间再小，DATA IN 上的数据就不能被正确识别。

保持时间是保证输入数据在触发信号有效后的最少时间里维持

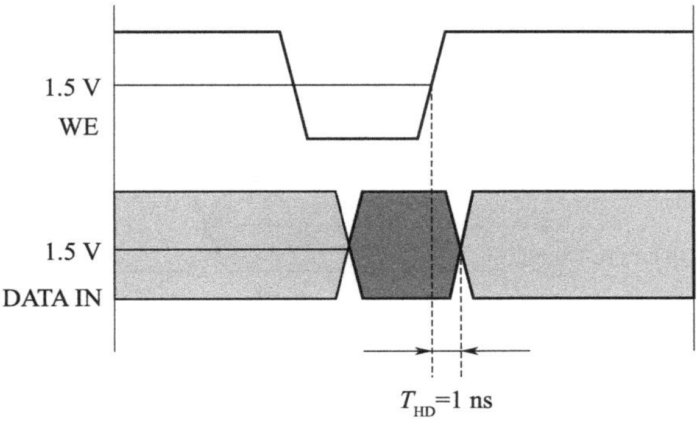

图 2－13　保持时间

可以被正确读取的状态，只与输入信号有关。保持时间可以为负数，即数据变化发生在触发信号之前。在测量时对被测输入引脚和触发输入引脚施加脉冲，对其他引脚施加规定的信号，调节被测输入引脚脉冲电压比触发输入引脚脉冲电压滞后的时间，使相应输出引脚逻辑电平发生规定的转变，这个时间的最小值就是保持时间。同建立时间一样，在 ATE 量产测试中，该参数一般也是通过验证的方式来确定的。

2.3.2.3　传输延迟时间

传输延迟时间指的是一个信号的转变和另一个相关信号的转变之间的时间间隔，测量上以特定电压点（如 1.5 V）为参考电平。多数传输延迟时间测试测量的都是输入信号变化到相应输出信号变化之间的时间间隔。如图 2－14 中，显示的是地址线起效的时间点到最慢的数据输出引脚达到 1.5 V 有效电压点这段时间的传输延迟。有时两个输出信号之间的传输延迟时间也要测量，这会要求搜寻这两个信号到达规定电平的相对位置。传输延迟时间测试也被称为“关键路径测量”。

传输延迟时间测量是为了保证输出信号的变化能够发生在参考信号有效后的规定时间内。传输延迟时间只可以为正数，即信号发

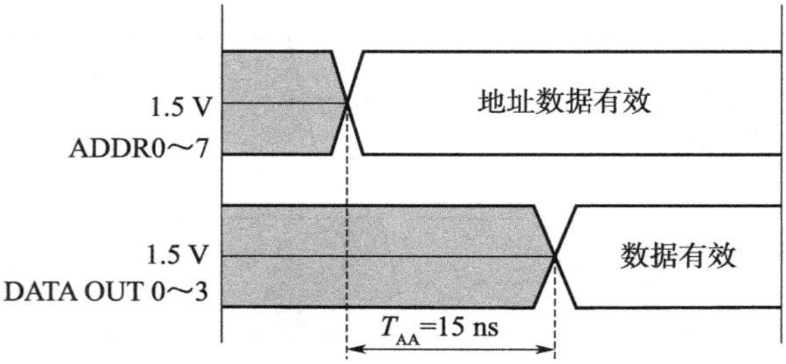

图 2－14　传输延迟时间

生在参考信号之后。在测量时对被测输入引脚施加脉冲，对其他引脚施加规定的信号，则被测输入引脚脉冲沿规定电平和相应被测输出引脚变化到规定电平之间的时间间隔，即传输延迟时间。

2.3.2.4　最小脉宽

最小脉宽一般有最小低电平（负）脉宽和最小高电平（正）脉宽两种，如图 2－15 所示。

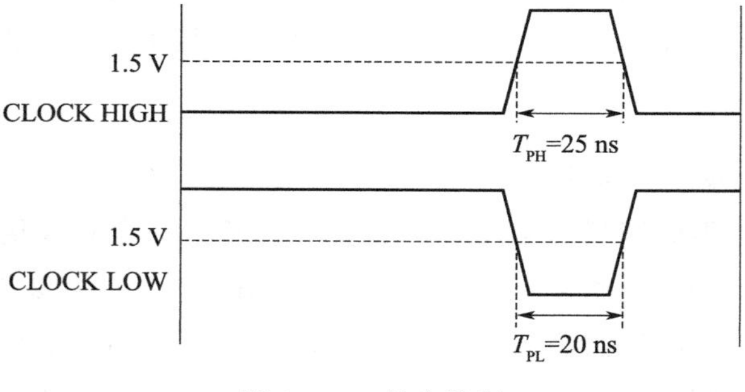

图 2－15　最小脉宽

最小脉宽是输入信号（一般是时钟信号）保持逻辑 0（低电平）或逻辑 1（高电平）状态的最小时间。在测量时对被测输入引脚施加脉冲，对其他引脚施加规定的信号，调节脉冲信号的高/低电平时间，使相应输出引脚逻辑电平发生规定的临界转变，此时高/低电平保持时间即最小高/低脉宽。因为是与输入信号相关的，该参数测试在 ATE 量产测试中一般也是通过验证的方式来确定的。

2.3.2.5　上升/下降时间

上升/下降时间测试一般是指输出引脚逻辑电平按规定翻转上升沿/下降沿规定的两参考电平间的最大时间。如图 2－16 所示，这里的参考电平选取的是脉冲幅值的 10%和 90%。在测量时按规定施加激励信号，测量被测引脚上升沿/下降沿规定的两参考电平之间的时间。

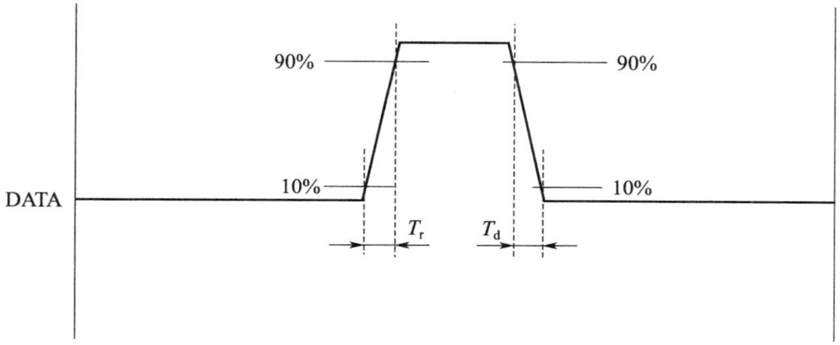

图 2－16　信号上升/下降时间

2.3.2.6　最高频率

某些时候最高工作频率的测试也被称为“全速测试”，测试的是器件在最高频率下其相关参数是否仍然符合器件规范的要求。执行全速测试时，最短的建立和保持时间、最窄的脉冲宽度、最长的传输延迟时间都需要在最快的测试频率下验证。因为所有最苛刻的时序条件都同时施加于器件，可能会引起导致器件“失效”的附加测试噪声，所以这项测试是相当难以实施的，测试之前需要仔细阅读器件规范或手册，确保时序正确。同样，当执行测试需要移动或调整某个控制沿时，例如时钟的上升沿，确保和它有关系的所有时序沿依然保持有效。图 2－17 所示为最高频率测试的时序。

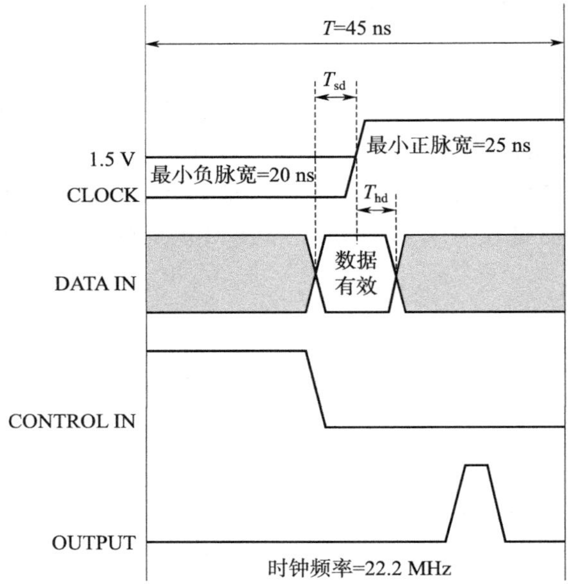

图 2-17 最高频率测试

2.3.2.7 输出使能时间

输出使能时间指的是输出引脚上的信号从高阻状态切换到有效逻辑电平状态所需的时间，测量上从控制信号的有效控制沿开始，到输出引脚切换为有效逻辑的跳变沿结束。如图 2-18 所示，输出使能时间 T_{DOE} 是从 OE 信号下降沿的 1.5 V 电平开始，直到所有的 O0～O3 引脚上读到有效的逻辑电平的这段时间。此项测试要求输出引脚连接到参考电压设置为中间级逻辑电平（如2.0 V）的负载端。在多数情况下，有效逻辑电平定义为 V_{OL} / V_{OH} ，当然还是要以 DUT 规范为准确认参数正确。

输出使能时间是确保在一定时间内，输出缓冲能正确地由高阻态转换为打开状态，并在控制信号起效的规定时间内，驱动输出有效的逻辑电平。只针对高阻态输出引脚及双向 IO 口，且测试结果只能是正值。

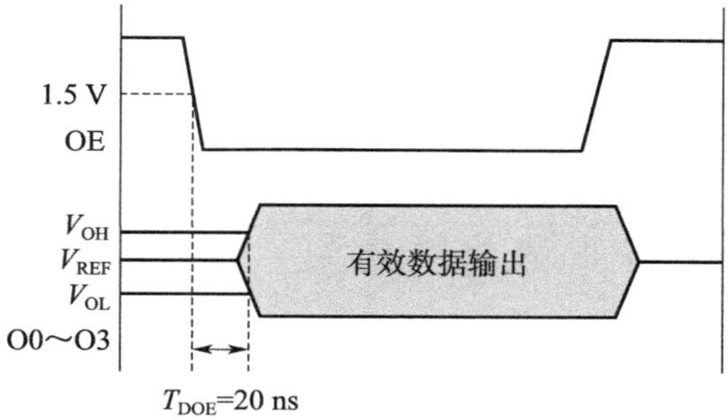

图 2－18　输出使能时间

2.3.2.8　输出失效时间

输出失效时间与输出使能时间相反，指的是输出引脚从有效逻辑电平状态切换到高阻状态所需的时间。测量上，从控制信号的有效控制沿开始，到输出引脚停止驱动有效电平结束。如图 2－19 所示，输出失效时间 T_{HZOE} 是从 OE 信号由低电平变为高电平到1.5 V时开始，直到所有的 O0～O3 引脚上停止输出有效的逻辑电平的这段时间。在此项测试中，高阻态指的是高于 V_{OL} 而低于 V_{OH} 的区段内的任何电平。输出引脚必须连接到参考电压设置为中间级逻辑电平（如 2.0 V）的负载端，输出负载会在输出缓冲关闭后，将总线拉至无效电平状态。

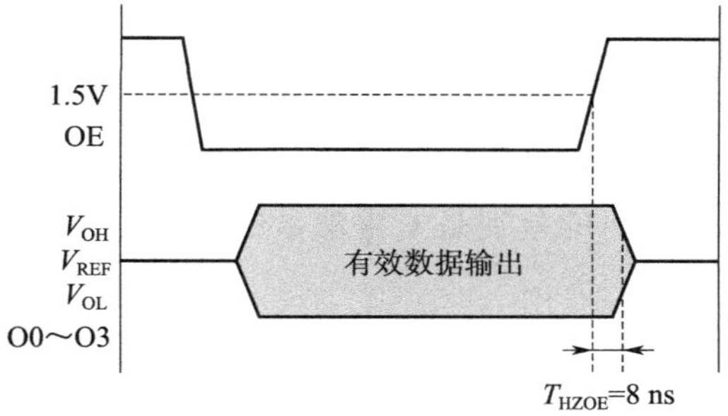

图 2－19　输出失效时间

输出失效时间是确保在控制信号起效的规定时间内，输出缓冲能正确地由打开状态转换为高阻态。只针对高阻态输出引脚及双向IO口，且测试结果只能是正值。

2.4 集成电路测试故障模型

依照实物的形状和结构按比例制成的物品叫做模型。在工程方面，模型是物理实体与数学抽象之间的桥梁。模型使分析工具得以研究和运用，因此模型对设计是必要的。

2.4.1 故障模型的概念

测试中最重要的模型是故障模型。首先需要了解以下概念：

（1）缺陷

缺陷是实现的硬件与它预期设计之间的不期望的差别。VLSI芯片的缺陷类型有：

工艺缺陷：漏掉接触孔、寄生晶体管、击穿栅氧化层等；

材料缺陷：体缺陷、表面离子等；

封装缺陷：接触退化、密封泄漏等。

（2）错误

错误是由缺陷系统产生的不正确的输出信号，即某些缺陷引起的“响应”。

（3）故障

故障是功能级“缺陷”的表示。

缺陷与故障之间的差别是非常细微的，它们分别表示硬件和功能的不完整性。

结合图2-20所示，可以清楚地区分这三者之间的概念。

缺陷：a 与地短路；

故障：信号 a 固定于逻辑0；

错误：$a=1$，$b=1$，$c=0$；

正确：输出 $c=1$。

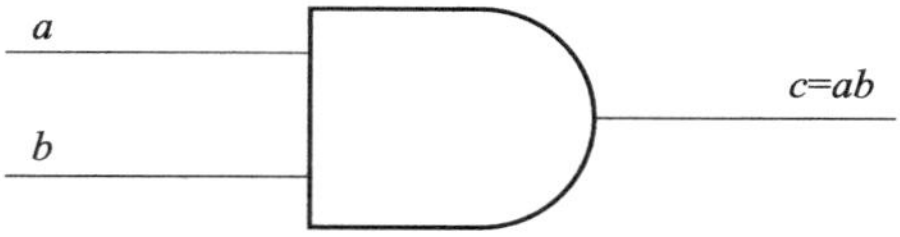

图 2-20　二输入与门

2.4.2　常规故障模型

所谓故障模型，就是指逻辑故障模型。物理故障随工艺而变化。引起物理故障的原因有很多。对于电路设计和测试人员来说，一般不直接研究物理故障，而是研究模型化了的故障——逻辑故障。当然，故障模型的建立不仅要能精确地反映实际的物理故障，而且要能方便测试矢量生成和评价。由于引起电路中物理故障的类型各种各样，而且故障数目也有很大的差异，因此，为了研究故障对电路的影响及诊断故障的位置，有必要对故障进行分类，并选择最典型的故障，这个过程称为故障的模型化（逻辑故障）。

故障模型化的基本原则有两个：1）模型化故障应能准确地反映某一类故障对电路的影响，即模型化故障应具有典型性、正确性和全面性。2）模型化故障应尽可能简单，以便进行各种运算和处理。显然这两个原则是相互矛盾的，因此往往要采取一些折中的方案。由于解决的问题不同和研究的侧重面不同，采用的故障模型也不同，因此在决定使用什么样的故障模型时，首先要考虑研究对象的重点是什么，所研究电路的实现技术和采用的器件是什么，最后还应考虑研究用的设备、软件和其他条件。总而言之，故障模型化在故障诊断中起着举足轻重的作用，一个好的故障模型化方案往往能使故障检测、诊断理论和方法得以发展和完善。

2.4.2.1　单固定故障

假设一个固定故障仅仅影响了门的互连，每一个连线可以有两种类型的故障：固定 1 故障和固定 0 故障（通常写为 s—a—1 和 s—

a—0，或者 sa1 和 sa0）。因此具有固定 1 故障的线将一直处于逻辑 1 状态，而与驱动他的逻辑状态无关。

通常情况下，几个固定故障可以在电路中同时出现。一个 n 条线的电路可以有（$3n-1$）个固定线的组合，因为每一条线都可能是三种状态之一：sa1、sa0 或无故障，所有的组合减去唯一的一种全部无故障的情况即得到所有可能的故障数。显然即使一个中等规模的数 n，也会得到一个很大的固定故障规模。因此，通常仅考虑单固定故障模型。一个 n 条线的电路至少可以有 $2n$ 个单固定故障。

单固定故障的三个特性：仅一条连线是有故障的；故障线永远固定于 0（s—a—0）或 1（s—a—1）；这种故障可能位于门的输入或输出。

如图 2-21 所示，XOR 门电路有 12 个故障点（图中蓝色点）和 24 个单固定故障。

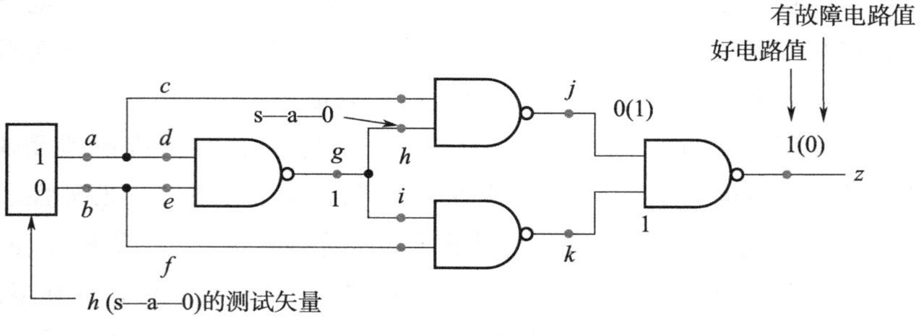

图 2-21 XOR 门单固定故障示意图（见彩插）

2.4.2.2 晶体管开路和短路故障

MOS 晶体管的两种故障模型：常开故障（Stuck-open），即单个晶体管永远处于开路状态；常短故障（Stuck-short），即单个晶体管永远处于短路状态，与它的栅电压无关。

常开故障检测要求有两个矢量，如图 2-22 和图 2-23 所示。

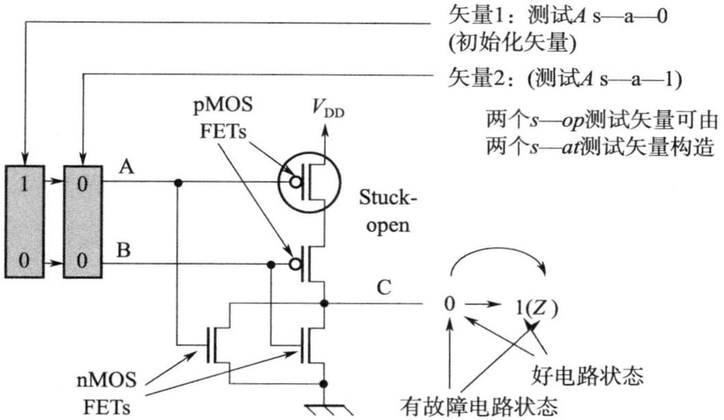

图 2 - 22　短路故障检测要求静态电流（I_{DDQ}）测量

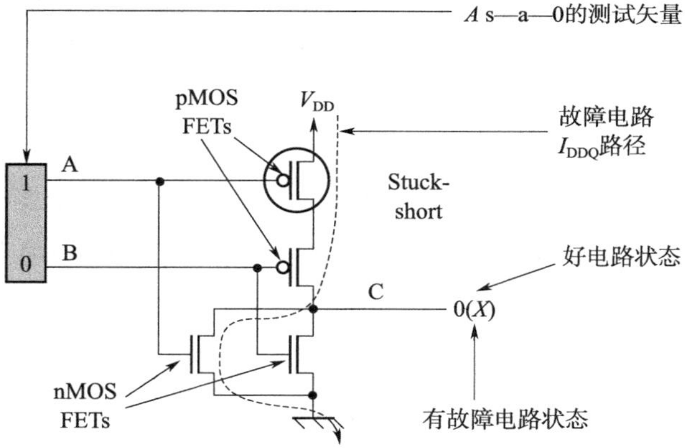

图 2 - 23　短路故障检测静态电流流向示意图

2.4.2.3　存储器故障

存储器的故障模型包括存储单元固定 0 故障、固定 1 故障、矢量敏感故障、单元耦合故障和在地址解码器逻辑上的单固定故障。

我们用功能模型或灰盒子模型将存储器故障模型化。1）一种简化的功能模型，它由地址解码器、存储器单元阵列和读写逻辑组成。

功能模型的优点是它们具有详细的数据路径，可以模型化相邻配线行之间需要测试的耦合故障；2）采用电模型模型化存储器，这种模型会大大提高测试成本，但能进行详细的故障定位；3）采用感应故障分析，允许带有缺陷的版图存在，并且在给出典型的缺陷尺寸下采用蒙特卡罗分析法，可以判断哪里短路、开路、桥接故障和层脱落；4）采用几何模型的代价是故障模型计算时间显著延长。

2.4.2.4 PLA（可编程逻辑阵列）故障

PLA 是一个两级 AND _ OR 组合逻辑的物理实现。设计由三种平行的线构成：输入、乘积项和输出。PLA 包括三种类型的故障模型：

1）输入输出的固定故障。

2）交叉点故障。在 PLA 的版图中，输入输出变量的线被正交排列。取决于实现的功能，交叉的信号线或者形成特定的连接类型，或者在交点上保持不连接。有两种类型的交叉点故障：缺少连接和多余连接。

3）桥接故障。任何一组线之间的短路，且没有被交叉点故障所覆盖的故障称为桥接故障。测量桥接故障对应于测量 PLA 版图上物理位置接近的线之间的短路。

2.4.2.5 延迟故障

延迟故障分为门延迟故障和线延迟故障两种类型。

1）门延迟故障模型增加了单个逻辑门的输入到输出的延迟，而所有其他逻辑门维持正常的延迟。故障门的延迟增加量称为门延迟故障的大小。

2）线延迟故障模型是一个给定信号线的上升或下降延迟，不同于转换故障，对一个线延迟故障的测试必须通过最长的敏感路径传播转换。单故障假设限制了故障数目为线数目的两倍。测试可以探测所有的点缺陷和多数的分布延迟缺陷。

故障模型是缺陷可分析的近似，是测试方法论的基础。对于数字逻辑，单固定故障模型是最简单和最实用的。许多其他故障（桥接故障、常开故障和多固定故障）主要通过固定故障测试矢量覆盖。常通故障、延迟故障和工艺相关的故障要求特殊的测试矢量。存储器和模拟电路需要其他的专门故障模型和测试矢量。

2.5 可测性设计

数字电路可测试性技术可分为两大类：1）为解决某些具体电路的测试而提出的专用方法，如增加电路板的外部测试点、把大电路划分成小电路等；2）通用技术，也称为结构方法（Structured Approaches）。这些方法增加某些电路或改变电路结构使测试变得容易，目前较为流行的有扫描通路法（Scan Path）、随机存取扫描法（Random - Access Scan）、电平敏化扫描设计法（Level - Sensitive Scan Design，LSSD）、内在逻辑块观察法（Built - In Logic - Block Observation）和串行荫蔽寄存器法（Serial Shadow Register）等。为了彻底解决数字电路的测试问题，目前还发展了内建自测试（Built - In Self - Test，BIST）技术。

数字电路的可测试性有多种定义，其中之一是：若能对一电路产生、评价并施加一组测试图形，并在预定的测试时间和测试费用范围内达到预定的故障检测和故障定位的要求，则说该电路是可测的。

可测性设计主要是指根据电路的特点，选择合适的测试方法，以及针对所选的测试方法开展的一系列适应性修改过程。

第 3 章　航天集成电路测试需求

3.1　概述

航天集成电路区别于工业用、商用集成电路的地方主要集中在应用环境不同和可靠性要求不同，与这些不同相对应地，要进行一些必不可少的测试，以保证航天集成电路的质量。本章介绍单粒子效应测试、总剂量效应测试、静电放电测试、闩锁试验测试、极限试验测试以及数据分析的技术。

3.2　集成电路单粒子效应测试

集成电路的辐射效应测试是为检验集成电路抗辐射能力而开展的试验技术活动。空间辐射效应测试按照类别可以分为单粒子效应测试和总剂量效应测试两大类。

3.2.1　单粒子效应测试概述

集成电路的单粒子效应测试一般在重离子加速器上开展，通过串列加速器或回旋加速器产生的具有不同线性能量传输（Linear Energy Transfer，LET）值的重离子，可以模拟空间中的辐射环境对被测器件产生的电离效应，根据被测器件单粒子效应的破坏程度，可以分为非破坏性和破坏性两种，其中非破坏性测试有：SEL、SEU、SEFI、SET，破坏性测试有：SEGR、SEB。常见的不同类型半导体集成电路的单粒子效应测试需求见表 3－1。

表 3-1 不同类型电路的单粒子效应测试需求

电路类别	SEL	SEU	SEFI	SET	SEGR	SEB
CPU、SoC、ASIC	√	√	√	×	×	×
FPGA	√	√	√	×	×	×
AD	√	√	√	×	×	×
DA	√	×	√	√	×	×
SRAM	√	√	×	×	×	×
PROM	√	√	√	×	×	×
FLASH	√	√	√	×	×	×
DC/DC、LDO	√	×	×	√	×	√
RF	√	√	√	×	×	×
SENSOR	√	×	√	√	×	×
VDMOS	×	×	×	×	√	√

单粒子效应需要在线实时测试，根据辐射过程的测试现象给出考核结论。目前国内在单粒子效应试验评估技术方面开展了大量研究工作，可以满足常规类型电路的单粒子效应在线实时测试的要求。典型电路的单粒子测试方法见表 3-2。对于 SRAM、DRAM、FLASH 等存储器类别电路，可以开展不同测试向量下的动态、静态 SEU 检测，并对单位翻转（SBU)、多位翻转（MBU）和多单元翻转（MCU）进行实时区分统计；对于 AD、DA、RF 等模拟类别电路，除了单粒子闩锁测试外，还可以开展数字部分的单粒子翻转（SEU）和模拟部分单粒子瞬态（SET）的动态检测；对于 ASIC、FPGA、CPU、SoC 等复杂大规模类的集成电路，既可以开展整体电路单粒子功能中断（SEFI）和单粒子功能错误（SEFE）的评价，也可以对内部全部存储单元（触发器、存储器等）进行基于内建自测试的单粒子翻转评估，形成整体电路的最劣单粒子功能错误预计。

表 3-2 典型电路的单粒子测试方法

电路类别	代表品种	测试方法	考核指标	其他可测项目
存储器类	SRAM、DRAM、PROM、FLASH 等	写入特定码型，循环回读比较是否发生错误	单粒子翻转阈值，单粒子翻转在轨错误率 单粒子锁定阈值	读写控制模块的单粒子功能错误
模拟类	AD、DA、RF、DC/DC 等	典型应用条件下，监控工作电流是否增大	单粒子锁定阈值	单粒子瞬态扰动对后续电路的影响
复杂大规模类	ASIC、CPU、SoC、FPGA 等	在特定模式/程序下运行，判断功能是否正常	单粒子功能在轨错误率，单粒子锁定阈值	运用软件方法（TMR）实现系统级加固

3.2.2 单粒子测试考核指标

空间单粒子辐射环境一般采用 LET 值来进行描述，LET 的定义为高能带电的重离子在材料（Si）中运输时，在传播路径的单位距离上沉积的电离能量损失，LET$=dE/dx$，量纲为 MeV · cm^2/mg。LET 值描述了入射的带电重离子在目标器件中的能量沉积特性，LET 值与入射离子的种类、能量和靶材料有关。对于每一种离子，随着能量从零开始增大，LET 值呈现出一开始迅速增大，而后缓慢减小的变化过程，在最高点称为 LET 的布拉格峰。对于单粒子辐射试验，希望重离子在入射到达目标电路的有源区时，其 LET 值位于布拉格峰的右侧，因为该处的 LET 值变化较缓，利于定量评价考核目标器件的抗单粒子性能。如果位于布拉格峰的左侧，则 LET 值变化较快，无法准确评估目标器件的抗单粒子性能，同时也将导致单粒子测试结果的差异性变大，一致性变差。

单粒子错误（SEU、SET、SEFI、SEFE、SEL、SEB、SEGR）LET 阈值 LETth，物理意义为表征产生该单粒子错误所需要离子的最小 LET 值，即电离产生的沉积电荷大于发生单粒子错误的临界电

荷 Q_c。一款器件的 LET 阈值越高，表明器件的抗单粒子能力越强。根据国军标定义，单粒子 LET 阈值定义为垂直入射的重离子在给定的注量（一般为 1.0E＋07ions/cm^2）下能产生单粒子事件的最小 LET 值。在工程试验中，由于重离子试验的点数有限（一般小于 5 个），无法获得最小 LET 的准确值，因此通过单粒子错误截面威布尔曲线拟合的方法，取单粒子错误饱和截面的特定比值（以 CREME 进行在轨预计时通常选择 10%，也有的选择 1%等其他值）对应的 LET 值作为目标电路的单粒子 LET 阈值。常见的抗辐射加固集成电路单粒子错误 LET 阈值的考核指标和说明见表 3－3。

表 3－3　常见的抗辐射加固集成电路单粒子错误 LET 阈值的考核指标和说明

效应类型	单粒子错误 LET 阈值/（MeV · cm^2/mg）	应用说明
SEU SET SEFI SEFE	15	空间环境中质子通量最大，高能质子核反应所产生的重离子核在 Si 中的 LET 值一般可达 15 MeV · cm^2/mg。若阈值大于该值，则可不考虑质子单粒子效应，只需考虑重离子在轨错误率
	37	空间环境中 LET 值大于 37 MeV · cm^2/mg 的高能重离子通量急剧下降，发生单粒子事件的概率极低。若阈值大于该值，则单粒子在轨错误率将达到 1.0E－12 次/（bit · 天）的量级，可以忽略不计
SEL SEB SEGR	75	考虑到空间环境粒子在倾斜入射（一般考虑最大 60°）的条件下，有效 LET 值会增大 2 倍至 75 MeV · cm^2/mg。由于单粒子闩锁和硬错误后果严重，不被允许，同时也考虑到 2 倍余量的因素，因此将单粒子闩锁和硬错误阈值定义为该值

单粒子错误截面 σ 描述了器件在某一 LET 值离子辐照下的单粒子错误事件发生概率，等于单粒子错误事件次数除以单位面积上的辐照总注量，量纲为 cm^2/dev。单粒子错误截面越小，表明器件的抗单粒子翻转能力越强。为了归一化比较不同容量的存储器件，还

需要除以器件的总容量，得到归一化后的单粒子位错误截面，量纲为 cm^2/bit。随着入射离子 LET 值的增大，器件单粒子错误发生概率将趋于饱和，当单粒子错误截面不再随 LET 值的增大而增加时，此时最大截面即为单粒子饱和（bit）错误截面。

通过辐射试验获得的单粒子饱和（bit）错误截面和单粒子错误阈值等参数，代入在轨错误率预估软件（如 Space Radiation 等），选择空间轨道和环境模型（常用重离子 CREME - M3、质子 AP - 8 等）、敏感体模型（常用 RPP、IRPP、MSVs、NSV 等），可以获得单粒子在轨（bit）错误率，量纲为次/（dev · 天）或者次/（bit · 天），其物理意义为在相应的空间轨道上，待测器件在 1 天中出现 1 次（bit）单粒子错误的概率，取反后即为预估多少天出现一次单粒子事件。常用的宇航抗辐射加固集成电路单粒子在轨错误率考核指标为 GEO 上小于 1.0E—10 次/（bit · 天）。目标器件在轨错误率越小，表明器件的抗单粒子能力越强。

3.2.3 单粒子测试系统

典型单粒子测试系统的结构如图 3 - 1 所示，由试验电路板（被测器件）、程控电源、数字多用表、电源控制模块、路由器和 PC 组成。被测器件（开冒去封装）置于试验电路板上，试验电路板放在真空室内进行辐照试验；试验电路板通过法兰盘与真空室外的电源控制器以及 PC1 连接，试验电路板提供被测器件的输入向量激励，实时检测辐照过程中被测器件的输出结果，判断并保存测试结果数据，通过 RS232 串口等连接方式传输给 PC1；程控电源提供电压，通过串联多用表来检测和记录被测器件的工作电流变化，当发生闩锁时，程控电源可自动断电；由 PC1 控制和选择连接真空罐内的不同试验电路板或者被测器件；PC2 位于辐射实验室的外部，与实验室远程隔离，保证人员安全，通过网线远程控制实验室内的 PC1。

典型单粒子辐射试验电路板原理如图 3 - 2 所示，被测器件 DUT 是由外部电源单独供电，与电路板上其他元器件的电源分开，

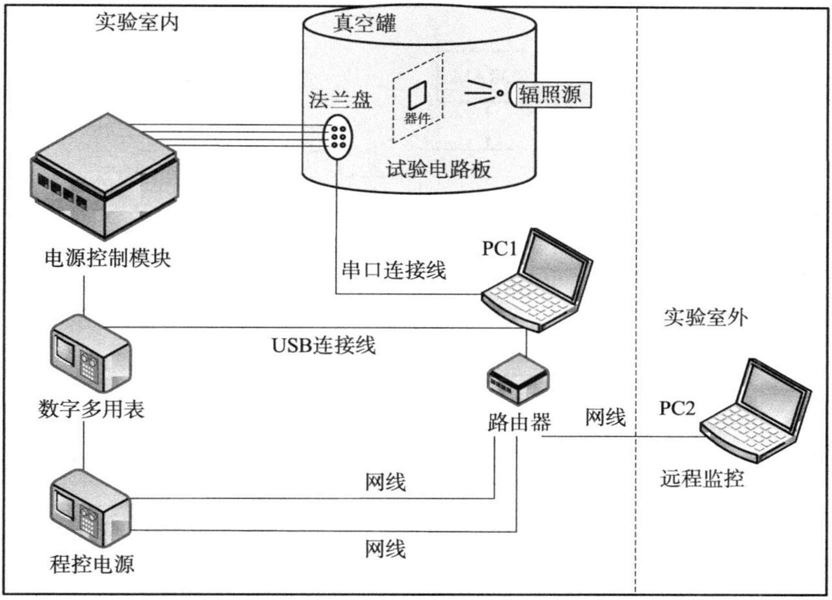

图 3-1 典型单粒子测试系统的结构图

便于直接监测被测器件的工作电流，判断是否发生单粒子闩锁。FPGA（也可为 DSP、MCU、CPU、SoC、ARM 等其他控制芯片）用于产生被测器件的输入向量激励，同时监控被测器件的输出波形信号，将测试结果实时通过串口协议芯片 MAX3232（也可为其他通信协议芯片）发回上位机。FLASH 存储器用于存储 FPGA 配置程序和用户应用程序，SDRAM 作为嵌入式系统内存使用，DC/DC 用于向各芯片提供不同电平。

单粒子测试属于在线实时测试，由于真空罐内外连接需要通过法兰盘长线（大于 2 m），因此一般的数据信号线由于长度信号衰减，无法在罐外进行远程在线测试，必须通过板级在线测试的方式直接测试，因此基于嵌入式系统的板级测试系统成为单粒子测试系统开发最有效的常见方式之一。以 65 nm 数字大规模集成电路为例，现有的单粒子测试最高在线测试频率能够达到 800 MHz 以上，模拟

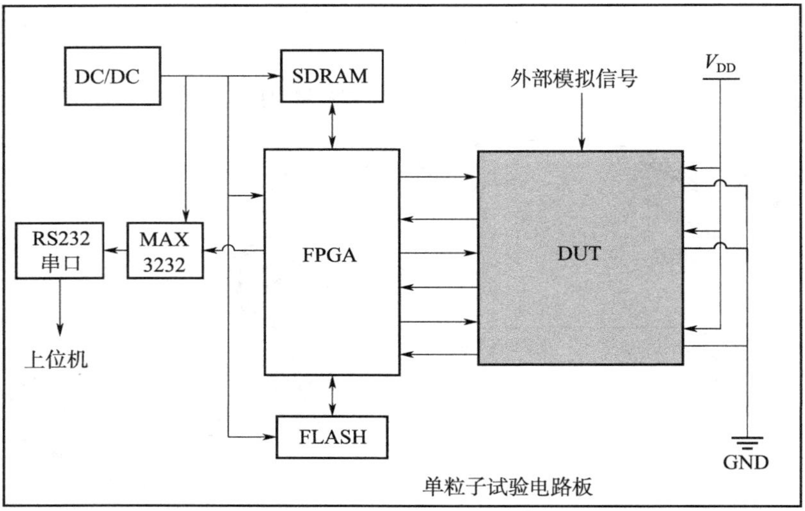

图 3-2　典型单粒子辐射试验电路板原理图

信号频率最高达到 6 GHz 以上，监控测试引脚数量最高达到 1 000 pins 以上，可以满足 SoC、CPU、ASIC、PFGA 等器件高速信号的实时监控需求。

3.2.4　单粒子测试标准规范

现有的国内外单粒子测试标准规范汇总见表 3-4。根据国军标流程，选取的重离子射程需大于 30 μm，辐照总注量需达到 1.0E+7ions/cm^2。其中 SEL、SEB、SEGR 等类别单粒子测试需在最高电压、最高工作频率（推荐试验温度 125 ℃）下进行，SEU、SEFI、SEFE、SET 等单粒子软错误试验需在最低电压、最高工作频率（环境温度：室温）下进行，并且进行 5 种以上重离子试验以获得单粒子软错误截面（cm^2），拟合绘制威布尔曲线，获得单粒子饱和截面和阈值等参数。

表 3－4　国内外单粒子测试标准规范

名称	试验标准	规范名称
单粒子效应 SEE	GJB 7242—2011	单粒子效应试验方法和程序
	QJ 10005A—2018	宇航用半导体器件重离子单粒子效应试验指南
	ASTM F1192	Guide for the Measurement of Single Event Phenomena (SEP) Induced by Heavy Ion Irradiation of Semiconductor Device
	EIA/JESD 57	Test Procedures for the Measurement of Single - Event Effects in Semiconductor Device from Heavy Ion Irradiation
	ESCC 25100	SINGLE EVENT EFFECTS TEST METHODAND GUIDELINES

典型单粒子测试的通用流程如图 3－3 所示，主要用来说明不同类别的单粒子效应试验过程中，通用的操作步骤流程、具体需要完成的任务以及每个阶段的注意事项，进而为每款待测器件的不同单粒子效应制定具体的方案，提供基本流程依据。

每个流程阶段的具体说明如下：

1）试验准备：试验前试验样品需要开冒，试验电路板安装在真空罐内的移动平移台上，待测器件正对重离子辐照窗口，调试测试系统是否工作正常。

2）束流准备：选择辐照离子的能量，计算在 Si 表面的 LET 值、射程，设置束流窗口大小（一般为 2～5 cm 的正方形）等信息，束流需覆盖待测器件的芯片区域（如果不够需要分区辐照），将束流注量率调节至预期值，一般为（1.0E＋02～5.0E＋04）ions/（cm^2 · s）之间，通过束流计数器提前测试束流的注量率（稳定性，变化＜2 倍）、均匀性（束斑均匀度＜10％）是否满足规范要求。如果是在大气中进行试验，还需要测量待测器件距离重离子辐照窗口之间的空气层厚度，计算重离子经过大气后到达器件表面的 LET 值和射程，并判断是否满足试验要求。

3）测试系统初始化：对测试系统进行初始化，待测器件复位后

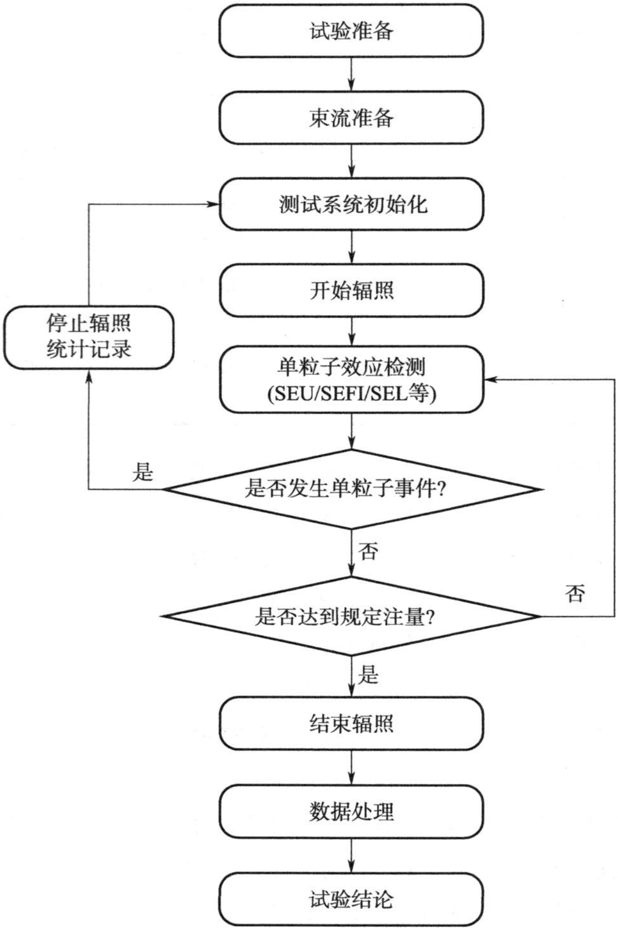

图 3-3　典型单粒子测试的通用流程图

处于工作状态，运行一段时间确保工作状态稳定，具备随时辐照的条件，等待束流开启。

4）单粒子效应检测：开启束流辐照，记录试验起始时间，根据单粒子效应测试类别检测待测器件发生的单粒子效应事件，统计相应的事件次数，根据测试需要判断是否需要系统复位。试验过程中记录单粒子效应的类型和数量，保存试验过程测试数据、电流采集数据、辐照束流总注量等信息。

5）结束辐照：辐照注量达到规定注量或错误效应次数达到要求数量后结束辐照，记录结束时间。

6）数据处理：试验结束后，根据单粒子事件次数、辐照总注量，计算每种离子下的单粒子错误截面，拟合绘制威布尔曲线图，统计单粒子错误饱和截面和单粒子错误阈值，预估被测器件的单粒子在轨错误率，给出试验结论。

针对不同类别的单粒子效应，其单粒子失效的判据不同。此外单粒子效应试验结束的判据也与考核效应的类别事件次数有关。常见的单粒子效应判据见表 3－5。

表 3－5　单粒子效应判据

效应类别	效应判据	试验结束判据
SEU	测得数据与写入数据不一致	出现 100 次或注量达到 1.0E＋07ions/cm^2
SET	出现瞬态错误并自动恢复	
SEFI	出现了不可自动恢复的功能错误	出现 10 次 SEFI 或注量达到 1.0E＋07ions/cm^2
SEFE	出现了可自动恢复的功能错误	
SEL	芯片电流大于正常工作电流（一般设置为 1.5 倍或芯片最大工作电流）	出现 1 次即试验结束，若未出现，则辐照至 1.0E＋07ions/cm^2

对于复杂集成电路，内部同时存在单粒子翻转、单粒子功能中断/错误等效应，这些效应在同一次单粒子测试中会同时出现，需要分类记录，并根据不同效应的测试结果跳转测试流程。复杂集成电路的单粒子功能/翻转试验测试流程如图 3－4 所示。

3.2.5　单粒子测试关键因素

（1）工作模式

器件不同的工作模式，对单粒子效应检测影响很大。一般情况下，动态工作模式下的 SEU、SEFI、SEFE 等多于静态，因为动态

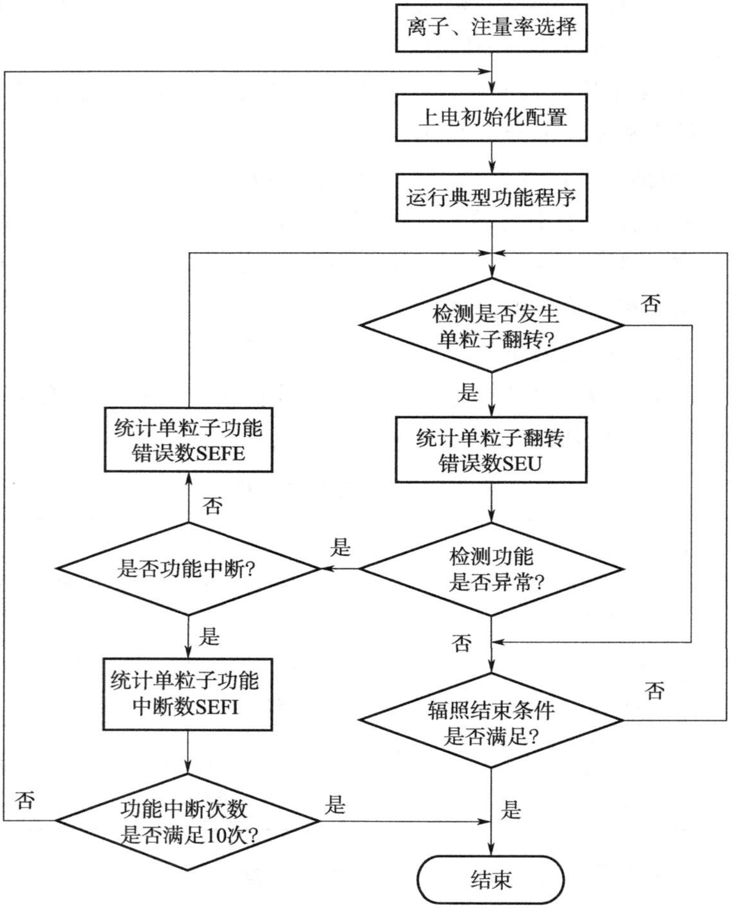

图 3-4　复杂集成电路的单粒子功能/翻转试验测试流程图

模式将易捕获 SET 转换为 SEU。此外，读模式的 SEU 多于写模式，因为写模式将刷新电路覆盖 SEU。因此，SEU、SEFI、SEFE 推荐在动态、读模式、最高频率下进行。

（2）测试向量

器件不同的测试向量，对单粒子效应的检测结果同样具有影响。首先，器件“0→1”和“1→0”SEU 概率不同，与电路的设计结构和采用工艺有关；其次，存储单元交替使用“01”进行存储，比存储单元全存“0”或者“1”敏感，因为交替方式对时序和电学要求更严格，更易受 SET 影响。因此，单粒子测试的测试向量推荐使用不同数值写入存储单元，例如相邻地址交替写入不同的值。

（3） 翻转捕获

单粒子翻转测试需要覆盖 100%存储单元，SEU 捕获主要通过采样和对比来实现，其中采样时钟应为器件数据端口变化速率的 2 倍以上，采样时钟沿的相位应为数据输出波形的中段部分，推荐相位差为 90°，避免产生错误统计数量。此外，SEU 统计需要按照类型、数值进行分类，区分 SBU、MBU、MCU 和连续片翻转等形式，不同翻转现象表征不同结构的单粒子敏感性，需区分统计。最后“0→1”和“1→0”SEU 也要分别统计。对于 SRAM 等还应记录 SEU 的错误地址。

（4） 注量率选择

在单粒子翻转、功能中断试验中，重离子的辐照注量率应由小到大进行调节，调整到单粒子事件大约 10～30 s 出现一次为宜。如果太大，单粒子事件太频繁切停束流，容易出现统计误差；如果太小，机时使用效率太低。

（5） 角度入射问题

单粒子转角辐照一般应用在单粒子多位/多单元翻转效应的测试中。转角辐照时，离子的有效 LET 等于表面 LET 除以 $\cos\theta$（变大），同时有效射程等于表面射程乘以 $\cos\theta$（变小），因此需要考虑有效射程是否满足大于 30 μm 的规范要求。此外转角辐照还可以用于单粒子闩锁测试。

（6） SEU 和 SEFI 同时测试

SEU 测试可与 SEFI 测试同时进行，也可分开进行，这取决于 SEU 的覆盖率。如果 SEFI 测试可以覆盖所有存储单元，则可同时进行。SEU 与 SEFI、SEFE 区分统计，发生 SEFI、SEFE 时将产生大片不可逆的 SEU，这部分 SEU 不能统计进入最后的翻转数。此外，单次突然增大的大量 SEU，也只能记为一次单粒子事件，即 1 次 SEU。

（7）SEL 与微闩锁区别

当电路发生 SEL 时，电流将急剧增大且不可自行恢复，同时发送复位命令无法恢复功能，则判定为 SEL。但是对于 FPGA 等特殊电路，由于内部 SEU 的累计将导致电路功能异常，从而使电流增大。这种微闩锁通过发送复位命令可以恢复正常工作和电流，因此电流增大和功能不可恢复是 SEL 的两项充要条件。

（8）系统调试

由于单粒子测试机时有限且价格较高，应在试验入场之前，完成测试系统联调，并进行单粒子故障注入模拟，验证系统可以捕获到 SEU、SEFI 等现象，同时确认统计次数与注入故障次数一致。此外，测试系统的电源供电、数据传输等也需长线联调，长线不短于 2 m，中间含法兰盘连接器等，确保传输顺畅，信息能完整保存。

（9）试验离子要求

SEU、SEFI 一般需要 5 种以上离子试验，首先包含 1 个单粒子饱和截面的 LET 离子，推荐采用 Ta 或者 Bi 离子；其次包含 1 个不产生 SEU、SEFI 条件下 LET 值尽可能大的离子，推荐选用 LET 值低于 Cl 离子的种类；其余 3 种离子 LET 应在上述离子的 LET 范围之内，并且均产生了 SEU、SEFI，其中两种离子应靠近单粒子阈值，这样绘制出来的威布尔曲线更加准确。

（10）数据处理

多只样品进行单粒子测试的，将多只样品在同一离子下的总单粒子事件数除以多只样品的总辐照注量，作为该离子下的平均单粒子错误截面，而非分别计算各自样品下的单粒子截面再取平均值。

（11）测试精度满足要求

测试仪器设备应定期进行计量标检，确保设备的使用在有效期内。仪器精度需满足单粒子电流变化要求，一般情况下，要求电压/电流等测试精度在 6.5 bit 以上，最高测量精度达到 1 μA/1 μV，最快采样间隔达到 1 ms 以下，示波器采样率达到 20 Gs/s 以上。各种试验仪器应具备网络远程控制能力。

（12）安装要求

电路板尺寸应设计成最小规格尺寸，电路板上应预留安装定位孔。此外加速器是大功率设备，电磁环境复杂，不推荐板级地端与大地相连，与上位机通信推荐 RS232 和网口协议，不推荐 USB 通信（线长不稳定）。此外模拟信号推荐 SMA 接口形式内外传输，其他供电、测量的连接线，以 DB9 形式通过法兰盘与外部设备连接。

3.3　集成电路总剂量效应测试

3.3.1　总剂量测试概述

总剂量效应（TID）是指高能辐射粒子或射线在器件内部通过电离产生氧化层陷阱电荷和界面，引起器件电性能退化效应。电离辐照总剂量效应是一种辐照损伤累积效应，与半导体材料所吸收的能量有关。稳态总剂量测试一般采用 γ 射线进行辐照。常用的放射源为 Co－60，如图 3－5 所示。γ 射线穿过半导体材料时，带有能量的光子会损失能量并被材料吸收，经过一定剂量的积累，辐照在半导体器件内部产生缺陷，从而对器件性能产生影响。对于 CMOS 工艺电路，总剂量主要影响氧化层和界面区域，造成晶体管的阈值电压漂移、跨导减小、沟道和结漏流增加、场氧边缘漏流增加甚至栅氧击穿等损伤。

总剂量测试按照辐照剂量率大小，可以分为高剂量率［50～300 rad（Si）/s］和低剂量率［0.01～0.1 rad（Si）/s］两类；按照偏置条件不同，可以分为静态和动态两种；按照辐照剂量方式，可以分为 50％过辐照和直接辐照两种。对于总剂量测试标准，美军标试验流程与欧洲标准试验流程的差异较大，目前国军标和行业标准与美军标较为一致。

图 3-5　Co-60 放射源

3.3.2　总剂量测试考核指标

CMOS 工艺集成电路在总剂量辐射后呈现退化失效现象，主要可以分为电参数失效和功能失效两种情况。其中电参数失效表现为 MOS 管参数退化，包括阈值电压漂移、跨导退化等；功能失效表现为目标电路性能的质变，时序参数或者功能参数无法达到预定指标。一般情况下，器件的电参数失效先于功能失效。在总剂量辐照后、退火后测试中，应该同时测试目标电路的电参数和功能参数，当且仅当电参数和功能参数均测试合格时，目标电路才算通过预定的总剂量辐射考核剂量。常见的总剂量失效电参数及其测试方法如下：

（1）阈值电压 V_{th} 漂移测试

阈值电压 V_{th} 是 MOS 集成电路最重要的电学参数之一，对 MOS 集成电路的性能功能有直接影响。美军标关于阈值电压的测试方法为：将 MOS 器件沟道电流为 10 μA（或 20 μA）时对应的栅源电压定义为阈值电压。但实际操作中，由于没有考虑器件漏电影响，导致误差较大。

北京微电子技术研究所探索出了一条精确测试阈值电压的方法：首先，测量电路所有器件的静态漏电流，由于 PMOS 器件辐照后漏电流减小可以忽略，因此主要为 NMOS 器件漏电流，然后用10 μA（或 20 μA）减去该漏电流值，再进行上述测试获得 PMOS 器件阈值电压；其次，测试非门的电压特性曲线，得到其电平转换点，然后通过非门的电平转换点推算出 NMOS 的阈值电压。通过该方法减小晶体管静态漏电对测量结果的影响，可以获得精确的 NMOS 与 PMOS 器件的阈值电压。

（2）静态电流 I_{ss} 测试

CMOS 器件工作电流会随着辐射总剂量的增加而增大，辐照后静态电流的增加主要源于两个方面：一是 NMOS 器件阈值电压负向漂移导致的 NMOS 器件漏电流增加；二是栅氧化层和场氧化层内正电荷积累导致的寄生漏电通路泄漏电流。静态电流一般通过测试机台等高精度电流检测仪器进行测量。

3.3.3　总剂量测试系统

常见的总剂量效应试验测试系统由控制计算机、总剂量测试板、电源控制、电流测量等仪器组成，如图 3－6 所示。其中总剂量测试板上一般只有待测器件和无源器件，不能包含其他芯片，以避免一起辐照后失效导致系统异常；电源通过数十米的长线给试验板远程供电，由于长线上的压降较大，因此需测量板级的端口电压以保证试验准确性；试验过程需要记录电流的变化情况，建议电流监控精度达到 6.5 bit 以上；控制计算机可以控制电源和自动监控记录电流数据。

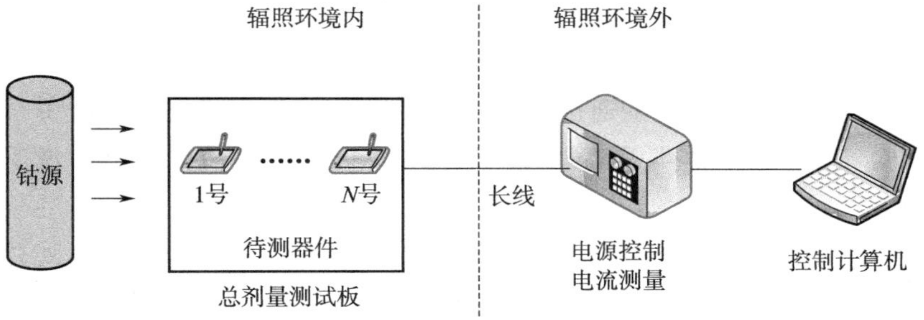

图 3－6　总剂量测试系统结构图

3.3.4 总剂量测试标准规范

现有的国内外总剂量测试标准规范汇总见表3-6，根据行业标准流程，总剂量测试前需要对待测器件进行电学和功能参数测试，以确认其合格。然后在静态偏置条件下，在Co-60放射源上辐照至规定剂量。对于纯CMOS工艺电路，一般采用高剂量率辐照；对于含有双极工艺的BiCMOS等工艺电路，一般采用低剂量率辐照。辐照至规定剂量后需要进行测试，合格后继续追加50%剂量的过辐照，然后进行高温退火，完成退火后还需要进行第3次测试，合格后通过规定总剂量指标。

表3-6 国内外总剂量测试标准规范

名称	试验标准	规范名称
总剂量效应TID	GJB 548B — 2005	微电子器件试验方法和程序
	GJB 5422 — 2005	军用电子元器件γ射线累积剂量效应测量方法
	QJ 10004A — 2018	宇航用半导体器件总剂量辐照试验方法
	ASTM-1892-2018	Standard Guide for Ionizing Radiation (Total Dose) Effects Testing of Semiconductor Devices
	MIL-STD-883H-1019.8 — 2010	TEST METHOD STANDARD MICROCIRCUITS, Ionizing radiation(total dose) test procedure
	MIL-STD-750E-1019.5 — 2010	TEST METHODS FOR SEMICONDUCTOR DEVICES, Steady-state Total Dose Irradiation Procedure
	ESCC 22900 — 2007	TOTAL DOSE STEADY-STATE IRRADIATION TEST METHOD

典型总剂量测试的通用流程如图3-7所示，主要用来说明每个试验环节下的具体步骤流程和判别依据。每个流程阶段的具体说明如下：

1）系统准备：辐照前对被测器件进行测试，测试合格后放入总剂量测试系统，上电调试测量电路板端电压是否达到方案规定值，检查工作电流是否正常。

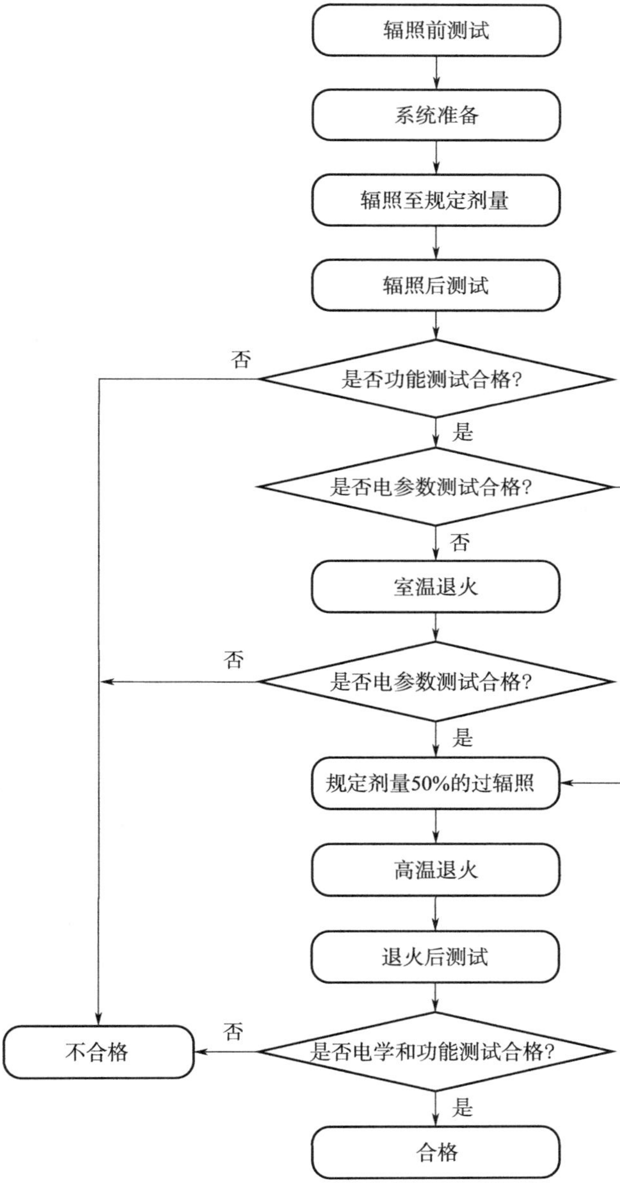

图 3-7　典型总剂量测试的通用流程图

2）辐照至规定剂量：选择高/低辐照剂量率，辐照至待测器件规定的总剂量指标。试验过程中监控记录电流变化，如果发现电流突增超过正常工作范围，可以记录当前辐照剂量并停止辐照试验。

3）辐照后测试：首先进行功能测试，如果不合格，则直接判定待测器件不合格；如果合格，再进行电参数测试，合格后继续进行过辐照，如果不合格可以进行最高 168 h 的室温退火，即将器件放置在总剂量测试板上，在通电状态下静置，然后再进行一次电参数测试，如果仍不合格，则判定待测器件不合格，如果合格，继续进行过辐照。

4）过辐照：保持相同的辐照剂量率，继续对待测器件施加 0.5 倍规定剂量的辐照，然后进行 168 h、100 ℃的高温退火试验，期间也需要间隔记录电流变化情况。

5）高温退火后测试：退火完成后对待测器件进行电学和功能参数测试，测试合格即达到规定总剂量指标，不合格则不通过。

3.3.5 总剂量测试关键因素

（1）样品数量

总剂量测试属于破坏性试验，对器件的制造工艺、生产和测试一致性要求较高。如果被测器件的抗总剂量能力一般或较弱，测试结果往往呈现出部分不合格，而非全部不合格，因此总剂量对样品数量有严格要求，数量太少有可能无法充分暴露待测器件的抗总剂量能力。根据行业标准，首次鉴定时，电路规模大于（小于）4 000 门，每个晶圆批总剂量测试样品数量至少 22（11）只，且每个晶圆上至少 1 只，后续一致性生产时，可以按每晶圆 4（2）只的方式进行一致性检验。

（2）辐照位置

根据钴源源棒的特性，钴源周围呈现出同心球形状的剂量率环，因此要求被测器件样品均位于该球环上，使之具有相同的辐照剂量率和总剂量，因此不同的试验电路板需要正对钴源的圆心并呈环形摆放，且同一电路板上的多只被测器件也需要布局紧凑，以减小辐照剂量的不确定度。

（3）低剂量率辐照时间

对于BiCMOS等需要低剂量率辐照的待测器件，剂量率越低，低剂量率增强效应ELDR越明显，考核越准确，但也越费时。如果选用0.01 rad（Si）/s进行辐照100 krad（Si），需要115天，工程上难以接受，因此，根据2018年修订的行业标准，参考之前航天应用常见的总剂量100 krad（Si）工程实践经验，一般低剂量率在辐照至30 krad（Si）时已明显发生ELDR，因此可以先用0.01 rad（Si）/s辐照30%的规定剂量、用0.1 rad（Si）/s辐照70%的规定剂量方式进行标准剂量辐照，然后对规定剂量50%过辐照也采用0.1 rad（Si）/s进行辐照，并将试验压缩至48天。

（4）偏置条件

总剂量测试采用静态偏置条件，即所有输入端口均需通过上（下）拉电阻接高（低）电平，不可悬空，阻值范围在1～30 kΩ之间，推荐为30 kΩ。双向端口不能配置为三态，需要配置为输入或者输出中的一项。若配置为输入端，则按上述接法。所有的输出端口悬空，电源端口直接接高电平，地端接地。需要指出的是，为满足总剂量最劣偏置，上述高电平应为待测器件的最高工作电压，即典型工作电压拉高偏。

（5）测试间隔时间要求

受退火效应的影响，为满足测试的准确性，待测器件需要在辐照完成后1 h（高剂量率）/72 h（低剂量率）内开始测试，再次辐照应在上次辐照结束后2 h（高剂量率）/120 h（低剂量率）内开始。如果无法在规定时间内完成，需将器件各引脚短接，置于干冰环境（温度不高于−60 ℃）进行低温保存运输。

（6）铅铝屏蔽容器

如果辐射试验场所的低能散射较大，则需要将试验电路板（含被测器件）放置在铅铝屏蔽容器中，以隔绝外部散射对辐照总剂量的影响，容器由1.5 mm铅的外层、0.7 mm铝的内层组成。如果低能散射较小（一般<10%），则可以不使用铅铝屏蔽容器。

（7）试验环境影响

总剂量测试场所内外距离较远，长线进行供电传输需要考虑电压降和上电过冲对试验电路板的影响，应考虑在电路板端接上电容进行稳压滤波。此外在试验场所放置、取出芯片时应特别注意静电放电（ESD）保护，使用离子风机、静电防护手环等防护措施。

3.4 静电放电测试

ESD是指具有不同静电电位的物体互相靠近或直接接触引起的电荷转移。其对于电子产品有着极为严重的危害，甚至会影响电子产品的正常功能，导致其无法发挥应用效果。

伴随着科技水平的提升，电子行业也正处于迅速发展阶段，其中各类元器件的集成度与体积更是在这一阶段获得了极大的提升。但需要注意的是，正是由于集成度较高，使得当下的各类元器件导线之间的距离变得越来越小，其绝缘膜也在逐渐变薄，使得其耐击穿电压也逐渐降低。但受周围环境因素条件的限制，电子产品无论是在生产过程中还是运输过程中都有极大可能产生静电，增大其器件的击穿风险，从而影响产品的技术指标。从这一点来看，当前对于电子行业发展来说，静电已经逐渐成为阻碍行业发展的关键因素，因此更需要人们提高对于静电防护的重视程度。不仅要了解各类电子元器件的生产流程，更应针对其运输、储存以及检验等环节可能产生静电的几个因素进行深入分析，制定对应措施，以最大程度地降低静电对电子产品的影响。

先进的纳米级CMOS集成电路工艺，甚至是三维的鳍式晶体管（FinFET）工艺，逐渐成为制造超大规模数字逻辑集成电路的主流制程。此时，更加普遍的放电事件、更加微小的工艺尺寸以及更加复杂的芯片结构等，均使得芯片的静电防护工作变得愈发困难。在器件制造、芯片封装、电路组装和应用时都可能在栅上聚集静电荷，当与其他物体（人体、机械手臂等）接地时，会引发 ESD 电流脉冲的瞬时冲击。由于电流泄放速度快、密度高，造成芯片局部过热而导致器件电路性能变差，甚至永久性损坏。

3.4.1　损伤类型

主要的 ESD 损伤有：

1）晶格熔化或金属与硅共熔，使 PN 结受损短路；

2）氧化层汽化产生空洞，使器件短路、开路；

3）金属联线挥发造成器件之间短路、开路。

根据 ESD 产生的原因及其对集成电路放电的方式不同，目前 ESD 被分为下列四类：

1）人体放电模式（Human - Body Model，HBM）；

2）机器放电模式（Machine Model，MM）；

3）组件充电模式（Charged - Device Model，CDM）；

4）电场感应模式（Field - Induced Model，FIM）。

当前工业界关注的芯片 ESD 损伤主要有两种放电机制：HBM 和 CDM。其中，HBM 指在芯片的生产运输、封装及测试过程中，当携带有静电荷的操作员触碰（或靠近）芯片引脚时产生的放电行为。此时静电荷从人体流向芯片，由于人体电阻（约 1 500 Ω）的限流作用，这种放电类型的速度相对较慢，典型的放电周期约为数百纳秒。在片上 ESD 防护设计中，HBM 是一项基础的防护指标，典型的工业界防护指标为 2 kV。通常，当所设计的 ESD 防护电路的准静态电学特性［如触发电压（V_{t1}）、维持电压（V_h）、导通电阻（R_{on}）和失效电流（I_{t2}）等］达到预期指标时，便认为其能够针对 HBM 放电进行有效的防护。除了传统的 HBM 放电，芯片自身在生产、运输、封装及测试过程中也可以通过直接或电场感应的方式逐渐积累静电荷，且电荷积累过程由于未形成通路，并未造成芯片损伤。之后当芯片的引脚触碰（或靠近）到地或者金属工作台时，存储于衬底内的大量电荷便会由芯片内部泄放出来，产生 CDM 放电。

相对于 HBM 放电，CDM 泄放路径上的电阻要小得多，因而放电时间极短（纳秒级别），瞬态峰值电流极大。这就要求 CDM 防护电路不仅需要具备合适的准静态电学特性，还要有足够快的导通速度（导通时间一般需要小于 1 ns）和优越的瞬态过冲电压，无疑大大地增加了设计难度。

3.4.1.1 人体放电模式（HBM）

HBM 主要是用来模拟人体静电放电对敏感电子器件产生的作用。如图 3-8 所示为典型试验等效电路。人体模型是最常用的 ESD 冲击模型，其模拟了人通过移动、摩擦等方式积累电荷，并通过接触方式传递到导体或者电路引脚上的放电现象，这在集成电路封装、测试、运输和组装等环节都可能发生。等效电容为 100 pF，电阻为 1.5 kΩ。

模仿人体，HBM 脉冲波形的上升时间为 2～10 ns，负载电阻越大，脉冲上升时间越长。图 3-8 中，L_S 和 C_S 为电阻的串联电感和杂散电容（$L_S=8\ \mu H$，$C_S=1.5\ pF$）。目前已有美军标 MIL-STD 883E、JEDEC 标准等多种仿真电路结构和脉冲波形。

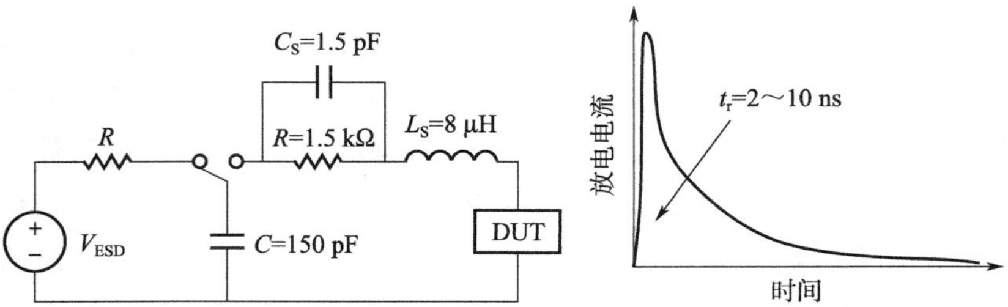

图 3-8 典型试验等效电路

3.4.1.2 组件充电模式（CDM）

CDM 主要用于描述带电器件发生的静电放电现象。随着器件生产和装配的现代化，对器件的大部分操作转为自动化生产线，人体接触器件的机会相对减小。电子器件在加工、装配、运输等过程中可能因为与工作台面或包装材料等接触、摩擦而带电。当带电的电子元器件接近或接触人体等导体时，便会产生静电放电。带电器件模型描述的放电过程是元器件本身带电而引起的。

等效电路和电流波形如图 3－9 所示，其中 C_{CDM} 表示集成电路（含封装）对地的总电容，R_{CDM} 是电流泄放通路的总电阻，以 1 kV CDM 冲击为例，典型的模型参数为 $C_{CDM}=10$ pF，$R_{CDM}=10\ \Omega$，$R_L=10\ \Omega$，$L_S=10$ nH，放电电流上升时间约为 0.3 ns，尖峰电流达到 20 A 以上，可见该电流远大于相同等级 HBM 的冲击，这与器件的封装形式、封装尺寸和摆放位置紧密相关，所以图 3－9 中的寄生电阻、电容和电感的值会根据实际情况进行调整。值得注意的是，CDM 的放电由待测器件自身积累的电荷与地形成放电通路，是“由内向外”的静电释放。

目前，已有如 ESDA－STM5.3.1、JEDEC JESD22－C101－D、AEC－Q100－011 和 IEC－61340－3－3 等测试标准，对质量等级和测试波形进行了约束。以 IEC61340－3－3 为例，可根据 ESD 冲击大小划分不同的 CDM 静电保护等级，见表 3－7。

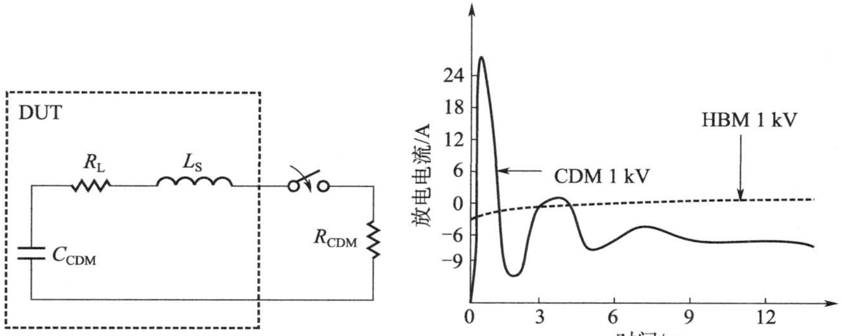

(a)　　(b)

图 3－9　等效电路和电流波形

表 3-7 CDM 保护等级

等级	电压范围
C1	$V_{CDM} < 125$
C2	$125 \leqslant V_{CDM} < 250$
C3	$250 \leqslant V_{CDM} < 500$
C4	$500 \leqslant V_{CDM} < 1\ 000$
C5	$1\ 000 \leqslant V_{CDM} < 1\ 500$
C6	$1\ 500 \leqslant V_{CDM} < 2\ 000$
C7	$V_{CDM} \geqslant 2\ 000$

在先进的集成电路制造环境中，全自动生产线和自动测试系统的使用可以在一定程度上抑制 HBM 放电事件的发生，从而减少这类静电放电对芯片造成的损伤。但与此同时，大大增加了 CDM 事件的发生概率。例如，当某颗芯片由输送管道滑下时，其可能已经带电，此后若它与自动化组装中的低阻金属探头接触（或靠近），便会立即发生 CDM 放电行为，而若接触（或靠近）的不是金属探头而是传统的操作员，则由于人体阻抗的存在大大限制了 CDM 放电的发生。因此，在先进制造工艺中，CDM 事件发生的概率更大，由此带来的芯片损伤也更多。此外，随着摩尔定律的不断发展，先进工艺下，IC 芯片的集成度更高，功能更加强大，如片上系统（System on Chip，SoC）的广泛应用，会导致芯片面积的增大（即图 3-10 中的 W 和 L 值变大）；同时，先进平面封装技术的普及，如晶圆级芯片封装（Wafer Level Chip Scale Package，WLCSP），会带来更薄的封装外壳，从而减小了半导体产品的厚度，即图 3-10 中的 D 值减小。这些因素均会使得芯片对地的寄生电容增大，从而造成更高级别的 CDM 放电以及更加严重的芯片损伤。另外，系统级封装（System In Package，SIP）及先进的立体封装技术，如多芯片模块（Multichip Module，MCM）的逐渐应用，还进一步引入了芯片间的 CDM 相互放电现象，使 CDM 防护变得更加错综复杂。综上，在先进工艺中，CDM 放电的发生频率、放电等级及放电类型均会增

加，使相应的 ESD 防护难度大幅提升，严重威胁着半导体芯片的可靠性。

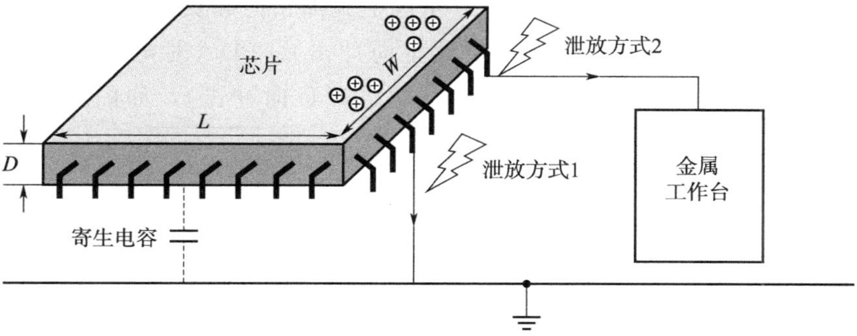

图 3-10　CDM 模型放电原理图

集成电路在设计时需要通过测试来判断器件的 ESD 防护性能，通常按照测试方式将测试分为通过性测试和渐进式测试。通过性测试是指通过对器件引脚加一定等级的 ESD 应力，然后检查器件在受到这一等级应力后功能是否正常，正常则表示该器件通过了这一 ESD 等级的测试，失效则表示不通过。通过性测试不能详细分析器件的失效位置、失效原因，以及最大的 ESD 保护能力，其中的测试标准包括 IEC 61000-4-2、ISO10605 与 JS-001-1010。

3.4.2　ESD 测试

3.4.2.1　测试方法

对于一个 I/O 引脚来说，可能要承受来自电源轨和其他 I/O 引脚的 ESD 冲击，也可能会由于器件自身充电导致 ESD 放电现象。因为 ESD 现象的发生具有偶然性，所以每两个引脚之间均有可能产生 ESD 放电现象。若在评价电路的抗 ESD 性能时，每两个引脚之间均进行 ESD 冲击，那么测试效率和成本将受到极大的影响。所以为了满足评估的可信度，并提高效率，在进行 I/O 引脚 ESD 性能测试时，将 I/O 引脚分为信号 I/O、电源（V_{DD} 和 V_{SS}）两类，并进行以下三种测试组合，如图 3－11 所示。

1）I/O 引脚对电源（V_{DD} 和 V_{SS}）进行测试：即以 V_{DD} 或者 V_{SS} 为参考地，其他引脚悬空，在 I/O 引脚上施加正向和负向 ESD 冲击，这些测试组合分别为：PS（对地正向冲击）、PD（对电源正向冲击）、NS（对地负向冲击）、ND（对电源负向冲击），如图 3－11

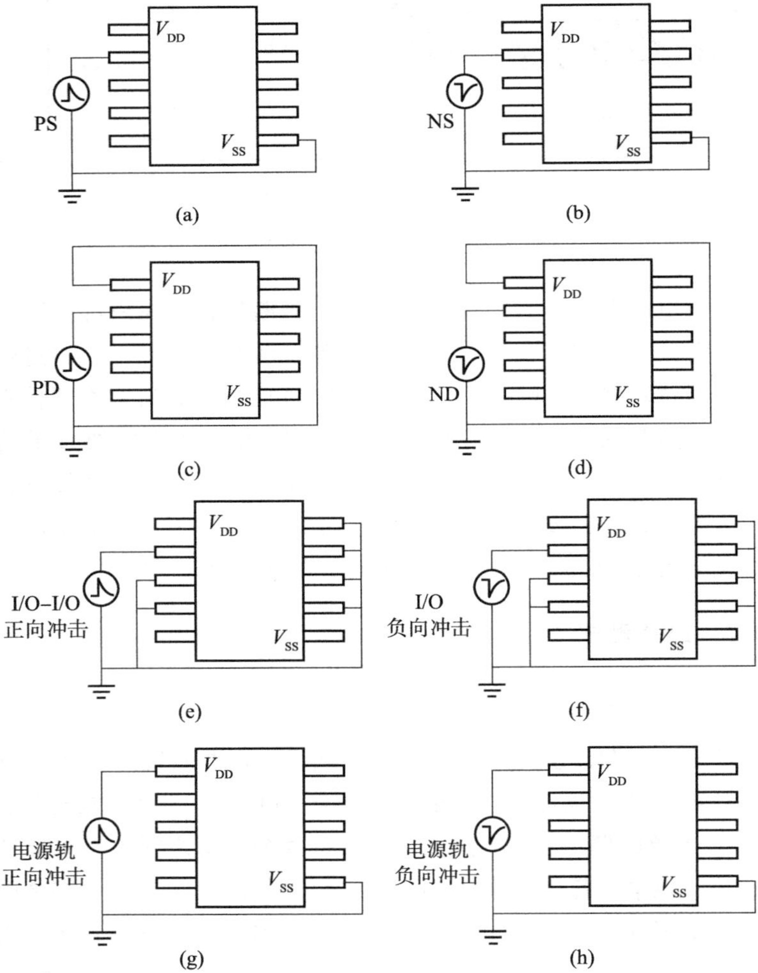

图 3－11　ESD 测试组合

(a) ～ (d) 所示。

2) I/O 对 I/O 进行测试：在待测 I/O 引脚上施加正向和负向 ESD 冲击，其余 I/O 引脚短接为参考地。这种情况下，电源 (V_{DD} 和 V_{SS}) 悬空，不接任何电位，可视为导线，如图 3－11 (e) ～ (f) 所示。

3) 电源轨之间进行测试：在电源轨之间进行正向和负向 ESD 冲击，其余 I/O 引脚均悬空。针对多电源域的芯片，还需要将电源域区分测试，在不同电源域 (V_{DD} 和 V_{SS}) 之间、I/O 引脚之间进行大量 ESD 测试，如图 3－11 (g) ～ (h) 所示。

3.4.2.2　静电放电敏感度分类

目前，我国电子行业应用最多的是基于 HBM 的静电放电敏感度测试，标准有 GJB 1649—93《电子产品防静电放电控制大纲》、GJB 128A—97《半导体分立器件试验方法》、GJB 548B—2005《微电子器件试验方法和程序》。

GJB 1649—93 对静电敏感电子产品的分类标准规定见表 3－8。敏感电压阈值大于 16 000 V 的产品属于非敏感产品。

表 3－8　电子产品静电敏感度分类

敏感类别	敏感电压阈值/V
Ⅰ类	0～1 999
Ⅱ类	2 000～3 999
Ⅲ类	4 000～15 999

目前，国外的 HBM 静电敏感度测试标准将元器件的静电敏感度分类进行了细化。美国的 ANSI/ESD STM5.1 — 2001 给出了基于 HBM 的元器件敏感度分类方法，见表 3－9。STM5.2 — 1999 给出了基于 MM 的元器件敏感度分类方法，见表 3－10。STM5.3 — 1999 给出了基于 CDM 的元器件敏感度分类方法，见表 3－11。各标准同时规定了敏感度试验放电电压的等级。

表 3-9　HBM ESDS 元器件敏感度分类

敏感类别	电压范围/V
0	<250
1A	≥250～500
1B	≥500～1 000
1C	≥1 000～2 000
2	≥2 000～4 000
3A	≥4 000～8 000
3B	≥8 000

规定 HBM ESD 放电电压等级为 250 V、500 V、1 000 V、2 000 V、4 000 V、8 000 V（可选）。

表 3-10　MM ESDS 元器件敏感度分类

敏感类别	电压范围/V
M1	<100
M2	≥100～200
M3	≥200～400
M4	≥400

规定的试验电压等级为 100 V、200 V、400 V。

表 3-11　CDM ESDS 元器件敏感度分类

敏感类别	电压范围/V
C1	<125
C2	≥125～250
C3	≥250～500
C4	≥500～1 000
C5	≥1 000～1 500
C6	≥1 500～2 000
C7	≥2 000

规定的试验电压等级为 125 V、250 V、500 V、1 000 V、1 500 V、2 000 V。有关元器件敏感度测试的程序：从任一电压等级开始测试，如果元器件失效，则降低电压等级进行测试，直到找到元器件耐受电压；如果元器件通过了起始电压等级，则升高电压等级进行测试，直到元器件失效或者达到最高充电电压。

3.4.2.3　敏感度试验是破坏性试验

集成电路经过 ESD 测试后，要判断其是否已被 ESD 破坏，以便决定是否要再进一步测试下去，但是如何判定该集成电路已被 ESD 所损坏了呢？常见的有下述三种方法：

1）绝对漏电流：当 IC 被 ESD 测试后，其 Input/Output 脚的漏电电流超过 1 μA（或 10 μA），漏电电流会随着所加的偏压大小的增大而增大；

2）相对 $I-V$ 漂移：当 IC 被 ESD 测试后，自 Input/Ouput 脚看进 IC 内部的 $I-V$ 特性曲线漂移量在 30%（20%或 40%）；

3）功能观测法：先把功能正常且符合规格的 IC 的每一支引脚按照测试组合打上某一电压准位的 ESD 测试电压，再拿去测试其功能是否仍符合原来的规格。

3.4.3　实践中静电防护及管理措施

静电虽然对电子产品有着极大危害，但通过采取一定措施，能够将其控制在安全范围内甚至消除。想要消除静电，明确静电防护思想极为重要。第一是应在有极大可能产生静电的地方做好防止静电荷的聚集措施。也就是降低静电放电现象的发生风险。可以选择一边产生一边通过采取措施，使其泄漏的地方避免静电荷大量聚集，从而达到降低静电放电风险的目的。第二是在已经有大量电荷存在的情况下，应保证清除的及时性。若是绝缘物体带电，由于电荷在其表面无法流动，因此也就没有泄漏的途径，但可以考虑应用静电消除器，用其产生的异性离子来中和已经产生的静电荷；若是带电物品具有导体性质，则可以以接地的方式将其导入地下，快速消除其中的电荷。而想要维持静电安全工作区的基本功能，至少应该配置专用地线、有效静电台垫以及防静电手腕等。

3.4.3.1 基本防护途径

简单来说，静电控制技术就是在静电荷集聚现象已经不可避免的情况下，通过采取积极措施将其控制在允许范围，以最大程度降低静电现象对产品的影响。第一是工艺控制。这一环节的目的是降低静电荷集聚的发生概率，并减少静电荷产生。在诸多的工艺流程中，通过选择合适材料，并在设备安装过程以及操作管理过程中采取对应预防措施，能够最大程度地降低静电等现象的发生风险，继而对放电能量以及静电电位进行抑制，进而控制其对产品的危害程度。第二是泄漏法。这一环节的目的是在产生静电荷的同时，通过采取措施使其泄漏，从而降低静电现象的发生概率。一般需要采取静电接地的方式将多余的电荷导出，也可以在此基础上以增大物体导电能力的方式加速静电泄漏量。第三是静电屏蔽。这种方式是利用屏蔽罩将带电的物品与其他物品相隔，从这一过程中降低其对其他物品的影响。而内场屏蔽就是对已经带电或是可能发生带电现象的物品做屏蔽处理，让其电场不至于影响到其他物品；而外屏蔽件就是通过利用已经做接地处理的屏蔽罩包围隔离物品，以免其受到外界电场影响。第四是复合中和法。这一方法的目的是消除静电荷。通过利用静电消除器而中和带电体电荷，利用异性粒子能够很轻松地达到这一效果。同时，由于带电物品本身的带电特性，也会在这一过程中使其表面相较原来更加光滑与清洁，是降低尖端放电现象发生风险的重要方式。

3.4.3.2 选择合适的腕带接地电阻

操作者在佩戴腕带后，其人体静电电压始终保持在 100 V 以下，因此对相应的接地电阻也有要求。只有控制其电阻在合适的范围内，才能保证腕带充分发挥其消除静电的功能（见表 3 - 12）。

表 3-12　不同的人体对地电阻值对应的峰值电压

对地电阻/MΩ	人体活动时产生的峰值电压/V
0.5	<1
工作台表面	35
1	<1
10	6
100	85
1 000	240
断开腕带	440

3.5　闩锁试验测试

CMOS 集成电路因具有静态功耗低、噪声容限大、抗辐射能力强和工作速度高等突出优点，是目前大规模 LSI 和超大规模 VLSI 集成电路中广泛应用的一种电路结构。但是，CMOS 电路具有一种独特的闩锁失效，不仅对其可靠性造成了严重威胁，而且随着器件尺寸的不断缩小，闩锁效应对电路性能的影响越发明显，成为进一步提高其集成度性能指标的主要障碍。

闩锁效应对于体硅工艺 CMOS 结构非常重要，它产生于结构本身所固有的寄生双极型晶体管，这些晶体管会被多种方式所激活。随着 CMOS 工艺尺寸按比例缩小和电路延迟时间的缩短，引起激活的各种因素将逐渐增强，在一定条件下，这些被激活的晶体管将决定电路的性能。早在 1962 年，CMOS 结构就被提出，但其应用被局限于某些特殊的领域，在这些应用中，性能和封装密度并不是主要考虑的因素。随着技术进步和工艺支持，CMOS 电路已经占据了集成电路市场上很大的份额。低功耗、无比逻辑设计以及大的噪声容限都是 CMOS 电路的优点。

随着器件尺寸的不断缩小，在 CMOS 结构中的一些寄生效应影响也越来越明显，闩锁效应就是一个最突出的例子，而且这种效应对 CMOS 电路有致命的破坏，因此，在超大规模集成电路中对闩锁效应的研究是非常有必要的，它不仅涉及工艺的改进，促进新工艺的开发，而且与电路版图的布局结构相关联，以提高芯片的可靠性。一般而言，CPU 和存储器这些对运算速度和版图面积要求较高的芯片，对闩锁可靠性研究比较多，可以通过工艺改进进行彻底消除，但这在一定程度上带来了成本的增加，而由于这些芯片都是通用芯片，所以工艺改进的成本是可以接受的。显然，对于一些特殊用途的专用芯片的闩锁可靠性研究，改进工艺并不是一种有效的方法。由于功率集成电路高低压器件的兼容以及某些特殊的应用场合，芯片在实际工作中不可避免地会触发闩锁，因此对于这种专用集成电路可靠性的研究是非常必要的，而成本是制约这类芯片的一个最主要因素。在普通的工艺线上也可以完成这类芯片的流水，因此对于功率集成电路中的可靠性研究都是基于版图布局布线和保护结构。

闩锁效应存在于体硅 CMOS 集成电路中，它一直是 CMOS 集成电路可靠性的一个潜在的严重问题。随着 CMOS 技术的不断发展，器件的尺寸越来越小，同时器件间的间距也越来越小，集成电路的器件密度越来越大，闩锁效应变得越来越严重，特别是在输入输出电路，所固有的寄生双极晶体管组成的电路会在一定条件下被触发而形成低阻通路，产生大电流，并且由于正反馈电路的存在而形成闩锁，导致 CMOS 集成电路无法正常工作，甚至烧毁芯片。

3.5.1 闩锁效应产生原理

集成电路中的很多触发方式都会产生电流，只要这些触发电流足够大，就有可能触发闩锁效应。下面简要说明这些触发方式的起因。

闩锁效应是 CMOS 集成电路在产品可靠性上可能发生的特有现象：集成电路在受到外界的一些干扰信号时会触发内部的寄生 SCR 结构，使电路器件进入一种低阻抗、高电流、高能量的工作状态，并进一步产生热跳脱的情形，最终导致集成电路产品烧毁。在 CMOS 工艺的芯片中，同时存在着若干的 P 型及 N 型晶体管。因此，在电源线与接地线之间，必定存在着若干寄生 P－N－P－N 结构的硅控整流器（SCR）结构。如图 3－12 所示，硅控整流器由以下的结构所组成：1）N 型阱区中接至 V_p 的 P＋区域；2）N型阱区；3）P 型基底或 P 型阱区；4）P 型基底或 P 型阱区中接至 V_s 的 N＋区域。当寄生的硅控整流器被触发导通，使寄生 NPN 及 PNP 晶体管进入正反馈、低阻抗的状态时，只要电源没有被移去，即使触发源已被移除，寄生的硅控整流器依然会维持在闩锁状态而无法自行解除。硅芯片上因闩锁效应所引发的过电流（over current）往往容易造成器件的烧毁。引发闩锁现象的触发源可能是过电压、过电流信号，变动迅速的电压或电流信号，或任何不正常的状态。

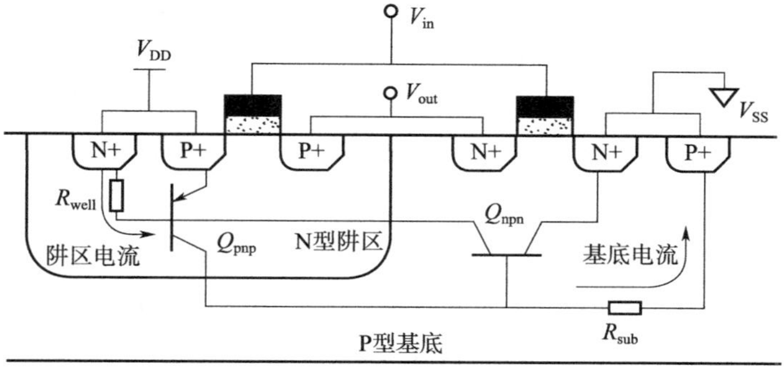

图 3－12　CMOS 反向器的寄生硅控整流器器件结构剖面图

从 CMOS 器件的工艺结构和使用方式进行分析，门锁效应的发生可能与以下机制有关：

1）输入、输出节点的上冲、下冲；

2）N 阱结雪崩击穿；

3）从 N 阱到外部 N 型扩散区穿通；

4）从衬底到内部 P 型扩散区穿通；

5）寄生场区期间；

6）光电流；

7）源-漏结雪崩击穿；

8）位移电流。

因为门锁的触发机制错综复杂，诱发原因五花八门，很难经过简单的安全区计算或简单的工艺措施将其避免。因此门锁现象是一个一直并将继续影响 CMOS 器件可靠性的潜在严重问题。

3.5.2 闩锁测试分析

闩锁特性的测试依赖于发生闩锁的结构、触发闩锁的方法，以及在所研究的条件下各端点的外接条件。通常闩锁的测试分为静态测试和动态测试，其测试标准参照 JEDEC 标准 No. 17，即《Latch - Up in CMOS Integrated Circuit》，以及 JEDEC 标准 No. 78，即《IC Latch - Up Test》。在室温下只要满足上述两个 JEDEC 闩锁标准，就认为通过了闩锁设计规则。一些研究表明，通过叠加缓变的电压源或者电流源来进行闩锁静态测试，只有提高电压源或电流源的强度，才会发生器件的闩锁失效，这种静态闩锁测试的实质是一种“接近理想”的测试方法。不同的触发激励有利于找到潜在的闩锁敏感电路。动态闩锁测试是加脉冲电压的测试激励，是通过一个脉冲发生器产生的。早期的脉冲发生器是由一个振荡器和一些电容、电阻元件组合而成的，这一方面的测试方法也在不断完善之中。CMOS 制程是现今集成电路产品所采用的主流制程。闩锁效应是指 CMOS 器件中寄生硅控整流器被触发导通后，所引发的正反馈过电流现象。过电流的持续增加将使集成电路产品烧毁。闩锁效应已成为 CMOS 集成电路在实际应用中主要失效的原因之一。在国际上，EIA/JEDEC 协会在 1997 年也制定了半静态的闩锁效应测量标准，但只作为草案，并没有作为正式标准公布。我们国家在这方面还没有一个统一的测量标准，大家都是在 JEDEC 标准的指导下进行测量。

3.5.2.1　静态闩锁测试

静态激发最根本的一点是要求所加的触发电压或电流都是静态的，也就是电压或电流的变化不受时间的影响，其触发特性是测试点自身条件作用的结果，而不是随时间变化的结果。在静态触发中，电压源的变化应尽可能缓慢，不让位移电流触发闩锁，即产生瞬态触发。在有可设定程序的电压源场合，应尽力限制输出电压的阶梯形变化，避免产生显著的位移电流。同样，必须避免电流源的变化，防止产生能引起感应触发的大的感应电压。早期主要使用曲线示踪仪来测量闩锁特性，这样能够很快显示出寄生 PNPN 器件发生闩锁时的电流-电压特性，它具有限制电流的能力，可防止 PNPN 结构转换到低阻态时产生过流，从而使器件发生永久性损坏。曲线示踪仪可在两个电压方向进行扫描，即从零扫到最大值再下降扫到零，这样阻塞态和闩锁态的全部特性都能被显示。有的利用 HP4145A 参数分析仪来阐明触发机构和测量闩锁前发生的精确过程，以及实际电路的阻塞态和闩锁态的电流-电压特性。此仪器有四个系统测量单元（SMU），在每一个端点均能同时提供电流源和测量电压（或交替提供电压和测量电流），并能方便提供测试程序与显示测量结果的图像和打印图表。

3.5.2.2　功率芯片闩锁静态测试

静态测试是对芯片内部器件结构的最基本测试，不同于动态的脉冲电压激励，这是一种稳定的缓变电压或电流。由于功率驱动芯片引起闩锁的根本原因是衬底位移电流，因此，必须首先对芯片内部的 CMOS 电路结构做静态测试，以满足其测试要求。

在确定待测器件及集成电路脚座都没有问题后，就可以开始进行闩锁效应的电流触发测试了。若待测器件未能通过电流触发测试，则必须终止测试，记录下此待测器件所能承受的最大电流触发信号，并判定这个样品未通过闩锁效应测试。如果待测器件通过了电流触发测试，则可以继续进行过电压测试的部分。同样地，若待测器件未能通过电压触发测试，则必须记录下此待测器件所能承受的最大过电压触发信号。如果待测器件通过了过电压测试，必须再次经过自动测试仪器的测试，确认皆符合器件规格书上的需求说明后，才能判定为通过 EIA/JESD78 的闩锁效应测试。

3.5.2.3 动态闩锁测试

动态触发是从研究 ESD 诱使闩锁的瞬态触发开始的，电源电压以恒定速率直线上升，从地电位直线上升到其终值。若上升速率超过某一临界值，甚至当最终电压值低于过电压触发的必需值时，流过旁路电阻和 N 阱结电容的总位移电流能引起闩锁。还有一种动态触发是使衬地电流流过两个分离的衬底接触，迫使电流流过 LPNP 的旁路电阻，通过改变脉冲幅度和宽度来确定闩锁出现的条件。动态闩锁测试的关键是要找出触发闩锁结构的脉冲电压，而这种脉冲电压又要结合 ESD 保护电路来考虑。

3.5.2.4 半静态闩锁效应测试

EIA/JEDEC 协会于 1997 年公布了一个半静态的日锁效应测试方法，用以测量集成电路产品的抗闩锁能力，并定义闩锁效应的失效判定标准。其包含正负电流触发测试，以及过电源电压测试。EIA/JESD78 标准之所以会被称作“半静态”的闩锁效应测试方法，是因为这个测试方法中包括在 V 电源线上加一个特定过电压电位的测试。这个过电压电位信号将会使得 V 电源线上出现短暂的瞬时电流及电位变化。

根据闩锁原理，电路进入闩锁状态后，电源线上的电流会急剧变大，最后导致电路烧毁。所以闩锁测试的主要原理就是：在电路的各个引脚上施加干扰电流脉冲或电压脉冲，以模拟电路在实际使用过程中可能受到的各种有可能引起电路闩锁的情况，并以电源线上的电流变化来判断电路是否进入闩锁状态。闩锁效应的测试流程如图 3-13 所示。在进行产品闩锁效应的电流触发及过电源电压测试时，需至少准备 6 个在同样制程条件下生产出来的样品当作待测器件。如果样品数量够多，也可以为电流触发及过电源电压测试各准备 6 个待测样品。而这 6 个待测样品，必须经过自动测试仪器（ATE）的验证，确认全部符合器件规格书上的规格数值。另外需要注意的是，在测试前应该先检查脚座上的各脚位是否接触良好或接线是否正确。

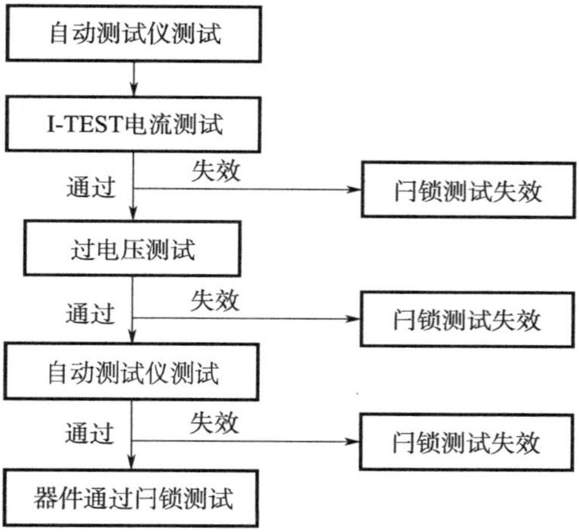

图 3 - 13　闩锁效应测试流程

3.5.3　CMOS 电路中抗闩锁的方法

消除闩锁的影响主要从两个方面进行，其一是制造工艺，其二是版图结构。所有抗闩锁的根本措施是为了破坏寄生三极管正反馈的耦合通路以及尽可能减小射基结寄生电阻的阻值和寄生管的增益。

（1）工艺改进

外延 CMOS 由轻注入的外延层和重注入的衬底形成 PN 结，可提供自建场，以吸收外延中的多子，高掺杂衬底减小衬底电阻和分流横向双极型管。倒退阱类似于高注入的衬底，可以降低阱的电阻，防止纵向的寄生三极管开启。制作倒退阱有多种方法：有埋层的外延层，高能离子注入及反型杂质注入。沟槽隔离和 SOI 技术深沟槽隔离，在阱外的边界做一个氧化的深沟槽隔离区，以阻止电流通路。如果槽足够深，就能够破坏寄生管，从而消除闩锁。深槽隔离与高掺杂衬底上的轻掺杂外延层结合起来，是控制闩锁的一种有效手段。而 SOI 技术可以完全消除这种寄生效应。掺金及中子辐照技术通常是用来减少少数载流子寿命的，从而降低寄生管的电流增益之积。这种方法在中小规模集成电路中是非常有效的，但是在大规模和超大规模集成电路中，由于漏电流的增加，使内部产生电势差，因此比较少用。虽然工艺上的改进可以有效提高抗闩锁能力，但同时也会带来芯片成本的提高。功率集成电路由于受到工艺和成本的制约，所以一般从版图设计上进行考虑。

（2）设计改进

1）减小横向电流，降低横向电阻，采用肖特基钳位，防止过电压和辐照，不使 EB 结产生注入。

2）用中子照射或掺金，采用隔离环或伪收集极，阱下加埋层，以减小两种寄生三极管的放大系数。

3）多加电源接触孔和地接触孔的数目，接电源的孔要尽可能地接在阱的边界上；加粗电源线和地线。

4）采用外延 CMOS 结构，提高衬底载流子浓度，从而使衬底的寄生电阻值降低；在阱下加 N＋埋层，使阱的横向电阻和电流增益降低。

5）在电源回路中，加入足够大的限流电阻，避免电路进入过电流工作区。

3.6 极限试验测试

随着集成电路技术和航天产业的发展，更多新型集成电路应用于航天领域。航天应用对集成电路的要求不断提高，而现有可靠性模拟试验的周期长、效率低、费用高，对集成电路特性的表征不全面，因此航天新型器件的保证和应用面临更大的挑战，也对集成电路测试评价技术的发展提出了要求。

航天集成电路用户保证思路从“单纯满足合格标准要求”向“尽可能摸清产品耐应力裕度，保证使用中不出故障”转变。因此为了更可靠地应用和明确优化设计的正确方向，应了解集成电路实际耐受应力的范围或界限，同时掌握集成电路实际能力与设计能力之间的裕度。航天集成电路极限试验测试技术的提出和研究能够满足这一需求。

集成电路极限试验测试技术是一种基于可靠性强化试验理论的集成电路新型评估方法，是保证航天集成电路质量的重要方法。

3.6.1　航天集成电路极限试验测试概念

航天集成电路极限试验测试是指为分析集成电路应用中所关注的相关性能与规范之间要求的裕度和余量，通过试验发现集成电路在设计、材料或工艺方面的潜在缺陷。采用高加速应力和持续应力的方法，以获得集成电路极限能力，探究在热、力、电等应力作用下可承受的应力极限值和失效模式，并综合评价集成电路的极限能力。

航天集成电路极限试验测试技术是一种基于可靠性强化试验理论的集成电路新型评估方法，可靠性强化试验主要包括高加速应力试验、高加速筛选试验等。从 20 世纪 80 年代后期开始，国外高加速应力试验（Highly Accelerated Stress Test，HAST）技术等激发试验技术的快速发展，取得了显著的成果，并形成了一些规范和指南，为极限评估提供了技术手段，同时加速了集成电路可靠性保证技术的工程化。美国国家航空航天局（NASA）标准体系及欧洲空间集成电路协调委员会（ESCC）为保证其航天产品的高质量、高可靠性和低成本，制定了一些相关集成电路的评估试验标准。美国军用标准 MIL－STD－883《微电子器件试验方法和程序》中方法 5006 规定的评估试验方法，覆盖了电应力、机械应力、温度应力。ESCC 标准体系中关于航天用集成电路评估程序的是 ESCC 22600《航天用标准电子集成电路的评估要求》。根据 ESCC 22600 的要求，ESCC 制定了若干集成电路类别的详细要求，其中 ESCC 226900《单片集成电路评估程序》规定了应使用步进应力或者恒定应力来确定器件的极限。

目前，我国一些传统集成电路可靠性试验所采用的试验条件多借鉴国外的标准规范，如 GJB 548B — 2005 借鉴 MIL - STD - 883，在极限试验测试方面规定了相关要求。

极限试验测试技术的作用主要体现在以下几个方面：

1）极限试验测试技术是对集成电路极限能力的摸底，并摸清产品的设计裕度，降低用户选用风险，提高应用可靠性，强化用户的使用信心。

2）极限试验测试试验是对集成电路的关键参数进行摸底，分析确定参数范围和界限，能够为产品规范的制定提供基础依据。如可根据极限试验中暴露的薄弱环节，增加考核的试验项目或强化试验条件，针对性地剔除有缺陷的产品，同时保证高可靠应用。

3）采用步进应力方法的极限试验测试试验，可以不断激发出器件的潜在缺陷，以暴露集成电路的薄弱环节，为厂家优化产品设计、改进制造工艺提供丰富的数据支撑和深入的理论依据，加强健壮性设计，从源头上强化集成电路可靠设计，提高集成电路的固有可靠性。

4）极限试验测试技术可以作为我国电子集成电路质量保证的新手段，在质量保证技术方面发挥重要作用。

3.6.2 航天集成电路极限试验测试理论

3.6.2.1 极限试验测试前提

航天集成电路极限试验测试技术是将故障或失效当作研究的主要对象，以发现故障并深入研究其失效机理，进而优化设计或采取手段，避免发生该故障，以达到提高可靠性的目的。

极限试验测试通常在强化应力环境下进行，目的是快速激发产品的潜在缺陷，极限评估试验并不强调试验环境的真实性，而是在保证失效机理不变的情况下，强调试验的激发效率，实现研制过程中可靠性水平的快速增长。判断失效机理不变的 3 个主要原则如下：

（1）失效机理不变

极限试验测试中使用强化应力水平，而强化应力水平和非强化应力水平的试验测试中集成电路的失效机理应保持不变。只有在失效机理不变的前提下进行不同应力水平下寿命信息的折算，才能保证利用高应力水平下的寿命数据推算出正常使用条件下的寿命特征真实可靠。

（2）加速失效过程趋势一致

产品寿命与应力之间存在一个确定的函数关系，即加速模型的存在性。在大部分场合，加速模型都是未知的，但是客观存在的。从某种意义上讲，加速寿命试验的主要任务就是建立加速模型的数学描述。

（3）失效分布相同

不同的应力水平下产品的寿命服从同一形式的分布，这一规律已经被大量试验数据所证实。

3.6.2.2　极限试验测试模型

集成电路的极限状态可以采用界限模型和串联模型进行描述，依靠具体试验模型，如界限模型、阿伦尼乌斯（Arrhenius）模型、应力-强度模型等，把性能参数超差或功能失效当作研究的主要对象，通过试验发现集成电路的各种极限状态，研究并提高器件在使用时的安全裕度，达到提高可靠性的目的。

（1）界限模型

界限模型是从宏观角度对器件的极限状态进行描述，是从引起性能超差或失效的应力界限去研究失效机理。根据集成电路应力超越某一界限时的性能指标可以得到相应的极限状态，极限试验测试的目的就是要找到集成电路的各种极限状态的边界条件。

集成电路所受到的各种应力可以用 x_1，x_2，x_3，…，x_n 来表示基本变量，包含电应力、温度应力等，均应作为随机变量考虑；单位时间内各种应力的变化幅度可以用 Δx_1，Δx_2，Δx_3，…，Δx_n 来表示；设 k 为待定参数，Z 为结构的功能函数，并令 $Z=g(x)$，则集成电路极限状态可用以下方程描述

$$Z=g(x_1,x_2,\cdots,x_n,t)+k_g(\Delta x_1,\Delta x_2,\cdots,\Delta x_n)=0 \quad (3-1)$$

对于承载能力极限状态，若令 R 为结构的抗力，S 为作用综合效应，则结构的功能函数可写成

$$Z=g(R,S)=R-S \quad (3-2)$$

当 $Z>0$ 时，结构处于可靠状态；当 $Z=0$ 时，结构处于极限状态；当 $Z<0$ 时，结构处于失效状态。由于 S 和 Z 都为随机变量，因此 $Z>0$，$Z=0$，$Z<0$ 都是随机事件。可靠度的数量指标可由各种状态出现的概率求得。根据集成电路极限状态方程可知，集成电路的极限受到两个方面的影响，一个是各个应力的水平，另一个是各个应力单位时间变化量的水平。

（2）加速原理模型

以温度为单一加速应力的高加速试验通常采用阿伦尼乌斯模型。阿伦尼乌斯模型中，考虑温度应力对集成电路结构、材料等的影响。

$$\frac{\partial M}{\partial t}=A_0\mathrm{e}^{-\frac{\Delta E_0}{kT}} \quad (3-3)$$

式中 $\frac{\partial M}{\partial t}$ ——某特征值的变化速率；

A_0——常数；

ΔE_0——失效机理激活能，以 eV 为单位，对同一类产品的同一失效机理为常数；

k ——玻耳兹曼常数；

T ——绝对温度。

而在现实中，应力往往有多个，如湿度、机械应力及其他环境应力等。极限评估试验是在保证失效机理不变的情况下，在人为施

加的强化应力环境中进行试验，快速激发产品的潜在缺陷，使其以故障形式表现出来，强调试验的激发效率。阿伦尼乌斯模型和艾林模型为这种加速试验提供了理论依据。

(3) 应力-强度模型

应力-强度模型是找出电路中最薄弱点的理论支撑，通过对越来越高应力作用下暴露的薄弱点改进设计，使电路耐环境的能力逐步提高。假设集成电路的使用应力强度以及集成电路固有应力极限分布均为正态分布，器件固有的应力极限分布与使用应力之间的关系如图 3－14 所示。

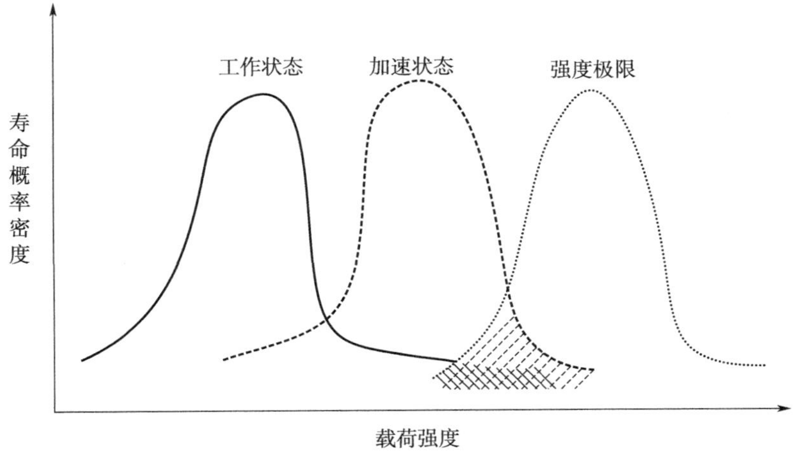

图 3－14　应力-强度模型

集成电路初始耐力强度较高，耐力强度与承受应力分布重叠较少，即产品耐力值与承受应力值相近的概率较小，出现失效的概率较低。随着时间的推移，在外界应力作用下，集成电路的耐力强度逐渐下降，与承受应力越接近，概率分布图重叠部分也就越大，即可诱发失效。

3.6.3 集成电路极限试验测试方法及分析流程

极限试验测试应依据用户方对极限评估施加应力的需求，并考虑包含敏感应力和敏感参数的集成电路自身属性。同时应明确极限试验测试的目标，如获得集成电路的规范极限、固有极限、可用极限和破坏极限的一种或多种。

3.6.3.1 极限试验测试需求分析

通过调研分析，一是掌握极限试验测试对象的特性，包括集成电路的功能和性能、应用范围和依据的标准规范等，属于集成电路的自身属性和应用属性。集成电路的自身属性与集成电路的结构、材料、工艺设计等相关，决定了集成电路的固有可靠性，也决定了集成电路的失效机理。只有明确了失效机理，才能合理地设置极限试验测试项目，激发集成电路的潜在失效，验证集成电路的极限能力。二是明确集成电路的环境应力类型，通过调研分析集成电路应用环境，分析用户的使用需求和应用环境要求，明确集成电路可能承受的应力类型、应力施加方式和应力值范围。

3.6.3.2 集成电路敏感应力和敏感参数分析

集成电路敏感应力分析是为了确定环境因素对集成电路可靠性影响而进行的一种定性分析，将每一种环境应力按它对集成电路的属性单元不同的影响程度进行分类，对分类结果综合分析，确定对元器件可靠性影响最大的几个环境敏感应力，然后有针对性地设置极限试验测试项目，有效地快速激发其潜在缺陷。

集成电路敏感参数分析需要确定所测试对象的关键性能指标，并对应力变化保持高敏感度。航天集成电路敏感参数的选择应依据器件结构、性能、工艺特点等信息找出检测灵敏度较高、易于测量且又有规律性、在实际应用中能提供设计信息、随着应力的变化具有趋势性变化、能客观反映集成电路的工作状态的参数。

航天集成电路应从各种环境应力下的诸多不确定性因素中找出

对试验结果具有重要影响的敏感参数，然后从定性或定量分析的角度研究其对结果的影响程度和敏感程度。极限评估试验过程中，待评估集成电路的测试参数应根据用户实际需要和对应力的敏感程度进行选择，并具备如下特点：

1）具有明确的物理意义或化学意义；

2）随着应力的变化具有趋势性变化，能客观反映产品的工作状态；

3）检测灵敏度较高；

4）易于测量且又有规律性；

5）便于对数据做统计处理；

6）在实际应用中能提供设计信息。

3.6.3.3　选择集成电路极限试验项目

极限试验测试项目应依据集成电路可靠性试验项目，结合集成电路特性对试验项目进行裁剪，选取合适的试验项目进行极限试验。试验项目选择的合理性决定了是否能够有效激发潜在失效，并保证失效机理的一致性且符合极限试验测试理论模型。在极限试验测试项目中，需观测集成电路的敏感参数变化，及时判定需要探测的极限。具体试验时，应根据集成电路属性和应用需求来选择单应力试验项目及条件等，根据实际情况裁度。

3.6.3.4　极限试验测试样品选择

需要开展极限试验的集成电路主要是应用于航天领域的高可靠元器件，这些器件通常比较贵，因此在开展极限试验测试样品选择时应充分考虑其经济性。对于破坏性试验并不一定要求采用完全合格的样品，只要不影响失效机理，不改变需要被激发的失效模式，不合格样品就仍可用于这些评估项目中，因此考虑各种因素的必要性和可行性，制定了样品要求，见表 3－13。

表 3－13　试验样品要求

序号	极限类型	试验项目	样品要求	样品处理
1	规范极限	电应力	筛选合格样品	非破坏性，可复用
		机械应力		
		温度应力		
2	固有极限或可用极限	电应力	可复用，经过规范极限验证的样品	部分具有破坏性，根据用途有选择性地重复
		机械应力		
		温度应力		
3	破坏极限	电应力	可复用，经过规范极限验证的样品	破坏性，不可复用
		机械应力		
		温度应力		

3.6.3.5　极限试验剖面设计

极限试验测试项目进行的试验方法应首先依据已有的军用集成电路标准，根据集成电路的类别参照不同类的军用标准选择试验方法。标准中对各种试验条件、设备和程序都有明确的规定。在进行标准方法剪裁时，根据集成电路特性和极限试验的需求考虑相关因素，有选择地进行剪裁。

如果没有标准参照的试验方法，应根据剖面设计等原则进行制定。恰当的试验剖面设计可准确评价集成电路真实极限水平，并提高试验效率。试验剖面设计应从集成电路的工作环境出发，考虑产品将暴露的环境应力类型、各应力的上下限、步长和停留时间等。

3.6.3.6　极限试验测试的数据处理及结果分析

通过对极限试验测试数据的处理与分析，结合集成电路性能在应力条件下的变化规律，最终在失效模式、极限能力、薄弱环节和应用注意事项 4 个方面给出相应的评价结论。

3.7 数据分析

数据分析是检查测试结果，对数据加以研究总结并从中提取有用信息的过程，通过测试数据分析以评估被测器件设计制造弱点，确认测试适配器和测试设备的可重复性，暴露测试程序问题或缺陷，改进测试效率等。

3.7.1 常见的数据工具

大多数测试设备上常见的数据工具有：datalog（数据测试表），一般包括测试项目描述、测试结果最大最小边界限制值、实际测量值、测试结果（pass/fail），它可以非常方便地查看监测每个器件的测试结果；lot summary（批次汇总表），一般包括一批器件的生产测试信息（批次、器件名称、测试程序名称、总的批成品率以及每个测试项的成品率），既可以帮助我们识别造成成品率异常的测试项，分析导致这些失效的原因，也可以帮助我们把更容易失效的测试项安排在测试程序的开端，以减少平均测试时间；wafer map（晶圆图），显示每个测试晶圆上失效管芯的位置和类别，有助于确定晶圆上某些区域某个问题，以更方便地找出根本原因，还可以通过同批次多个晶圆图的叠加观察异常情况，通过设计、测试、产品工程师等多方合作提高成品率；shmoo 图，是由测试条件组合变化得到的测试结果（一维、二维或三维）图，使测试工程师更完整地观察在指定的测试条件范围内被测器件的表现，帮助辨别最坏的测试条件；直方图，显示测量值的分布和一系列关键统计值（比如平均值和标准方差等），可以查看一组测量值的重复性，这些测量值既可以是出自同一个被测器件的反复测试，也可以是多个器件的重复测试。测量结果数量越多，直方图越值得信任。在理想情况下，一个直方图至少应该包含 100 个测量值。

3.7.2 统计分析

我们先来阐述一下统计分析中常用的几个概念，以便后面更好地理解运用统计分析的方法进行测试数据的分析。

3.7.2.1 平均值和标准方差

算术平均值 μ 和标准方差 σ 是两个描述样本测量值分布特征的最重要参数。

算术平均值 μ 描述了测量数据的集中位置，测量集 $x(n)$，$n=0, 1, 2, \cdots, N-1$ 的平均值定义为

$$u=\frac{1}{N}\sum_{n=0}^{N-1}x(n) \tag{3-4}$$

标准方差 σ 描述了测量数据距离算术平均值的集中程度或者离散性。如果测量值集中在平均值附近，标准方差就小，反之如果测量值分布离平均值比较远，标准方差就大。标准方差定义为

$$\sigma=\sqrt{\frac{1}{N}\sum_{n=0}^{N-1}[x(n)-u]^2} \tag{3-5}$$

通常样本测量值的统计数据是用来评估总体样本或者比提取样本更大的一个测量组的统计数据，一般认为样本测量数量大于 30 时，样本与总体之间的统计数据就比较趋于一致了。

3.7.2.2 概率和概率密度函数

根据概率论中心极限定理，在相互独立的随机因素中，如果每个因素所产生的影响都很微小，其总的影响可以看作服从正态分布。测量值的变化实际是由器件和测试设备中存在很多不同的随机噪声和串扰造成的，测量值是在这些独立随机变化因素中的综合表现，因此一般测量值的分布非常接近正态分布或者高斯分布。当我们统计观察的值足够大时，这种分布就越接近正态分布。一般认为，当大于 30 个样本时，中心极限定理就会起作用。这个理论实际意味着我们可以根据个体样本推断所有样本。

高斯概率密度函数，定义了从统计总体中随机选择的一个采样 X 落在某个特定值附近的概率。高斯分布（平均值 μ，标准方差 σ）的概率密度函数定义为

$$g(x)=\frac{1}{\sigma\sqrt{2\pi}}e^{\frac{-(x-\mu)^2}{2\sigma^2}} \tag{3-6}$$

总体中一个随机选择值 X 落在值 a 和值 b 之间的概率等于由 $x=a$ 和 $x=b$ 以及这两个边界之间概率密度曲线所围成的面积，如图 3-15 所示阴影部分。其计算公式为

$$P(a<X<b)=\int_a^b g(x)\mathrm{d}x=\int_a^b \frac{1}{\sigma\sqrt{2\pi}}e^{\frac{-(x-\mu)^2}{2\sigma^2}}\mathrm{d}x \tag{3-7}$$

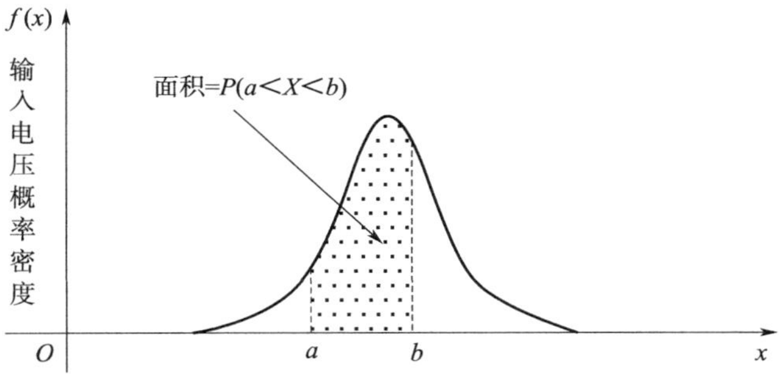

图 3-15　X 落在 $[a, b]$ 的概率示意图

虽然实际的分布不完全匹配一个真正的高斯分布，但这种统计分析能够很好地预测实际测试结果，对分析测试重复性和稳定性有很重要的意义。

3.7.2.3　标准高斯累积分布函数

计算高斯分布概率比较麻烦，幸运的是数学家的研究让我们可以用比较简单的变量代换把积分公式变成符合平均值为 0、标准方差为单位标准方差的高斯分布的积分公式。由于推导不是我们本书的重点，这里直接给出结论。

累积分布函数

$$F(x)=P(X<x)=P(-\infty<X<x)=\int_{-\infty}^{x}f(y)\mathrm{d}y \tag{3-8}$$

则有

$$P(a<X<b)=F(b)-F(a) \tag{3-9}$$

$\Phi(z)$ 定义为平均值为 0，标准方差为单位标准方差的高斯累积分布函数，对应不同 z 值的 $\Phi(z)$ 可以通过查 $\Phi(z)$ 值列表来得到

$$\Phi(z)=\frac{1}{\sqrt{2\pi}}\int_{-\infty}^{z}\mathrm{e}^{\frac{-u^2}{2}}\mathrm{d}u \tag{3-10}$$

那么符合高斯分布的 $F(x)$ 经过简单的变量代换就可以写成

$$F(x)=\Phi\left(\frac{x-\mu}{\sigma}\right) \tag{3-11}$$

一个符合高斯分布的平均值为 μ，标准方差为 σ 的随机变量 X 落在 a 到 b 这个范围的概率就可以写成

$$P(a<X<b)=F(b)-F(a)=\Phi\left(\frac{b-\mu}{\sigma}\right)-\Phi\left(\frac{a-\mu}{\sigma}\right) \tag{3-12}$$

这样，计算高斯分布随机变量概率就变得简单易操作了。先算出平均值 μ 和标准方差 σ，再根据 $\Phi(z)$ 值列表（表 3－14）就可以估计出概率了。

表 3－14　高斯累积分布函数 $\Phi(z)$ 值列表

z	−3.0	−2.9	−2.8	−2.7	−2.6	−2.5	−2.4	−2.3	−2.2	−2.1
$\Phi(z)$	0.001 3	0.001 9	0.002 6	0.003 5	0.004 7	0.006 2	0.008 2	0.010 7	0.013 9	0.017 9
z	−2.0	−1.9	−1.8	−1.7	−1.6	−1.5	−1.4	−1.3	−1.2	−1.1
$\Phi(z)$	0.022 8	0.028 7	0.035 9	0.044 6	0.054 8	0.066 8	0.080 8	0.096 8	0.115 1	0.135 7
z	−1.0	−0.9	−0.8	−0.7	−0.6	−0.5	−0.4	−0.3	−0.2	−0.1
$\Phi(z)$	0.158 7	0.184 1	0.211 9	0.242 0	0.274 3	0.308 5	0.344 6	0.382 1	0.420 7	0.460 2
z	0.0	0.1	0.2	0.3	0.4	0.5	0.6	0.7	0.8	0.9
$\Phi(z)$	0.500 0	0.539 8	0.579 3	0.617 9	0.655 4	0.691 5	0.725 7	0.758 0	0.788 1	0.815 9

续表

z	1.0	1.1	1.2	1.3	1.4	1.5	1.6	1.7	1.8	1.9
$\Phi(z)$	0.841 3	0.864 3	0.884 9	0.903 2	0.919 2	0.933 2	0.945 2	0.955 4	0.964 1	0.971 3
z	2.0	2.1	2.2	2.3	2.4	2.5	2.6	2.7	2.8	2.9
$\Phi(z)$	0.977 2	0.982 1	0.986 1	0.989 3	0.991 8	0.993 8	0.995 3	0.996 5	0.997 4	0.998 1

3.7.2.4　防护频带和高斯统计

防护频带能处理一个测试程序中每个测量的不确定性。如果某个测量是精确的，可重复的，最坏情况下的不确定性是 $\pm\varepsilon$（防护频带），那么最终的测试限制可以用 ε 来严格控制，以确保坏器件不会流入下一道工序。即

$$\text{测试上限(UTL)} = \text{规范上限(USL)} - \varepsilon \tag{3-13}$$

$$\text{测试下限(LTL)} = \text{规范下限(LSL)} + \varepsilon \tag{3-14}$$

而这样严格的控制也会因把好的器件划归为不合格器件而造成损失，理想情况是防护频带 ε 为 0，但是这需要系统测量误差也为 0。那么实际上我们一般把 ε 设为测量标准方差的 3 倍来解决测量不确定误差问题。

如果器件设计得很好，测量重复性也很好，那么测量失效就会很少，但是如果某批生产的测量分布不对称，平均测量值倾向一个规范极限，那么生产成品率就容易下降。换言之，更多的好器件会落在防护频带内被判为不合格。显然测量的精准度和重复性不好会恶化这个问题。工程师缩小防护频带唯一的办法就是改进测试的重复性和精确度，这通常都需要更长的测试时间，这样在重复性、测试时间、防护频带和生产成品率之间就要进行权衡。

我们可以采用高斯分布统计分析来预测非重复性对成品率的影响，在得到可以接受的成品率的情况下，不必浪费更多的时间做重复测量。

3.7.2.5　对成品率影响的因素

考虑测量结果有符合高斯分布的噪声所引起的测量变化，前面

我们提到要用测试上下限（UTL 和 LTL）来控制。如果测量结果在两个测试限制之内，测量重复性误差不超过±1/2（UTL－LTL），那么测试会一直通过，对生产成品率没有影响，如图 3-16（a）所示。如果平均测量值恰好等于 LTL 或 UTL，那么测试结果就不稳定，即使很小的重复性误差，也会导致测试在通过和失效之间随机摆动，如图 3-16（b）所示。如果情况再复杂一点，测量平均值接近但不等于 LTL 或 UTL，例如平均测量值 μ 比测试上限值 UTL 低 δ_1，如图 3-16（c）所示，那么当重复性误差超过 δ_1 时就会造成测试失效的判断，即测量噪声导致了误差性的失效。而如果测量结果 μ 接近某个测试上下限或者其标准方差 σ 比较大，如图 3-16（d）所示，则把一个合格的 DUT 当作失效的概率也会大很多。图 3-16 可以比较直观地看到测量结果的变化对成品率的影响。

测量结果表现为通过的测量重复性概率为

$$P(\mathrm{LTL} < x < \mathrm{UTL}) = \Phi\left(\frac{\mathrm{UTL}-\mu}{\sigma}\right) - \Phi\left(\frac{\mathrm{LTL}-\mu}{\sigma}\right) \tag{3-15}$$

很多原因都会引起测量到的 DUT 参数发生变化，这些原因包括测量可重复性、再现性和制造 DUT 流程的稳定性。由于测试设备之间，DIB 之间和不同时间等相关性不好造成的不精确为再现性误差，它增加了重复性误差而导致成品率损失。如果我们收集多个测试设备、多个 DIB、重复多天测量，得到每个再现性误差的平均值和标准误差，然后可以把重复性和再现性造成的标准方差采用下式结合起来

$$\sigma_{测试机} = \sqrt{\sigma^2_{重复性} + \sigma^2_{再现性}} \tag{3-16}$$

DUT 之间和测试批次之间的变化也会导致成品率的变化，总的变化可以用总的标准方差来描述，这个总的标准方差可以用下面公式来计算

$$\sigma_{总} = \sqrt{\sigma^2_{重复性} + \sigma^2_{再现性} + \sigma^2_{制造}} \tag{3-17}$$

这样用 $\sigma_{总}$ 的值代替 σ，采用前面的公式就可以计算总的成品率了，所以我们应该使 $\sigma_{总}$ 尽量小，从而使成品率损失最小。

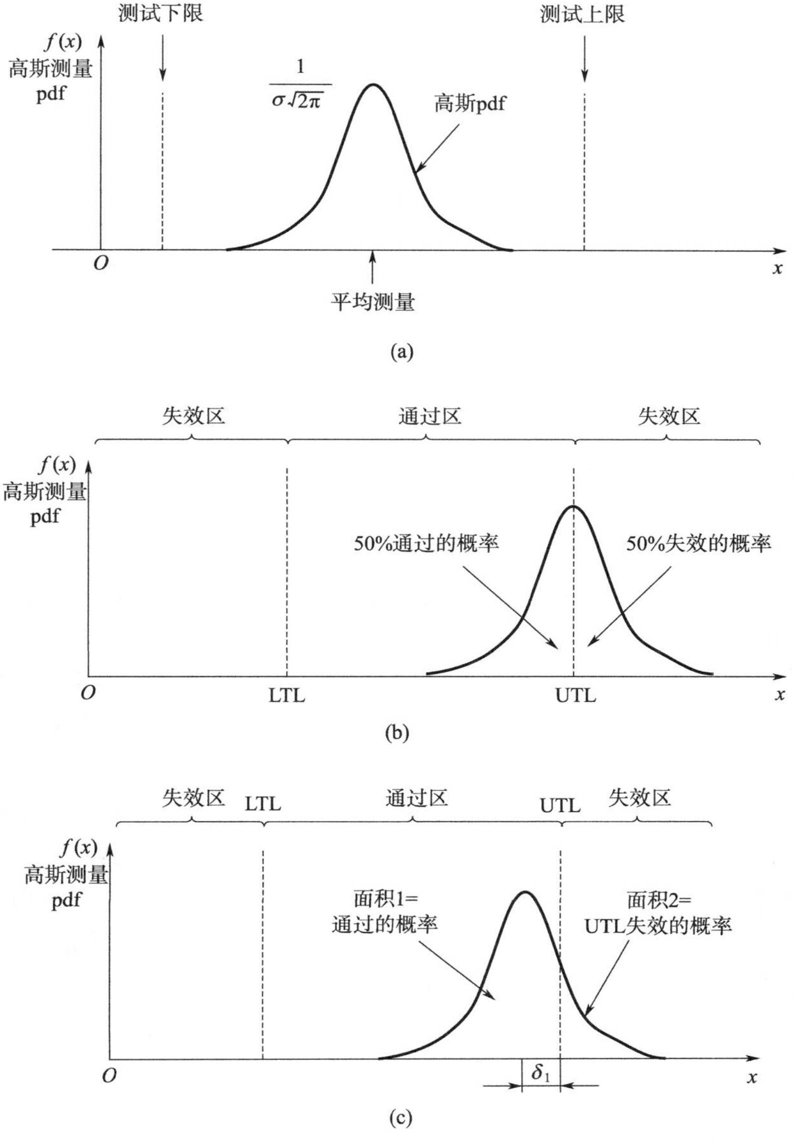

图 3－16　测量结果概率密度与测试上下限的关系示意图

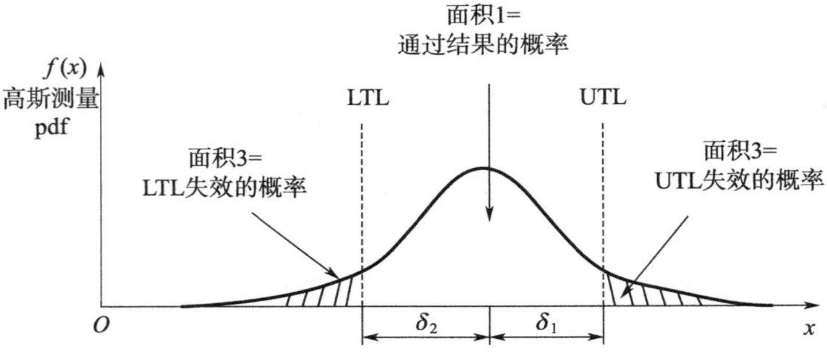

(d)

图 3-16　测量结果概率密度与测试上下限的关系示意图（续）

3.7.3　统计过程控制

3.7.3.1　SPC 的目标

统计过程控制（SPC）是总质量控制的一个子集，用来监测集成电路的一致性。SPC 使我们能辨别出随着时间发生过量变化的器件参数，但不能辨别出变化的根本原因，而是促使我们去找到问题根源，通过改进设计或制造中的某些步骤来减少或消除这些过量变化，增加测试参数的稳定性，提高产品内在质量。

较高的内在质量会形成较高的成品率，如果我们可以验证某个参数几乎从来不失效，就可以停止关于这个参数的测试或只周期性地监视这个参数，来验证其统计分布集中在规定的范围内。我们也需要验证各个批次间同一参数的稳定性，一旦验证分布的稳定性，即各批次间的参数平均值和标准方差在限定范围内，就可以在每生产 10 个或 100 个时测量这个参数一次，从而大大减少测试成本。

SPC 的目标是使每个器件参数达到 6σ 的质量标准。

3.7.3.2　六西格玛质量

如果一个参数的标准方差不大于规范上下限之差的 1/12，而且其统计分布的中心不偏离规范上下限中心的 1.5σ ，那么就说明这个参数达到了 6σ 质量标准，如图 3－17 所示。

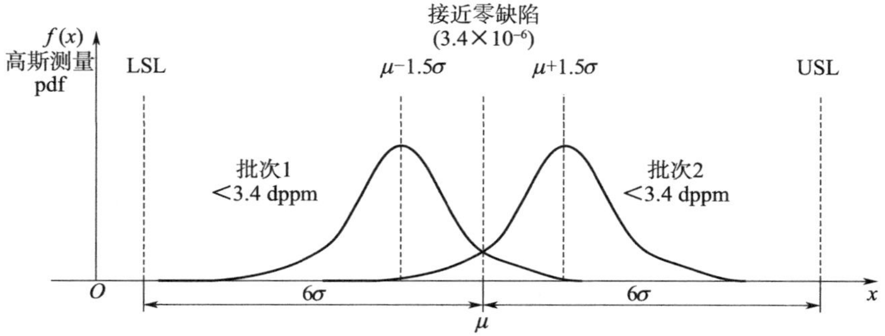

图 3－17　六西格玛质量标准示意图

6σ 质量标准使失效率达到每百万个器件中有缺陷的少于 3.4 个，这样没有被测试的器件不通过 6σ 的概率就非常低。

3.7.3.3　过程控制能力 Cp 和 Cpk

参数的集中和变化用工序精密度 Cp 和工序能力指数 Cpk 这两个参数来衡量。其中 Cp 定义为

$$\mathrm{Cp}=\frac{\mathrm{USL}-\mathrm{LSL}}{6\sigma}\text{（有上下限时）}\tag{3-18}$$

$$\mathrm{Cp}=\frac{\mathrm{USL}-\mu}{3\sigma}\text{（只有上限时）}\tag{3-19}$$

$$\mathrm{Cp}=\frac{\mu-\mathrm{LSL}}{3\sigma}\text{（只有下限时）}\tag{3-20}$$

Cp 说明了测试的统计分布相对于规范范围的集中程度。如果 Cp 大，说明过程稳定，能产生高成品率和高质量。如果 Cp 小于 2，说明过程稳定性有问题。六西格玛质量标准要求在生产中的 Cp 要大于或等于 2。

Cpk 定义为

$$\mathrm{Cpk}=\mathrm{Cp}(1-k)\tag{3-21}$$

其中

$$k=\frac{|T-\mu|}{0.5(\mathrm{USL}-\mathrm{LSL})}$$

式中　T——理想测量值，一般为规范中心值。

对于只有上下限的规范，一般采用 Cpk=Cp。

六西格玛质量标准要求 Cpk 必须大于 1.5。

3.7.3.4　控制图

除了监控关键参数的 Cp 和 Cpk 值，也可以采用控制图来监控过程的稳定性。控制图是参数稳定性与时间的关系图。能否有效地执行 SPC 很大程度上取决于是否选择了合适的关键参数和控制图。

小结：有非常多的方法来查看和处理分析生产测试数据，这里我们只讨论提及了几种常见的数据显示工具（如 datalog、晶圆图、直方图）和统计分析方法，采用统计分析可以预测某个参数的变化对产品总的成品率的影响，也可以评估测量设备本身的稳定性。

统计过程控制使我们不仅能评估流程的质量，还能告诉我们何时生产制造流程不稳定，然后就可以采取措施修正或改进生产制造流程，从而恢复对生产流程的控制。虽然测试工程师不必直接参与 SPC，但理解这些基本概念还是有意义的。

第 4 章　集成电路测试方法及实例

4.1　概述

集成电路测试的基本流程是，首先给被测器件（DUT）输入测试激励，然后通过对输出响应与期望响应进行比较，判断被测器件是否满足设计要求。通过对输出响应的分析，为找到被测器件故障点提供依据，从而为改进设计或生产流程提供帮助。

根据集成电路的类型，测试可以分为：数字电路测试、模拟电路测试、微型计算机与储存器测试、接口集成电路测试、微波单片集成电路测试等几类。

按照测试项目的特征分类，测试可以分为：功能测试、直流测试、交流参数等。

4.2　数字电路（CMOS 电路）

4.2.1　CC4000

4.2.1.1　产品概述

CC4000 系列是最早的 CMOS 通用逻辑电路，采用 8 μm 铝栅 CMOS 工艺，产品工作电压范围较宽，在 3～18 V，但相对工作频率偏低，一般在 10 MHz 以下，属于高压低速的 CMOS 逻辑电路。该系列产品包括：反相器、门电路、译码器、触发器、计数器、移位寄存器、运算器和模拟开关等八大类，100 多个型号。CC4000 产品按照逻辑功能一般被分为组合逻辑和时序逻辑电路，在测试时针对时序逻辑电路还要考虑建立时间、保持时间、最小输入脉宽、最高工作频率等参数的影响。

4.2.1.2　测试指标体系

CC4000 系列测试一般分为功能测试（A7、A8a、A8b 分组）和参数测试，参数测试又分为直流参数测试（A1、A2、A3 分组）、时间参数测试（A9、A10、A11 分组）以及输入电容测试（A4 分组）（表 4－1）。

表 4－1　CMOS 电路测试指标体系

参数项	参数定义	测试意义
功能测试:(A7 分组常温功能、A8a 分组高温功能、A8b 分组低温功能)		
3 V 功能	电源 3 V 时器件的基本逻辑功能	在器件最低额定电压(3 V)下,按照器件的逻辑真值表,确认所有的拍功能状态是否合格
5 V 功能	电源 5 V 时器件的基本逻辑功能	5 V 电源电压下,按照器件的逻辑真值表,确认所有的拍功能状态是否合格
10 V 功能	电源 10 V 时器件的基本逻辑功能	10 V 电源电压下,按照器件的逻辑真值表,确认所有的拍功能状态是否合格
15 V 功能	电源 15 V 时器件的基本逻辑功能	15 V 电源电压下,按照器件的逻辑真值表,确认所有的拍功能状态是否合格
18 V 功能	电源 18 V 时器件的基本逻辑功能	在器件最高额定电压(18 V)下,按照器件的逻辑真值表,确认所有的拍功能状态是否合格
5 V 噪声功能	电源 5 V 时器件输入带噪声时的逻辑功能	5 V 电源电压下,输入信号按照最高低电平和最低高电平施加,确定器件的逻辑功能状态是否合格,实质上是用来考核 5 V 下的 V_{IH} 、V_{IL}
10 V 噪声功能	电源 10 V 时器件输入带噪声时的逻辑功能	10 V 电源电压下,输入信号按照最高低电平和最低高电平施加,确定器件的逻辑功能状态是否合格,实质上是用来考核 10 V 下的 V_{IH} 、V_{IL}
15 V 噪声功能	电源 15 V 时器件输入带噪声时的逻辑功能	15 V 电源电压下,输入信号按照最高低电平和最低高电平施加,确定器件的逻辑功能状态是否合格,实质上是用来考核 15 V 下的 V_{IH} 、V_{IL}
直流参数测试:(A1 分组常温直流、A2 分组高温直流、A3 分组低温直流)		
电源电流 I_{DD}	器件静态下电源端流入器件的电流	该参数用来考核器件静态时的功耗电流,用来评价器件内部 MOS 的截止特性和 PN 结反向漏电流

续表

参数项	参数定义	测试意义
输出低电平电流 I_{OL}	器件输出低电平时的驱动电流能力	该参数用来考核器件输出低电平时，外接一个高于 GND 的低电压（如 10 V 电源下接 0.5 V），此时流入输出端的电流，实际是在考核输出 NMOS 管的内阻
输出高电平电流 I_{OH}	器件输出高电平时的驱动电流能力	该参数用来考核器件输出高电平时，外接一个低于 V_{DD} 的高电压（如 10 V 电源下接 9.5 V），此时流出输出端的电流，实际是在考核输出 PMOS 管的内阻
输出低电平电压 V_{OL}	器件输出低电平时的输出电压	该参数用来考核器件输出低电平时的电平值，一般会加一个非常小的负载电流，该参数比功能测试时的低电平功能判据要严格，最大允许 0.05 V 压差
输出高电平电压 V_{OH}	器件输出高电平时的输出电压	该参数用来考核器件输出高电平时的电平值，一般会加一个非常小的负载电流，该参数比功能测试时的低电平功能判据要严格，最大允许 0.05 V 压差
高电平输入电流 I_{IH}	高电平时流入器件输入端的电流	该参数用来考核在器件输入端下保护二极管的反向漏电流
低电平输入电流 I_{IL}	低电平时流出器件输入端的电流	该参数用来考核在器件输入端上保护二极管的反向漏电流
三态输出漏电流 I_{OZH}、I_{OZL}	器件输出三态时的漏电流	该参数用来考核器件输出三态（截止态）时，输出端 MOS 管的截止漏电流和输出端寄生 PN 结的反向漏电流
导通电阻 R_{on}	模拟开关电路导通时的通道内阻	该参数用来考核模拟开关电路传输通道 MOS 管的导通电阻
导通电阻路间差 ΔR_{on}	模拟开关电路不同通道间导通电阻之差	该参数用来考核模拟开关电路不同通道间导通电阻的一致性
输出截止漏电流 I_{off}	模拟开关电路截止时的通道漏电流	该参数用来考核模拟开关电路传输通道 MOS 管的截止漏电流
时间参数测试：（A9 常温时间参数、A10 高温时间参数、A11 低温时间参数）		
传输延迟时间 t_{PHL} / t_{PLH}	器件输入变化引起输出变化的延迟时间	该参数用来考核器件输入信号由高到低（或由低到高）的变化引起的输出电平变化所需的时间

续表

参数项	参数定义	测试意义
输出转换时间 t_{THL}、t_{TLH}	器件输出电平高低变化的时间	该参数用来考核器件输出信号由电源电压变化10%至90%所需的时间
三态传输延时 t_{PHZ} / t_{PLZ}	器件输入变化引起输出截止的延迟时间	该参数用来考核器件三态控制端变为截止态到输出截止所需的时间
最小脉宽 t_w	器件能识别的最小脉冲宽度	该参数用来考核时序电路的时钟、清零、复位等端口所能识别的最小脉冲宽度
最高工作频率 f_{max}	器件正常工作的最高时钟频率	该参数用来考核时序电路能正常工作的时钟最高频率
最小建立时间 t_{set}	器件正常工作时控制端电平提前建立的最小时间	该参数用来考核时序电路正常工作时控制端/数据端电平提前时钟信号触发沿建立的最小时间
最小保持时间 t_H	器件正常工作时控制端电平保持的最小时间	该参数用来考核时序电路正常工作时控制端/数据端电平在时钟信号触发沿过去后仍需保持的最小时间
电容测试(A4 分组电容测试)		
输入电容 C_{in}	器件输入端电容	考核 CMOS 输入端寄生电容

4.2.1.3　流程和方法

CC4000 系列属于 CMOS 通用逻辑电路，一般采用数字集成电路测试系统进行测试。由于器件工作电压比较高，需要采用高压的测试系统，此类测试系统国内很多厂家都有，且有多款型号可供选用。国产测试系统厂家包括华峰测控、集成泰斯特、信诺达等。为便于观察一些时间参数，在进行器件评估或分析时，也可采用稳压电源、信号发生器、示波器来抓取波形、读取数据。

(1) 测试系统编程

使用集成电路测试系统进行产品测试程序编写时，无论是填表式的还是底层语言式的，都需要先编写好逻辑真值表。一般产品的详细规范中会有真值表实例，但有些品种真值表描述比较简单。为保证测试状态的覆盖性，需对真值表进行细化。在晶圆中测时，为保证探针测试的效率，真值表应覆盖全面，但不宜太过臃肿。成品测试时，应确保真值表覆盖器件所有的可能工作状态。

编辑好真值表后，选择被测参数的向量状态，添加测试条件。测试 V_{OL} 、I_{OL} 等参数时，要选择输出为低电平的状态；测试 V_{OH} 、I_{OH} 等参数时，选择输出为高电平的状态；测试 I_{OZ} 、I_{off} 等参数时，选择输出截止状态。

（2）编程中的注意事项

①电源电流 I_{DD} 测试

在电源电流 I_{DD} 测试时，一般设备厂家提供的测试程序只测试输入全 0 和全 1 两组状态 I_{DD}。对于一些时序电路，不能考核到所有 MOS 管的截止漏电，所以应进行细化，保证所有输入高低状态被测到的情况下，令所有输出为高低的状态也都被考核到。

②输入电流 I_{IH} 、I_{IL} 测试

测试输入电流 I_{IH} 和 I_{IL} 时，应选择其他输入端与被测端完全相反的测试状态，比如在测试 I_{IH} 时，被测的输入端接高电平，而其他所有不被测的输入端都接低电平，这样测试出来的数据只反映被测端对地的漏电，测试精度最高，如图 4－1 所示。

③输入高低电平 V_{IH} 、V_{IL}

输入高低电平一般没法直接测出数值，通常是将 V_{IH} 和 V_{IL} 作为输入电平条件写在程序中，用功能测试来考核。V_{IH} 和 V_{IL} 的判据一般是电源电压的 70％和 30％，建议编程时将 $V_{IH} = V_{DD}$ 、$V_{IL} = 0$ V 和 $V_{IH} = 70\% V_{DD}$ 、$V_{IL} = 30\% V_{DD}$ 分别放在不同的功能段里进行测试，以判断功能失效是真的功能失效，还是输入电平阈值不合格。

④时间参数

测试传输延迟时间时，测量点是从输入信号的翻转电平点（50％）到输出信号的翻转电平点（50％），测试转换时间时，测量点是从输出信号的 10％到 90％。因此输入信号的上升下降时间越短

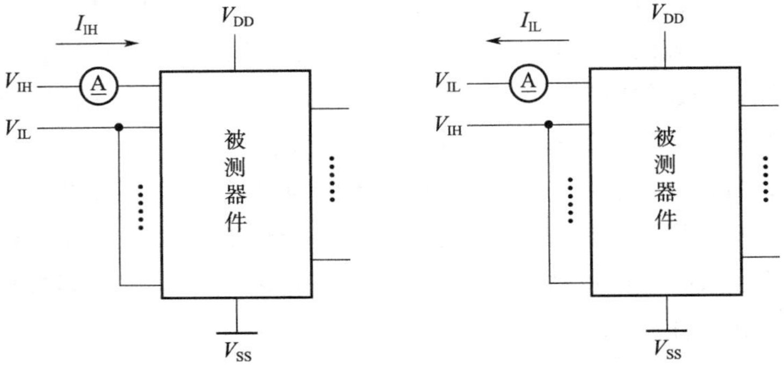

图 4-1　I_{IH}、I_{IL} 测试示意图

越好，越短测试数据越准确。一般输入信号的上升下降时间是测试系统自己给出的，有些设备还可以设定。而输出信号的上升下降时间与器件输出管内部有关，同时测试系统、适配器上的外接阻容或寄生阻容也会对输出信号的上升下降时间产生影响，因此测试时要考虑其影响，如图 4-2 所示。

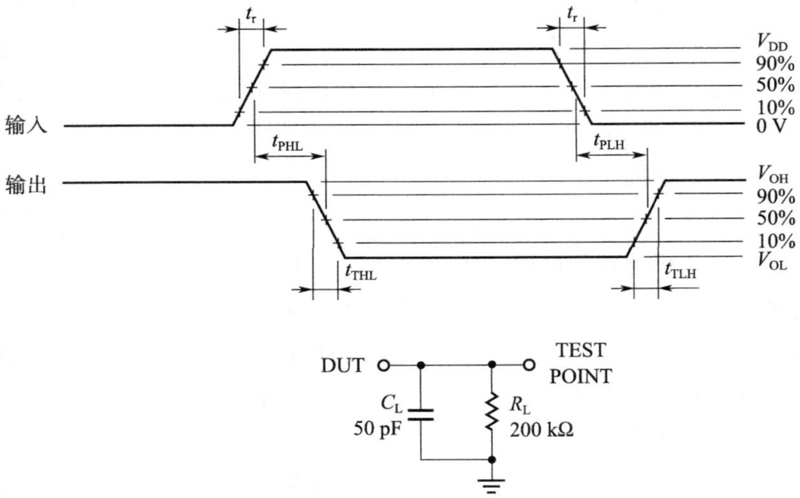

图 4-2　时间参数测试示意图

⑤测试采样点设置

对于一些时序电路，测试系统的采样点设定也有需要注意的地方，比如有些测试系统是在一个时钟周期的百分之多少进行输出数据的采样，对于一些门级较多、延迟时间较长的器件，如果器件自身的延迟时间超过了测试系统时钟周期，则可能造成测试系统采样测试时，对应的输出电平还没有建立，导致测试失效。因此需要根据器件参数特性，来合理地限制时钟周期和测试采样方案。

4.2.1.4　测试实例

以 CC4000 系列中的 CC4011 型四 2 输入与非门为例，该产品为最常用的门电路之一，由四路独立的 2 输入与非门构成，四路与非门共用 V_{DD} 和 GND。用华峰测控公司的 STS6101 数字集成电路测试系统对该产品进行测试。

该产品的引脚数为 14（＜40）个，为单电源供电、PDIP 封装，选择 STS6100 系统自带的 40PIN 通用适配器来测试。如果需要绘制适配器也很简单，只需要注意被测芯片的电源端需要接到测试系统的 DPS 源，接地端接到测试系统的 GND 信号端，其余所有引脚都是接到测试系统的数字通道上去就可以，如图 4 - 3 所示。

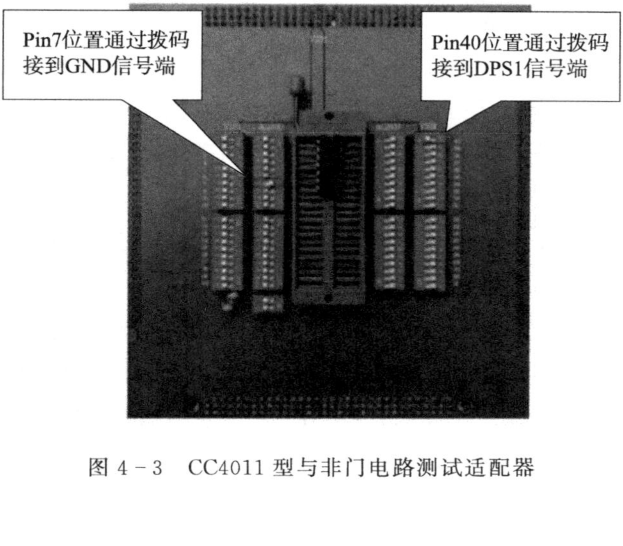

图 4 - 3　CC4011 型与非门电路测试适配器

1）打开 STS6100 系统软件，点击 testmenu 按钮，进入测试程序编辑界面。点击 File→New，新建 CC4011. w68 文件。

2）输入 CC4011 的引脚总数 14，点击确定。

3）点击 Edit→Define，进入引脚设置界面，根据实际的测试适配器物理连接填写程序类别和引脚拓扑信息。

4）关掉 Define 界面，点击 File→Save，然后指定一个路径，输入文件名称，保存。至此就产生了一个名为 CC4011. w68 的文件。

5）打开 CC4011. w68 文件，根据产品手册中的真值表建立器件测试向量。

6）重新打开 STS6100 系统软件，点击 testmenu 按钮，进入测试程序编辑界面。点击 File→Open，找到刚才的 CC4011. w68 文件，并打开。然后点击 Edit→Define 进入图形设置界面。点击 Browse 按键，找到刚才编写的 CC4011. txt 文件，双击 CC4011. txt 文件完成加载。

7）进入引脚组定义界面，对被测器件的引脚进行引脚分组定义，根据引脚的类型（输入、输出、测量）、施加条件（电压、波形格式、时钟选择）不同而选择不同的分组。

8）用 STS6100 软件打开 CC4011. w68 文件，点击 Edit→testmenu，进入参数编程界面。点击界面左上角新建一个测试参数，并在 Testname 处输入一个参数名称 fun，然后点击保存。

9）参数界面输入测试方式、测试向量起始行和结束行、被测芯片的 V_{CC}（适配器上是 DPS1 连接的被测芯片的 V_{CC} 引脚）。

10）打开引脚界面，添加被测器件的数字引脚组，并选择好引脚组的类型。

11）点击数字引脚组“in”，在右侧填写输入引脚的 V_{IH} 、V_{IL} 等信息。

12）点击引脚组“out”，在右侧填写输出引脚的各种信息。

13）进入时钟设置界面，设置被测器件的工作时序和频率等。

14）进入波形方式界面，在 Wave 信息栏设置被测器件数字输入引脚的波形格式。

上面信息都填好后，点击参数编程界面左下角的按钮进行测试，测试结果自动弹出。合格会显示 pass，失效会显示具体的失效数据，然后根据失效数据重新调试程序或者判断是否为样片问题。

如此重复，添加其他参数，完成器件全部参数测试。

4.2.2　54AC

4.2.2.1　产品概述

54AC 系列为先进的 CMOS 逻辑产品，属于通用逻辑产品系列中的一个分支，具有高速、高驱动、高可靠性等特点，按功能涵盖门电路、选择器、译码器、缓冲器、触发器/锁存器、计数器、电平转换器等多个类别。

4.2.2.2　测试指标体系

（1）传输延迟

影响传输延迟时间的因素有电源电压、温度和负载电容等。54AC 器件传输延迟时间随着温度的升高而增加（如图 4－4 所示）；随电压的升高而缩短（如图 4－5 所示）；随着负载电容的增大而增加（如图 4－6 所示）。

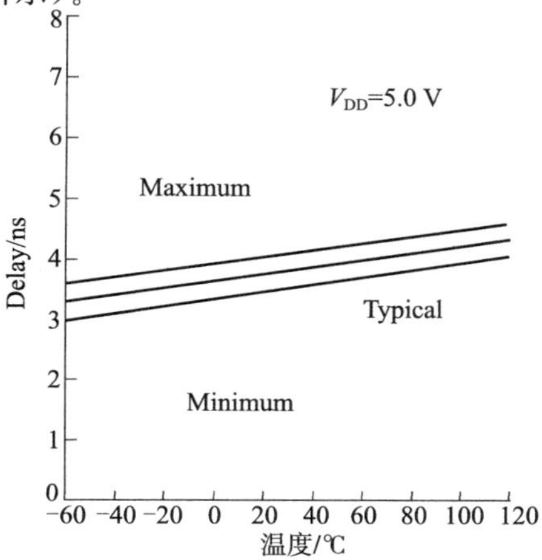

图 4－4　传输延迟随温度的变化

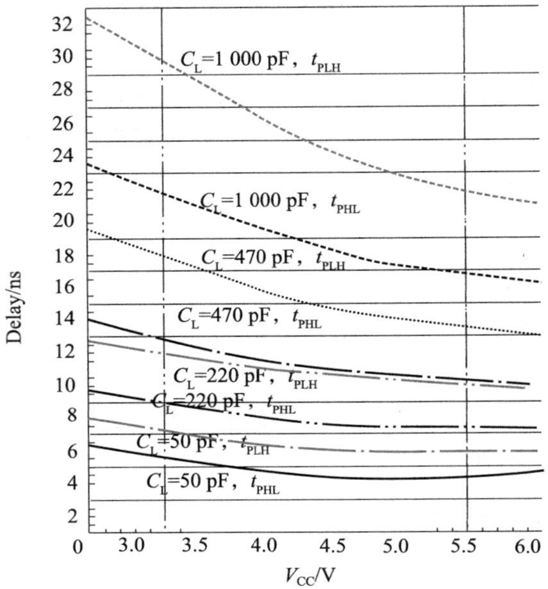

图 4-5　传输延迟随电源电压的变化

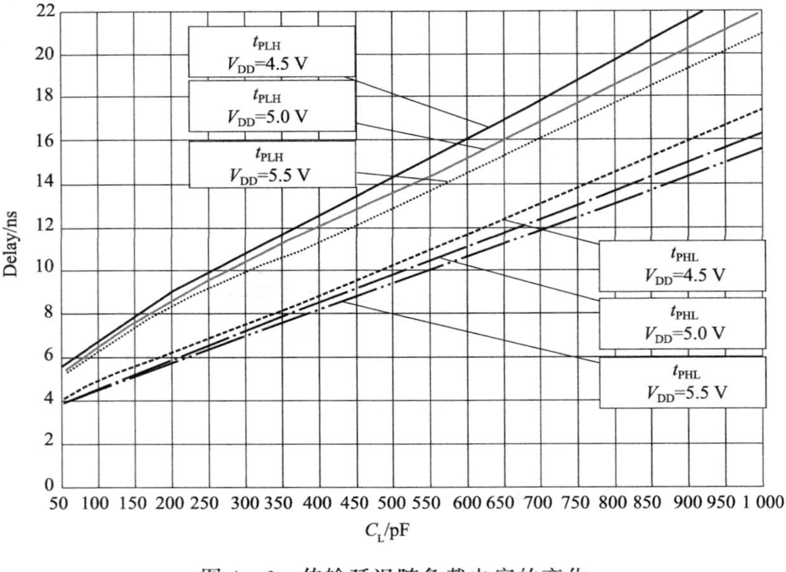

图 4-6　传输延迟随负载电容的变化

通常情况下，54AC 器件规定负载为 $C_L = 50$ pF、$R_L = 500$ Ω。

(2) 输出电平

54AC 器件的输出高电平 V_{OH} 随着 I_{OH} 的增大而减小（图 4-7），当 I_{OH} 一致时，电源电压越大，V_{OH} 则越大，输出低电平 V_{OL} 随着 I_{OL} 的增大而减小，如图 4-8 所示。

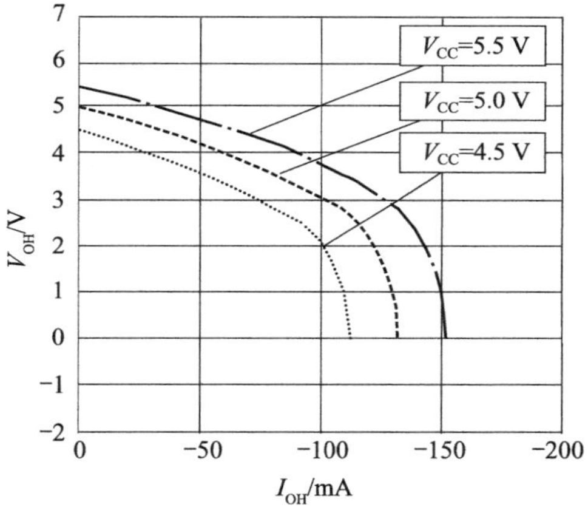

图 4-7　V_{OH} 与 I_{OH} 的变化关系

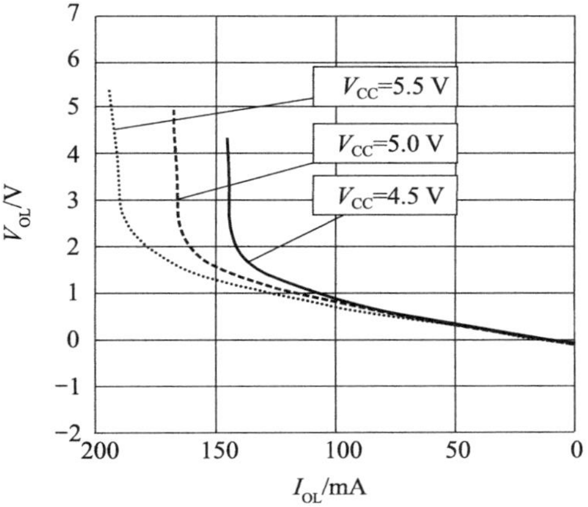

图 4-8　V_{OL} 与 I_{OL} 的变化关系

（3）动态功耗

CMOS 集成电路的重要优点之一就是低功耗。其静态消耗由漏电流产生，一般在 nW 级别，54AC 器件的功耗主要由动态功耗决定，可表示为 $P_d = (C_L + C_{pd}) V_{CC}^2 f$，其中 C_L 为负载电容，C_{pd} 为器件的功耗电容，V_{CC} 为电源电压，f 为工作频率。

在实际测试中可以通过测试动态电源电流来确定动态功耗。

（4）输出噪声

对于多通道的 54AC 器件，当规定数目的输出状态改变时，出现在状态不发生变化的高电平或低电平输出端上的额外信号的电压幅值（峰值）为输出高电平噪声或输出低电平噪声，用 V_{OHP}、V_{OHV}、V_{OLP}、V_{OLV} 表征，如图 4－9 所示。

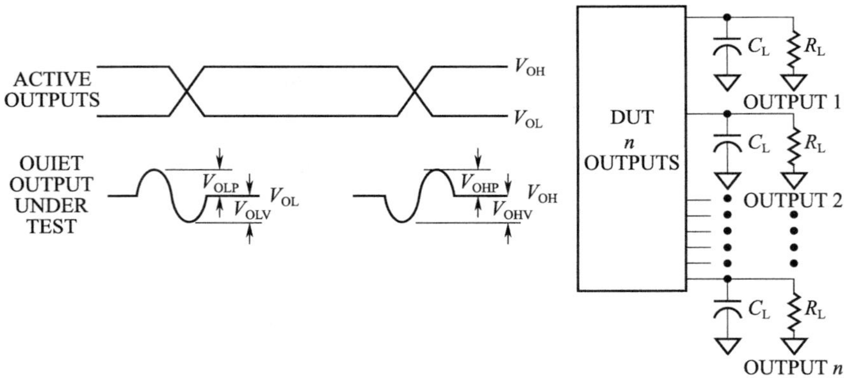

图 4－9　输出噪声测试示意图

4.2.2.3　流程和方法

（1）测试设备及负载

该参数需在低噪声的测试机台上进行测试。所有输出端口施加 $C_L = 50$ pF、$R_L = 500$ Ω 负载，输出负载应尽可能靠近输出端放置，合理选择去耦电容的容值。运用至少 1 GHz 带宽的示波器进行测试。

（2）测试方法

对器件所有 n 个通道的输入端进行配置，保证待测 1 个通道的输出为恒定高电平或低电平，其余 $n-1$ 个通道输出为同步翻转方波，测试被测通道的四个参数指标 V_{OHP}、V_{OHV}、V_{OLP}、V_{OLV}，所有 n 个通道均需要测试。

4.2.2.4　测试实例

以某宇航用 54AC245 电路为例，选取输出电平、动态功耗、传输延迟等关键参数，针对关键参数进行不同温度、电源电压等条件下的测试。选取的关键参数以及测试项目见表 4－2。

表 4－2　关键参数以及不同条件下的测试项目

序号	变量	测试条件及目的	关键测试参数
1	温度	在不同电源电压条件下，测试温度在－55～125 ℃变化时对时间参数的影响	t_{PHL}，t_{PLH} t_{PZH}，t_{PZL} t_{PHZ}，t_{PLZ}
2	负载	在不同电源电压条件下，分析不同负载对输出高、低电平的影响	V_{OH}、V_{OL}
3	工作频率	不同温度及电源电压条件下，分析不同的工作频率对动态电源电流的影响	动态电源电流

测试器件在 3 V、4.5 V 及 5.5 V 三种电源电压条件下的交流参数，器件温度从－55 ℃至 125 ℃按 20 ℃步进，记录并分析测试数据。其中 t_{PHL}、t_{PLH} 参数的测试数据见表 4－3、表 4－4。

（1）t_{PHL} 参数与温度变化关系

表 4－3　不同电压下 t_{PHL} 参数与温度变化测试表

温度/℃	$t_{PHL\_3\,V}$/ns	$t_{PHL\_4.5\,V}$/ns	$t_{PHL\_5.5\,V}$/ns
－55	4.8	4.5	4.5
－35	4.9	4.5	4.5
－15	5	4.6	4.6
5	5	4.6	4.6

续表

温度/℃	$t_{PHL\_3\ V}$/ns	$t_{PHL\_4.5\ V}$/ns	$t_{PHL\_5.5\ V}$/ns
25	5.2	4.7	4.7
45	5.5	4.8	4.7
65	5.4	4.9	4.8
85	5.5	4.9	4.9
105	5.6	5	5
125	5.7	5.1	5

由表 4－3 可知，t_{PHL} 参数随温度升高而增大，随电源电压的升高而减小。

(2) t_{PLH} 参数与温度变化关系

表 4－4　不同电压下 t_{PLH} 参数与温度变化测试表

温度/℃	$t_{PLH\_3\ V}$/ns	$t_{PLH\_4.5\ V}$/ns	$t_{PLH\_5.5V}$/ns
−55	7.3	6.2	6.1
−35	7.4	6.2	6.1
−15	7.6	6.2	6.2
5	7.6	6.4	6.2
25	7.7	6.5	6.2
45	7.8	6.5	6.3
65	8	6.5	6.4
85	8	6.5	6.5
105	8.1	6.6	6.5
125	8.2	6.8	6.5

由表 4－4 可知，t_{PLH} 参数随温度升高而增大，随电源电压的升高而减小。

4.3　模拟电路

4.3.1　运算放大器

4.3.1.1　产品概述

运算放大器是集成电路中的一个主要分支，最早是为了满足模拟计算机的运算需求和微小信号放大所开发出的一类集成电路。目前，随着数字化信号处理的发展进步，大部分信号处理已经由数字化信号取代了模拟信号，但是运算放大器作为微小信号和负载模拟信号处理的核心电路，仍具有极强的活力。

运算放大器作为集成电路生产起步最早的一类器件，其基本核心电参数已经在 20 世纪七八十年代成型，其基本结构由差分输入级、电平移位和高增益级（中间级）、输出放大级和偏置回路四部分组成，如图 4－10 所示。其中，差分输入级决定了运算放大器的基本性；输入失调电压、输入失调电流、输入基极电流、共模拟制比、电源电压拟制比、增益带宽积、压摆率等器件电参数和性能均直接或间接由差分级输入的特性所决定；在该级中出现了电流镜等模拟集成电路所特有的电子线路结构和几近绝对的差分晶体管特性匹配结构。中间级主要实现差分级输出所带来的电平偏移后的移位和极高的电压放大增益；该级所特有的线路结构就是有源负载，解决了电压高增益放大问题。输出级主要用于实现电流放大，其基本结构为推挽放大形式；在该部分结构中充分利用了半导体制造特性中的晶体管特性一致性的特点，解决了低偏置条件下的输出交越失真问题。偏置回路主要用于为差分级、中间级和输出级提供相应的偏置电压和电流，其核心、特殊结构是利用多发射极或多集电极晶体管所特有的定比例电流分配特性，为各回路提供所需的各种偏置电流，该电路结构也是器件线路结构中的最大难点。

运算放大器基本围绕着输入差分结构的不同变化在发展，早期采用电流输入结构，其整体特性无法满足实际应用需求和批量制造

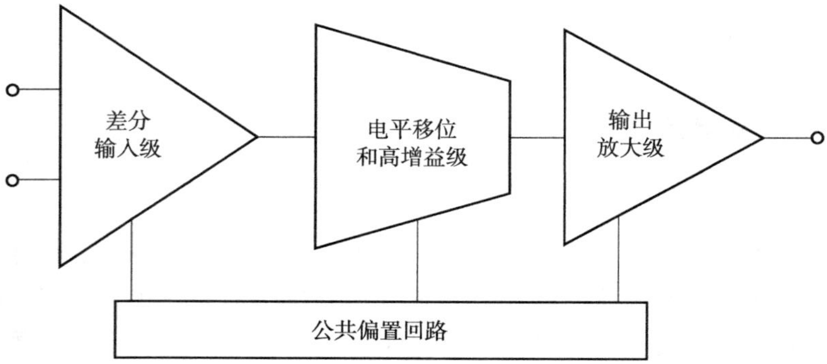

图 4-10 运算放大器基本结构

需求；采用电压输入结构后，运算放大器开始了飞跃式发展，促成了目前应用广泛的电压运算放大器争先斗艳的局面。早期的电压运算放大器采用半导体双极工艺的 NPN 型差分晶体管结构；其输入基极电流基本在 μA 和数百 nA 级水平，增益带宽积在几百 kHz 和 MHz 之间，其中具有教科书水平的 μA741 电压运算放大器的出现，从结构、原理、性能和应用方面奠定了现代电压运算放大器的基础；同期出现的采用 PNP 型差分晶体管结构的 LM158/258/358，代表着电压运算放大器单电源条件下零输入电压应用的实现。在超 β 技术和输入电流补偿技术发展起来后，出现了输入电流 nA 级水平的高精度，如：AD 公司的 OPx7 系列电压运算放大器是该项技术的经典产品，奠定了高精度、低漂移等高性能电压运算放大器的基础。随着 JFET 和 MOSFET 差分输入结构的引入，开辟了高输入阻抗、极低输入基极电流、极低噪声系数和高速电压运算放大器领域，其最具代表性的产品是首款采用 JFET 差分输入结构的 LF353，以及 MOSFET 差分输入结构的 μA3140 等电压运算放大器。在 20 世纪末，随着 CMOS 工艺技术的发展和嵌入式超大规模集成电路的需求，CMOS 结构的电压运算放大器逐步走向成熟，同时随着 BiCMOS 工艺的发展出现了大量的低压、轨对轨输出特性的电压运算放大器，进一步拓展了运算放大器的应用领域。21 世纪初，随着半导体双极工艺中具有高截止频率纵向 PNP 型晶体管结构的技术发展，解决了电流差分输入结构的难题，电流反馈运算放大器得到了大力发展，弥补了集成运算放大器在高频、极高转换速率领域的应用问题。

集成运算放大器的测试核心是对高精度、微小模拟信号量纲的测试。经过半个世纪的发展，其基本电参数的测试原理和方法也已标准化，即辅助放大器开环测试方法，其基本原理如图 4－11 所示。

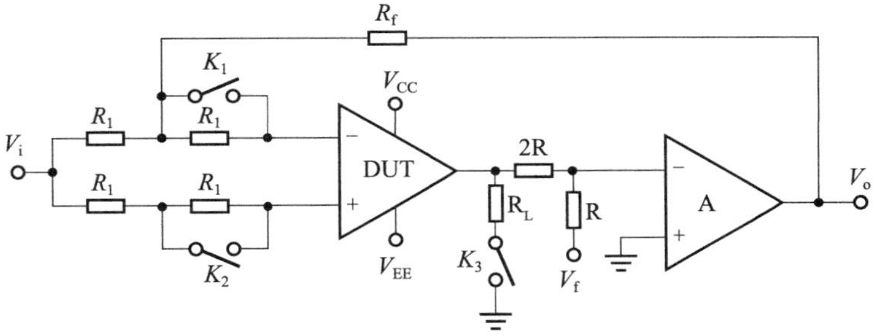

图 4－11　集成运算放大器辅助放大器开环测试方法原理图

DUT—待测试运算放大器；A—辅助运算放大器

4.3.1.2　测试指标体系

(1) 运算放大器基本直流电参数

1）输入失调电压 V_{IO}（旧符号：V_{OS}）：输出为零或规定电压时，两个输入端所施加的补偿电压；该项电参数是代表运算放大器功能、性能的最基本电参数，在集成运算放大器应用中，该项电参数的变化意味着所使用的运算放大器已经发生损伤或故障。

2）输入失调电压温度系数 αV_{IO}：单位温度变化引起的失调电压变化。

3）输入失调电流 I_{IO}（旧符号：I_{OS}）：输出为零或规定电压时，两个输入端所施加的电流；单位温度变化引起的失调电压变化；该项电参数同样是代表运算放大器功能、性能的最基本电参数，在集成运算放大器应用中，该项电参数的变化意味着所使用的运算放大器已经发生损伤或故障。

4）输入失调电流温度系数 αI_{IO}：单位温度变化引起的失调电流变化。

5）输入基极电流（I_{IB}）（旧符号：I_B）：输出为零或规定电压时，输入端的输入电流；该项电参数实际可分解为三个参数：即同相输入端基极电流（I_{IB+}）、反相输入端基极电流（I_{IB+}）和平均的输入基极电流（I_{IB}）。该项电参数所代表的是集成运算放大器最敏感端的基本性能参数，该项电参数的变化意味着器件已经受到了电应力的损伤。

6）正电源 V_{CC}、负电源 V_{EE} 电压：器件的工作电压。

7）静态电源电流 $I_{CC}(I_{S+})$、$I_{EE}(I_{S-})$：无输入信号和负载情况下流过器件的电源电流。

8）输出摆幅 V_{OPP}、正向输出电压 $+V_{OP}(V_{O+})$、负向输出电压 $-V_{OP}(V_{O-})$：器件的输出电压范围。

9）输出电流 I_{O+}、I_{O-}：器件在规定的输出电压下能够输出的电流能力［在通用规定中器件测试电流方向，流入器件的为正，流出器件的电流为负；但是，在器件的输出能力中已经规定为输出电流，所以器件的正向输出（扇出）电流仍为正向，负向输出（吸入）电流为负向］。

10）短路电流 I_{OS+}、I_{OS-}：器件输出为零或规定值是最大输出电流。

（2）运算放大器的基本动态参数

1）开环电压增益 $A_{VO}(G_{OL})$：器件开环状态下，输出电压变化与差分输入电压变化之比；常用单位：dB、V/mV。

2）跨导 gm：是电流反馈运算放大器的关键电参数，其反映的是输入电流对输出电压的控制能力；常用单位：S 或℧。

3）共模拟制比 $K_{CM}(C_{MRR})$：器件开环状态下，差模电压增益与共模电压增益之比；常用单位：dB、mV/V。

4）电源电压拟制比 K_{SVR}：电源电压单位变化量引起的输入失

调电压变化；常用单位：dB、mV/V。

5）增益带宽积 G·BW（GBW）：在 6 dB/倍频程的增益-频率特性范围内，电压增益与对应频率的乘积；单位：Hz。

6）输出电压转换速率（压摆率）S_R：输入端在施加规定的大信号阶跃脉冲电压时，输出电压随时间的最大变化率；单位：V/μs。

7）通道分离度 CSR：在器件中，有信号通道在规定的输出电压与无信号通道输入端耦合（串扰）电压之比。

8）相位裕度：开环增益为 1 时（0 dB）所对应信号相位相对于 180°时的相位差。

9）增益裕度：相移为 180°时所对应的开环电压增益。

集成放大器的相位裕度和增益裕度这两项电参数是代表着器件稳定度的电性能参数，其主要由放大器在设计之初所决定，后期的制造工艺会造成该两项动态性能参数出现偏移，但是基本维持在设计值左右。如果该两项动态性能参数出现异常，其所代表的是制造工艺出现了极大偏差，器件的可靠性会存在较大隐患。

（3）运算放大器的基本交流电参数

1）开环带宽 f_{BW}：开环增益下降到 0.707 倍（−3 dB）时所对应的频率点（正弦波）。

2）全功率带宽 f_{BWP}：器件保持最大输出幅度（V_{OP}）时的最高工作频率（正弦波）。

3）单位增益带宽 f_{BWG}：器件开环增益为 1 时（0 dB）所对应的频率点（正弦波）。

（4）运算放大器的基本噪声参数

1）等效输入噪声电压 $e_i(V_N)$：输出端噪声电压在输入端的等效电压值，包含点频噪声电压、窄带噪声（均方根噪声）电压。

2）等效输入噪声电流 $i_i(I_N)$：输出端噪声电压在输入端的等效窄带噪声（均方根噪声）电流。

4.3.1.3　流程和方法

(1) 运算放大器的补偿

早期的集成运算放大器由于受半导体工艺水平和设计理论的局限性，大多数采用外部补偿实现器件的稳定工作。随着半导体工艺和设计理论的进步，目前大多数的集成运算放大器均已实现内部补偿。但是，在集成运算放大器实际应用中和我们的实际工作需求中，仍需根据具体的使用需求对所使用的集成运算放大器进行合理的补偿，才能达到高精度、高稳定性的应用；集成运算放大器常见补偿方式如图 4-12 所示。

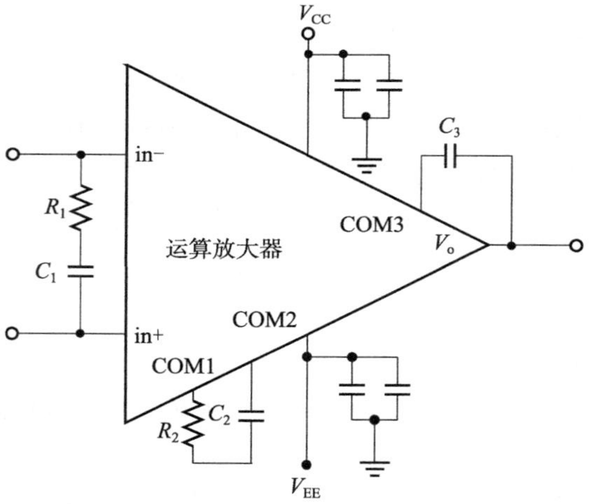

图 4-12　集成运算放大器的补偿

①电源端的补偿（退耦）

集成运算放大器虽然有很高的电源电压拟制比（100 dB 以上），但是，其对交流信号的拟制会随着频率的提高而快速下降，尤其是对快速变化的阶跃信号几乎没有拟制作用；同时，这些辐射到电源系统的交流信号通过集成运算放大器的电源端耦合进入放大回路，造成应用回路噪声、相位、波形以及稳定性的颠覆或异常，这点也是所有集成电路在应用中需要关注的。

集成运算放大器电源端的补偿不只是传统意义上的退耦作用。集成运算放大器内部的所有晶体管均工作在线性区，电源端的反射阻抗也就成为其内部晶体管工作的有效负载，同样对器件内部的晶体管和器件的幅频特性及相移产生影响。同时，其内部的寄生结构也需要稳定的偏置才能保证稳定的隔离特性，供电系统的反射阻抗同样是集成运算放大器结构稳定工作的重要因素，尤其是高精度、极低输入基极电流的集成运算放大器，其内部幅频特性和稳定度对电源端的反射阻抗更具有敏感性。通常建议在集成运算放大器电源端与地之间并联 1～2 μF 和 0.01～0.1 μF 的瓷介或固体钽介质电容器用于补偿（退耦）。

②输入端补偿

输入端补偿是一种施加在集成运算放大器输入端的补偿，通常由几皮法至几百皮法电容和 100 Ω 至几十千欧电阻串联后并联在放大器两个输入端组成，这种补偿会极大地降低放大器的带宽和改变器件内部的极点，通常在早期的集成运算放大器中使用。如图 4－12 中的 R_1、C_1 补偿网络。

③超前补偿

这是一种通过几百皮法电容和 100 Ω 至几十千欧电阻串联后连接在放大器专用补偿端的补偿方式，主要用于放大器内部相位极点的改变，通常用于集成运算放大器的差分输入级和电压放大级之间的相位补偿。早期的 μA304、国产 FC3、F003 和 F005 等器件在使用中均需采用这种方式进行工作特性的补偿，如图 4－12 中的 R_2、C_2 补偿网络。

④密勒电容补偿

这是一种结合密勒电容效应进行的补偿方式，这种密勒电容效应可以使小容量的（几皮法至几十皮法）电容器，产生数十、数百倍的电容效应，也是目前集成运算放大器内部补偿所采用的补偿方式，在集成运算放大器日常应用中，常见的与反馈电阻并联的小电容就是这种补偿方式。密勒电容补偿通常是用集成运算放大器的电压放大级和输出级之间的频率补偿，使得器件的幅频特性符合器件的技术要求和应用稳定度需求，如图 4－12 中的 C_3 补偿电容所示。

（2）集成运算放大器的调零

调零功能是集成运算放大器的基本功能之一，受引出端限制，调零功能端仅出现在单路放大器和双路放大器中，绝大多数的双路放大器和四路放大器不具有调零端，在实际应用中需要通过外部调零回路实现调零功能。集成运算放大器在应用中的调零方式分为具有功能端运算放大器的内调零和通过外部网络施加到输入端的外调零两类。其中，内调零由于内部调零结构设计不同，分为正端调零、负端调零和自偏调零三种。一般集成运算放大器内调零所能调整的零位范围在±3～±10 mV。

外调零一般通过给集成运算放大器非主信号通道的输入端施加一定的偏置，使得该级放大器的输出直流零位符合设计要求。由于外加偏置的可控性，其调零不但可以完成本级器件零位的调整，还可以实现系统的调零。同时，由于外调零所使用的元件特性具有较高的一致性，调零后的器件或系统零位的时间、温度漂移的主要因素集中到器件本身的特性；而内调零，由于集成运算放大器内部电阻制造工艺原理与所使用的外部元件制造工艺原理的不同，他们的时间、温度漂移特性存在较大差异，调零后的器件或系统零位的时间、温度漂移的主要因素不但受器件本身特性的影响，还存在半导体电阻和外部膜电阻时间、温度漂移因素带来的输出零位漂移问题。所以，高精度系统集成运算放大器的调零，更推荐使用外部调零方式，实现器件或系统的调零，相关调零方式如图 4－13 所示。

4.3.1.4 测试实例

某产品设计用低频带通放大器，选用国产 F007C 电压运算放大器。在研制初样、正样及鉴定阶段中均未发现问题，首批小批量生产中发现低频带通放大器输出信号幅度远达不到规定的设计输出电压，更换国产其他厂家同型号产品及国外公司同类型号 741 运算放大器均无法满足设计需求。后经对比分析，发现其带通放大器设计

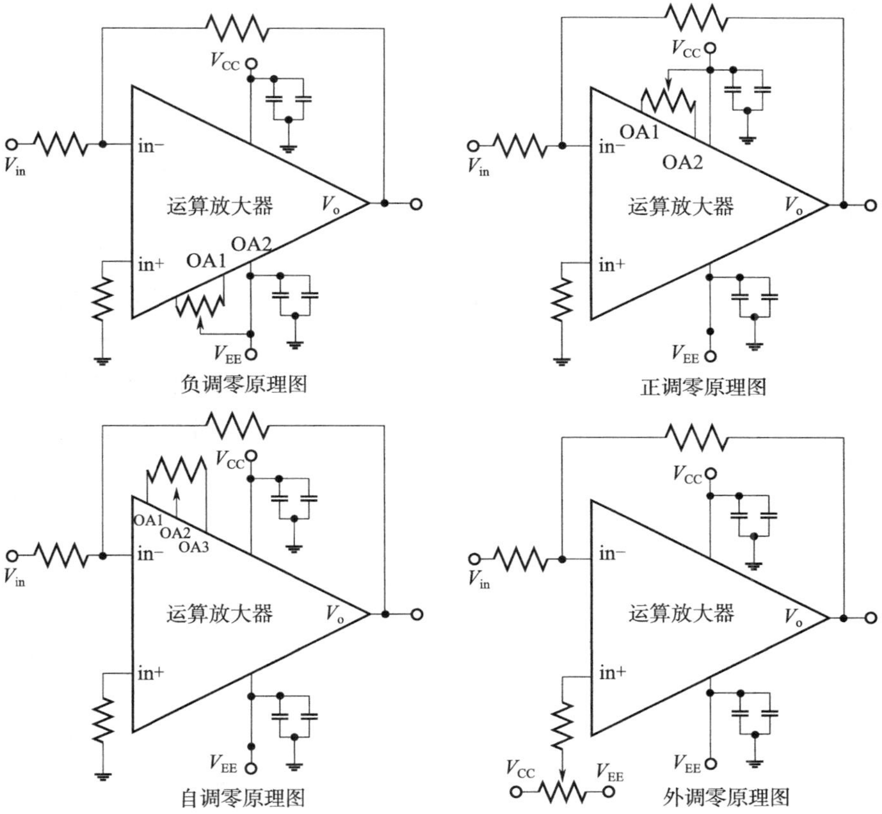

图 4－13　集成运算放大器的调零方式原理图

中心频率在 300 kHz、增益约为 4.3 倍，而 F007C（进口 LM741、μA741）的设计增益带宽积在700～900 kHz，远低于中心频率增益带宽积 1 290 kHz 的需求。对比测试研制鉴定阶段和批产所采购的 F007C 运算放大器参数性能，首先发现其研制初样、正样及鉴定阶段所使用的器件均是同厂家、同一个批次生产的器件，批产所采购的虽然是同厂家、同型号器件，但其生产批次相差近十年；其次，测试发现研制阶段所使用的 F007C 器件的增益带宽积可达 1 400 kHz，可以满足设计使用需求，而批产所使用的 F007C 器件和进口 LM741 器件的增益带宽积仅在 900 kHz 左右，无法满足实际使用要求。

分析认为，研制阶段所使用的 F007C 器件是国内 20 世纪 80 年代初期生产的器件，当时国内的半导体生产线均是国产和自产设备，其过程控制精度低，工艺控制指标粗糙，所生产的器件批次间电参数偏差较大，尤其是动态电参数的测试基本不完全具备测试能力和控制要求。20 世纪 80 年代中后期，随着国内“8406”“七专”生产线贯标的开展和半导体生产线的引进，国内半导体生产线的控制水平和稳定性得到了极大的提高，其产品的电参数稳定性和一致性更趋近于设计值，最终使得部分设计使用突破器件电参数典型值的问题得以暴露，同时，也暴露出早期由于可选集成电路类型的缺乏，导致仅能利用现有资源进行产品设计的窘境。

4.3.2 电压调整器

4.3.2.1 产品概述

集成电压调整器是模拟集成电路的一个重要分支，从工作原理上分为模拟集成电压调整器和开关集成电压调整器两大类。其中，模拟集成电压调整器是工作在线性范围内的器件，其内部主要由启动回路、基准源、误差放大器以及调整管构成。模拟集成电压调整器的代表品种有多端集成稳压电源 LM723、三端集成稳压器（LM78/79、LM117/317 系列）。我国早期利用集成电路技术独立设计开发的多端集成稳压器 LWY8（正电源）和 LWY9（负电源），实现了 20 世纪七八十年代重点产品装备的需求。20 世纪 80 年代我国开始仿制生产 LM723、LM78/79、LM117/317 系列集成稳压器，并取得了良好的成绩。21 世纪开始，随着科研和市场的需要，国内在集成开关稳压器和低压差集成稳压器方面也取得了长足进步，其中应用于商用领域的 XX34063 等输出 1～2 A 的集成开关稳压器国产产品已经占到国内市场供货的 70%左右，具有高可靠要求的仿 MSK 系列低压差集成稳压器 LS5XXX 系列产品已经形成批量生产能力。

通用集成稳压器的功率调整管的实际工作模式为共集电极模式，需要较高的驱动电压，其实际输入、输出工作压差在 2 V 左右，造成这类集成稳压器输出电流、效率和整体功率存在明显不足。21 世纪初，随着半导体双极工艺中纵向 PNP 型晶体管结构的技术发展，诞生了以 MSK 公司产品为代表的低压差集成稳压器，有效地降低了模拟集成稳压器的压差损耗大问题，使得模拟集成稳压器有了更广泛的应用。

开关集成稳压器是基于开关技术理论设计的一类稳压器，应用时需要通过外围电感或电容进行储能、泄放来实现能量的传递，其内部主要由启动回路、基准源、振荡器、比较器、误差放大器以及开关管构成。开关集成稳压器有效地解决了模拟集成稳压器的工作效率、升压、高压差损耗以及部分解决了输出功率问题，其与开关稳压电源的主要区别在于其属于单片集成电路稳压器，这类集成稳压器从结构原理上主要分为两大类：一类是利用开关原理和电感储能原理构成的高效率升、降压开关集成稳压器；另一类是利用电荷泵原理通过电容充电、叠加实现升压的小功率开关集成稳压器。

4.3.2.2　测试指标体系

(1) 电压调整器的基本直流电参数

①输入电压及其范围 V_{IN}

输入电压是集成电压调整器的基本特性电参数，该项电参数包含集成电压调整器的输入电压范围、最小输入电压、最大输入电压以及典型输入电压（额定）。该项电参数的测试往往包含在器件的其他电参数测试中，对于具有内部完整结构的 78/79 系列等三端或多端集成稳压电源，可以通过晶体管图示仪观察到器件所独有的特性曲线，通过该特性曲线的测试，可以观察到器件内在的相关性能。78 系列三端稳压电源输入特性曲线如图 4－14 所示。

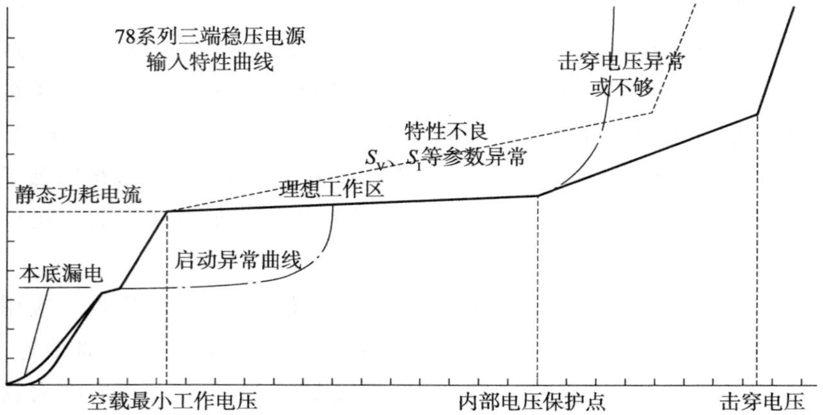

图 4－14　78 系列三端稳压电源输入特性曲线

②输出电压/输出电压范围（V_O）

输出电压/输出电压范围是集成电压调整器的最基本电参数。

输出电压是指具有固定输出电压的集成稳压器，在额定输入电压和输出电流条件下，电路的输出电压值，以及最大输入电压和最小输出电流条件下电路的输出电压值和最小输入电压和最大输出电流条件下电路的输出电压值。

输出电压范围是指具有可调输出电压的集成稳压器，在规定输入电压（或最大输入电压）、额定输出电流以及典型应用条件下，电路的输出电压的可调整范围。

③输出电压温度系数 $S_T(\alpha V_O)$

输出电压温度系数表征的是器件的输出电压随温度变化的情况，一般用单位温度变化率来表示，常用单位：μV/℃或%/℃。

④最小输出电流 I_{OMIN}

集成电压调整器的最小输出电流是电路的一个基本性能电参数，其表征的是器件的最小工作输出电流。该项电参数往往涉及电路的内部基本工作状态，表征有些厂家的某些型号集成稳压器不允许空载使用。

⑤最大输出电流 I_{OMAX}

集成电压调整器的最大输出电流是电路的一个基本性能电参数，其表征的是器件正常工作时所能够输出的最大电流。器件的该项输出电流能力在模拟（线性）稳压器应用中不允许与最大输入电压同时出现，否则会导致器件功耗超过器件最大功率消耗极限，而使器件损坏或出现热保护。

⑥峰值输出电流 I_{SCP}

集成电压调整器瞬态输出电流的能力。

⑦输出基准电压（V_{ref}）

输出基准电压是可调集成稳压器的最基本电参数，测试中需要通过基准端或器件的最小输出电压来直接或间接测试稳压器件内部带隙基准电压。通常带隙基准电压为 1.25 V。

⑧静态电流 $I_D(I_Q)$（备用消耗电流）

集成稳压器的静态电流是指器件在规定输入电压和典型应用模式以及最小负载电流的情况下，器件自身工作所需要的电流。通常通过器件的接地端进行测试，部分复杂的多端可调稳压器，需要通过测试器件在最小负载下的输入电流，减去最小负载电流进行间接测试。

⑨输入输出最小压差 ΔV_{DMIN}

输入输出最小压差是指额定负载条件下，保持输出电压不变时（$\Delta \leqslant 100$ mV）的最小输入电压与输出电压之差，该项电参数同时表示的是器件的一项基本工作条件。

⑩输入输出最大压差 ΔV_{DMAX}

输入输出最大压差是指额定负载条件下，保持输出电压不变时（$\Delta \leqslant 100$ mV）的最大输入电压与输出电压之差，该项电参数同时表示的是器件的一项极限应用技术条件。

⑪最大耗散功率 P_M

最大耗散功率是集成稳压器的一项核心性能参数，表征的是器件所能承受的最大设计及制造功耗，特指集成稳压器在良好应用环境下（散热）允许的最大功耗，这项性能参数在应用中涉及最大输入电压、最大压差、耗散功率的线性降额特性以及热阻等相关性能参数。

⑫过热保护点

集成稳压器的过热保护点是集成稳压器的性能参数，具有过热保护点设计的集成稳压器多为模拟集成稳压器，其保护点的设置基本在150～160 ℃左右。由于模拟器件制造工艺的偏差，器件实际过热保护点通常在150～180 ℃。该项性能参数通常在器件的鉴定或设计摸底分析时作为一项性能进行测试，但是在实际应用分析中所遇到该项性能指标引发的故障多是由对器件的极限应用所引起的，仅与器件的该项性能指标发生效能有关。

⑬短路电流 I_{OS}

短路电流是指在规定输入电压下，输出对地或参考端短路时器件的输出电流，其反映的是器件内部短路保护设计结构（检流保护或减压保护），同时也会反映出器件内部结构和短路保护设计的合理性。我们在实际应用中会发现有些公司的集成稳压器在输出短路时，其输出电流会远超器件的额定输出电流。

（2）集成电压调整器的动态参数

①电压调整率（线性调整率）S_V

集成稳压器的电压调整率（线性调整率）是一项基本电性能参数，其反映的是器件在额定负载条件下，输出电压随规定输入电压变化而变化的情况，单位通常为“mV”或“%”。从器件内部结构原理分析，集成稳压器的电压调整率参数主要与器件内部晶体管的“俄励电压”相关，即晶体管的传输特性曲线随 ce 电压的增大而变化的情况具有直接关系。

②电流调整率（负载调整率）S_I

集成稳压器的电流调整率（负载调整率）是一项基本电性能参数，其反映的是器件在额定输入电压下，输出电压随规定负载电流变化的情况，单位通常为“mV”或“%”。集成稳压器的电流调整率与器件的输出阻抗具有直接的相关性，与器件内部晶体管的传输系数 h_{fe} 在不同工作电流下的均匀性、CE 结的特性以及过孔欧姆接触、键合点的欧姆接触、封装外壳引脚电阻等均有相关性。

③静态电流变化 ΔI_{DI}、ΔI_{DV}

集成稳压器的静态电流变化 ΔI_{DI}、ΔI_{DV} 是一项电性能参数，其主要指器件静态电流随输入电压变化或随负载变化引起的静态工作电流的变化。其反映的是器件内部工作点、偏置恒流源特性以及基准的工作状态，对于具有内部调整管过功率保护的器件，在测试时应避开过功率保护启动点，该项电参数对于具有固定输出、多端结构以及开关工作的集成稳压器应用相关性意义不强，但是对于三端可调和扩展应用的多端结构集成稳压器具有较大的意义，其变化会导致稳压器实际应用输出电压发生较大的变化。

④纹波抑制比 S_R

集成稳压器的纹波抑制比是器件的一项基本电性能参数，其代表的是器件在额定输入电压、额定输出电压、额定负载和额定输入交流（正弦波）电压下输出的交流信号量值，其参数单位为 dB（电压）。集成稳压器纹波抑制比电参数测试频率点涉及不同国家的工频频率，国外手册给出的是 120 Hz 下的电参数，国内应该是在 100 Hz 下进行该项电参数测试；目前国家标准推荐的是 50 Hz～100 kHz 频率范围下的参数测试，在器件的实际测试和详细规范中，考虑器件输入、输出电容的滤波作用以及器件在该低频段的良好性能，对于集成线性稳压器，推荐 100 Hz 下的电参数性能测试，对于开关工作的集成稳压器，推荐在 100 Hz 和器件开关频率下的纹波抑制比测试。

⑤输出噪声电压 V_N

集成稳压器的输出噪声电压是器件的一项基本性能参数，该项电参数测试的是器件输出的均方根噪声电压，该项电参数对于不同工作模式下的集成稳压器具有不同的意义。集成模拟稳压器该项电参数表示的是器件内部元器件的白噪声和可能存在的爆裂噪声，反映的是器件半导体制造工艺水平，对于工作在开关状态的集成开关稳压器，往往代表的是器件对工作频率的抑制水平。

⑥输出阻抗 Z_O

集成稳压器的输出阻抗是器件的特性电参数，由于集成模拟稳压器的等效电源是比例反馈的单向功率输出运算放大器，其直流输出阻抗非常低，交流输出阻抗与器件的频率响应具有相关性。同时，考虑到该项电参数与器件的负载调整率具有类同性，目前该项电参数指标仅作为器件的特性指标给出，一般不进行考核测试。

⑦输出建立时间 t。

集成稳压器的输出建立时间是器件的一项性能电参数，该项电参数特指器件在额定负载条件下，从额定输入电压建立后到输出电压正常建立的时间。模拟集成稳压器的建立时间应在 10 ms 范围内，开关型集成稳压器的建立时间一般在 100～300 ms。

⑧热阻 θ_{JC}、θ_{JA}

集成稳压器作为功率器件，热阻是其核心应用电参数。θ_{JC} 特指器件在稳定工作条件下内部芯片 PN 结（调整管结）到器件管壳之间单位功率的温度差，其反映的是器件芯片向管壳的散热能力。该项电参数测试时管壳的测试点应选择在内部芯片粘接的最近对应位置，在器件实际应用中，如果监测点不是内部芯片粘接的最近对应位置，应在 θ_{JC} 参考值上增加 10%～30%的裕度。θ_{JA} 特指器件在良好散热和稳定工作条件下内部芯片 PN 结（调整管结）到环境之间单位功率的温度差，该项指标在应用中考虑到安装热阻、环境空气对流以及热辐射效应等因素的影响，同样应在 θ_{JA} 参考值上增加 10%～30%的裕度。

⑨输入阶跃响应时间（t_1）和输出瞬态过冲电压（$V_{OM(VIN)}$）

输入阶跃响应时间是指集成稳压器在额定条件下，输入电压阶跃变化的输出电压变化与输出电压稳定达到规定百分比时的稳定时间，其反映的是集成稳压器对输入电压阶跃变化的响应时间。输出瞬态过冲电压是指集成稳压器在额定条件下，输入电压阶跃变化所引起的输出电压的最大变化，其测试原理如图 4－15 所示。

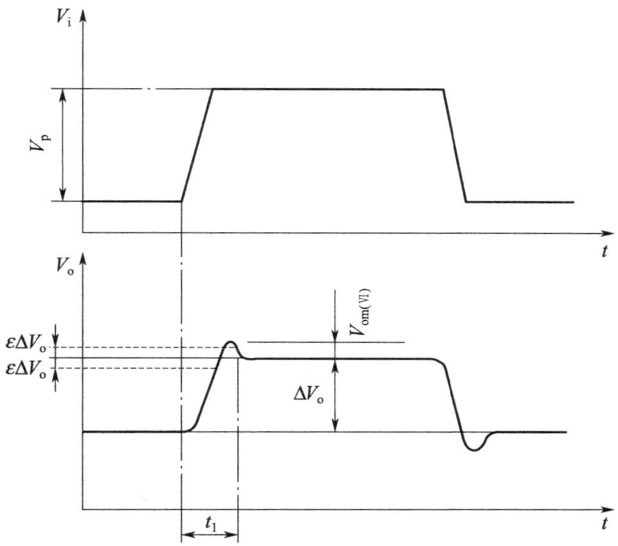

图 4－15　集成稳压器输入阶跃响应时间和输出瞬态过冲电压测试原理图

4.3.2.3　流程和方法

(1) 集成稳压器的补偿

集成稳压器的深度原理解析均可等效为深度反馈的功率输出运算放大器。为保证其工作的稳定度，必须在其输入端和输出端进行适当的相位补偿。在集成稳压器手册中的典型应用线路图中通常可看到在器件的输入、输出端口对地或参考平面均并接有容量较小的电容，这个电容就是器件的补偿电容。集成稳压器的补偿电容在实际应用中必须遵守以下两点原则，以确保器件的安全使用，否则会导致系统供电的不稳定或者系统的颠覆。

1) 不得利用线路的退耦、续流或者滤波电容来等效替代器件的补偿电容。否则会导致器件的不稳定自激。

2) 器件的补偿电容必须以最短方式安装在器件的附近，不得使用长线转接，否则会导致器件的工作状态出现不稳定自激。

（2）集成稳压器的保护

集成稳压器内部具有较完善的保护功能，但在实际应用中仍需采取必要的保护设计，以防止出现异常电应力作用导致器件烧毁失效的可能性。

1）输入端防反接保护；

2）输出端防电流倒灌保护。

4.3.2.4　测试实例

（1）输出过流保护采样电阻的设计

多端集成稳压器是一种内部具有较完备功能模块的集成电路，可以根据用户需求通过不同的外围搭配组成具有多种功能和不同输出电流能力的稳压单元。但是，这种集成稳压器的过流保护需要根据器件的实际工作环境和半导体器件的温度特性以及实际需求进行设计，以下实例就是一个典型的过流保护采样电阻设计案例。

某单位在重点产品任务上使用 LWY9 多端可调集成稳压电源组成负电压稳压单元，该稳压单元在板级高温测试时出现输出不启动故障。同时，还发现常温启动正常后的稳压单元，会随着环境温度升高到 65 ℃以上时出现输出异常跌落问题。

LWY9 多端可调集成稳压电源设计中采用减流式过流保护模式，在输出出现轻微过流时，器件的输出电压会随着输出过流的增大而减小。过流保护功能的实现，是利用过流保护采样电阻 RSC 上的电压，直接控制保护管的 VBE 来实现过流保护功能。由于晶体管的 V_{BE}结电压为负温度系数，在高温下该电压会减小，导致过流保护点处于临界状态。当高温下加电启动时，由于负载电流、输出电容的充电电流以及其他元器件高温下漏电加大等因素，导致稳压器出现过流保护，致使输出异常。

（2）三端集成稳压器堵塞问题分析

三端集成稳压器件在特殊的应用线路、特殊等效负载条件下，正负电源加电顺序（时间差）会造成后加电集成稳压器受到异常反抽电流的影响，出现稳压器无法启动的堵塞现象（输出不启动、振荡或烧毁）。

①故障原理分析

集成稳压器在图 4－16 应用条件下，输出负载为平衡负载，对稳压器件来说，其输出是从正稳压器件到负载稳压器件的平衡负载电流。在此负载模式下，如输入电压为硬启动模式，在施加到正负稳压器件的输入电压出现时间差时，即正或负稳压器件已进入正常工作状态。而另一输入电压尚未接入，这时会在另一未加电的稳压器件输出，由于受等效平衡负载的作用，产生一个异常的反抽电流，造成器件内部结构反型。当这个反抽电流超过未加电稳压器件所能承受的某一阈值时，未加电稳压器件就会无法启动，出现输出电压堵塞现象（不启动、振荡或烧毁）。

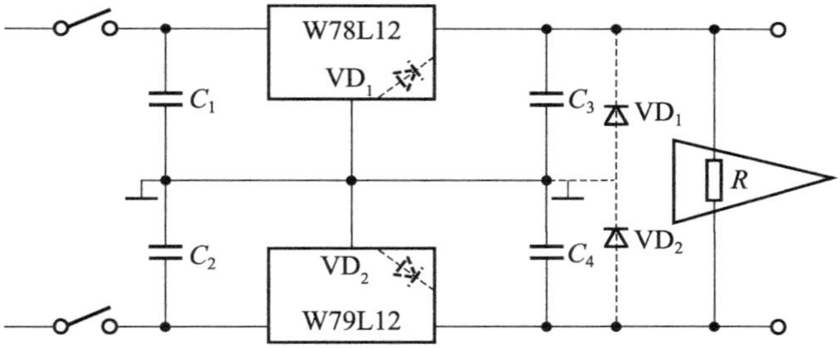

图 4－16　三端电源正负平衡负载电原理图

②解决方案

（a）采用软启动模式

在软启动模式下，当输入电压不同步时，由于输出电压有一个缓慢的建立过程，其输出负载电流也在一个缓慢的过程中建立，而对另一个稳压器件产生的反抽电流也有一个从小到大的过程，在此电流尚未达到一定的阈值时，后加的电稳压器开始加电，就可以抵消异常反抽，这时就不会出现器件输出堵塞的现象。

（b）提供适当的启动过程电流回路模式

在器件的输出端加低导通电压的二极管（图 4－16 中 VD_1，VD_2），为反抽电流提供通路，避免或减小对未加电稳压器件的反抽电流，从而避免器件出现堵塞现象。

(c) 利用器件电流容限满足应用需求模式

使用具有较大输出电流的稳压器，利用器件的容限，降低一定平衡负载条件下发生堵塞的可能性。

4.3.3 模拟开关

4.3.3.1 产品概述

模拟开关是一种三稳态电路，它可以根据选通端的电平，决定输入端与输出端的状态，采用 MOS 管的开关方式实现对信号通路的关断或者打开。由于其功能类似于开关，用模拟器件的特性实现，故称为模拟开关。通常情况下，模拟开关电路的测试框图如图 4-17 所示。

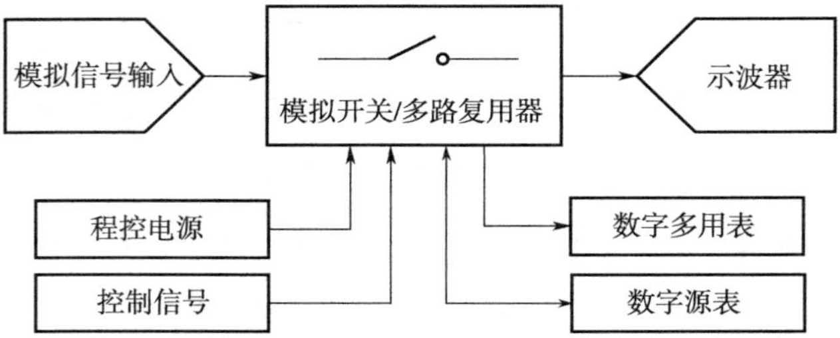

图 4-17　模拟开关电路测试框图

模拟开关测试系统由程控电源、信号发生器、示波器、数字多用表、数字源表等部分构成。

模拟开关测试参数可以分为静态特性参数与动态特性参数两类。静态参数衡量了模拟开关传输直流信号时的性能，其中主要有模拟输入范围、导通阻抗、开启关断漏电流等。而动态参数衡量了模拟开关传输交流信号时的性能，其中有开启、关断时间，通道关断隔离度，通道间串扰等参数。

4.3.3.2 测试指标体系

模拟开关电路测试指标体系的核心是导通电阻、模拟电压范围和漏电等参数指标。根据指标类型可归纳为两类，即直流参数测试、交流参数测试（见表4－5）。

表4－5 模拟开关电路测试指标

参数项	参数定义	测试意义
直流参数		
模拟电压工作范围	导通电流为额定值时，模拟开关传送的模拟电压范围	判断模拟开关最大电压工作范围是否满足要求
导通电阻	模拟开关导通时开关两端间的电阻	判断模拟开关导通态的电阻是否满足要求
导通电阻路差	各个通道间导通电阻最大差值	判断模拟开关通道间导通电阻匹配度是否满足要求
截止态漏极漏电流	模拟开关截止态时输出端的漏电流	判断模拟开关截止态输出端漏电流是否满足要求
截止态源极漏电流	模拟开关截止态时输入端的漏电流	判断模拟开关截止态输入端漏电流是否满足要求
导通态漏电流	模拟开关导通通路与其他部分之间的漏电流	判断模拟开关导通态漏电流是否满足要求
交流参数		
开启时间	模拟开关通路开启所需要的时间	判断模拟开关开启时间是否满足要求
关断时间	模拟开关通路截止所需要的时间	判断模拟开关关断时间是否满足要求
通道转换时间	导通通道间转换所需要的时间	判断模拟开关通道转换时间是否满足要求
最高控制频率	模拟开关控制信号的最高有效频率	判断模拟开关控制信号的最高有效频率是否满足要求
截止态隔离度	模拟开关处于截止态下的输入信号对输出信号幅度之比	判断模拟开关截止态隔离度是否满足要求

续表

参数项	参数定义	测试意义
截止态馈通频率	截止态隔离度为规定值时模拟开关输入端所加信号的最高频率	判断模拟开关截止态馈通频率是否满足要求
导通态串扰衰减	导通通路之间输出电压之比	判断模拟开关导通态串扰衰减是否满足要求
输入串扰衰减	截止态通道与导通态通道输出电压之比	判断模拟开关输入串扰衰减是否满足要求
控制信号串扰	输入电压为零，控制端施加规定脉冲信号的模拟输出电压	判断模拟开关控制信号串扰是否满足要求

4.3.3.3 流程和方法

模拟开关直流参数测试流程和方法如下：

（1）模拟电压工作范围 V_A

模拟电压工作范围指在导通电流为额定值时，测试模拟开关传送的模拟电压范围，测试原理如图 4－18 所示。

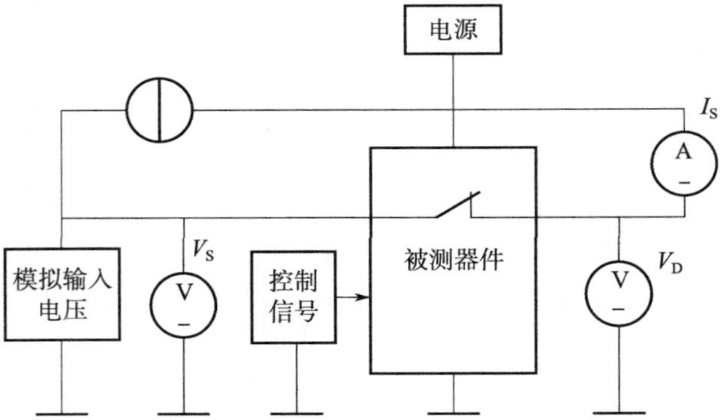

图 4－18　模拟电压工作范围测试原理图

将被测器件接入测试系统，按照详细规范或手册电参数表的规定，加上规定的控制信号，使被测开关通路接通，将电流源电流 I_S

调至规定值，把 S 端（源极）模拟输入电压调至 0 V。逐步改变模拟输入电压值，同时观察电压表 V_S 和 D 端漏极的模拟输出电压 V_D 的读数，记录下满足条件 $|V_S - V_D| \leqslant |I_S \cdot R_{on}|$（$R_{on}$ 为被测模拟开关的导通电阻）V_S 的最大读数 V_{Smax} 和最小读数 V_{Smin}，则模拟电压工作范围 V_A 为

$$V_A = V_{Smax} - V_{Smin} \tag{4-1}$$

如被测器件为多路开关或模拟多路转换器，则每一通路都按以上步骤进行测试，所有通路中 V_A 的最小值取为被测器件的 V_A。

（2）导通电阻 R_{on}

导通电阻是指模拟开关导通时开关两端间的电阻，测试原理如图 4-19 所示。

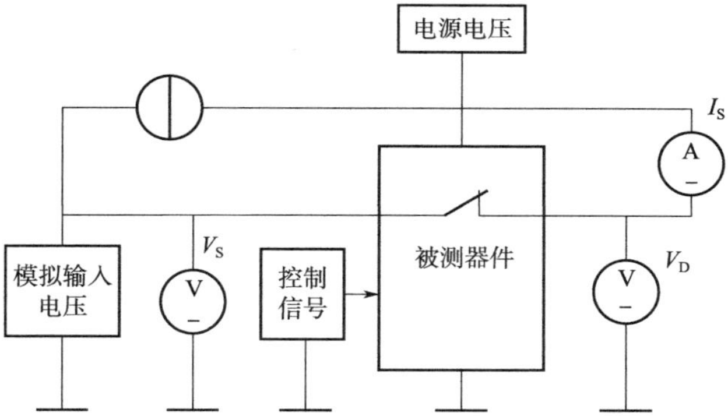

图 4-19　导通电阻测试原理图

将被测器件接入测试系统，按照详细规范或手册电参数表的规定，加上规定的控制信号，使被测开关通路接通，将电流源电流 I_S 调至规定值，把 S 端（源极）模拟输入电压调至规定值 V_S。在被测器件 D 端（漏极）测出模拟输出电压 V_D，由式（4-2）计算出模拟开关的导通电阻：

$$R_{on} = (V_S - V_D)/I_s \tag{4-2}$$

如被测器件含多个模拟开关或者被测器件为模拟多路转换器，

则需按上述步骤分别对每个开关通路进行测试，取所有通路中的 R_{on} 最大值为被测器件的导通电阻值。

(3) 导通电阻路差 ΔR_{on}

对于含多个模拟开关的器件或模拟多路转换器，测试各路开关导通电阻间的最大差值即为导通电阻路差 ΔR_{on}。

导通电阻路差 ΔR_{on} 测试流程如下：

首先，按照导通电阻 R_{on} 的测试流程测得被测器件每一开关通路的导通电阻，构成该器件的导通电阻集 $\{R_{on}\}$。然后，取得该导通电阻集的最大值 R_{onmax} 和最小值 R_{onmin}，由式 (4-3) 求出导通电阻路差 ΔR_{on}

$$\Delta R_{on} = R_{onmax} - R_{onmin} \tag{4-3}$$

(4) 截止态漏极漏电流 $I_{D(off)}$

截止态漏极漏电流 $I_{D(off)}$ 是在模拟开关截止时测试流经模拟开关漏极的电流，测试原理如图 4-20 所示。

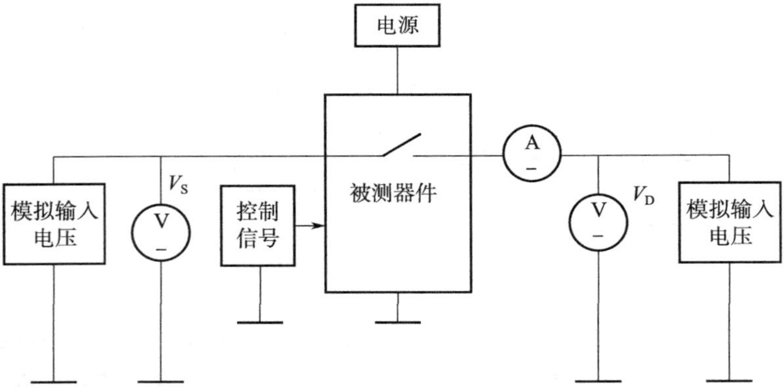

图 4-20　截止态漏极漏电流测试原理图

将被测器件接入测试系统并接通电源，加上规定的控制信号使被测器件的开关通路全部处于截止状态，按详细规范规定将 S 端模拟输入电压和 D 端模拟输入电压调至规定值，测出流经 D 端的电流即为 $I_{D(off)}$。

(5) 截止态源极漏电流 $I_{S(off)}$

截止态源极漏电流是指在模拟开关截止时测试流经模拟开关源极的电流，测试原理如图 4－21 所示。

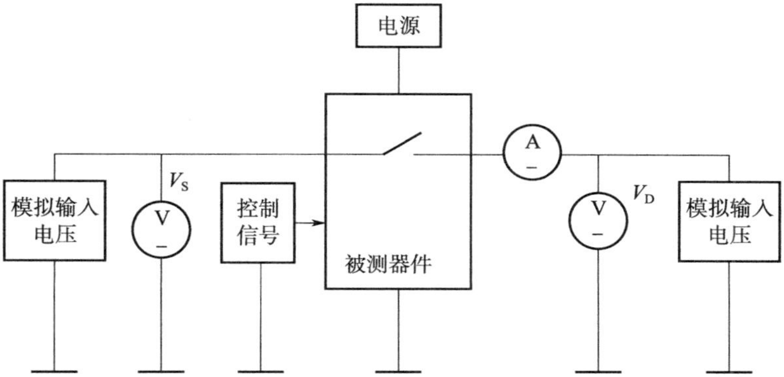

图 4－21　截止态源极漏电流测试原理图

测试时，将被测器件接入测试系统，接通电源并加上规定的控制信号使被测开关通路处于截止状态，按详细规范规定将 S 端模拟输入电压和 D 端模拟输入电压调至规定值，测出流经被测端的电流即为 $I_{S(off)}$。

若被测器件含多个模拟开关，需重复上述步骤，分别对每个开关通路 $I_{S(off)}$ 进行测试，取所有通路中的最大值为被测器件的 $I_{S(off)}$。

若被测器件为模拟多路转换器，则需将非被测 S 端与 D 端短路，其接法如图 4－22 所示，然后重复图 4－21 接法的测试步骤分别对每个开关通路进行测试，取所有通路中的 $I_{S(off)}$ 最大值为被测器件的 $I_{S(off)}$。

(6) 导通态漏电流 $I_{DS(on)}$

导通态漏电流是指测试模拟开关的导通通路与电路其他部分之间的漏电流，测试原理如图 4－23 所示。

将被测器件接入测试系统，接通电源并加上规定的控制信号，

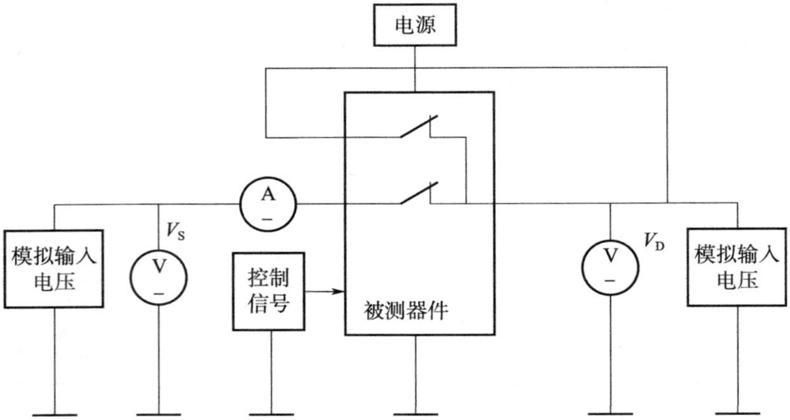

图 4-22　多路截止态源极漏电流测试原理图

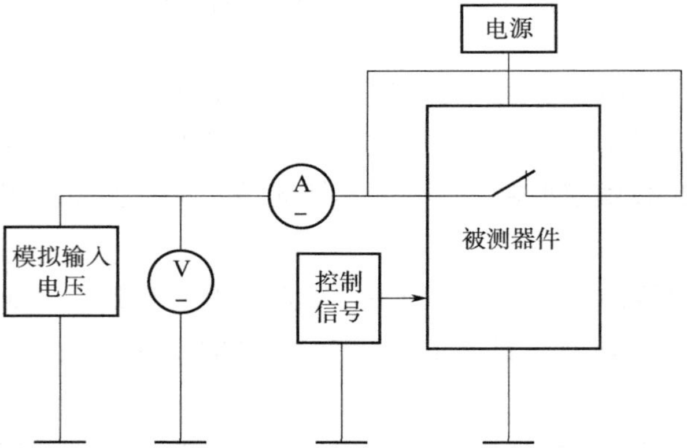

图 4-23　导通态漏电流测试原理图

使被测开关导通，按详细规范规定将 S 端源极模拟输入电压调至规定值，测出从 S 端流出的电流值即为导通态漏电流 $I_{DS(on)}$。

若被测器件为多路开关，需对每一路重复上述步骤，取其中最大的 $I_{DS(on)}$ 作为本器件的 $I_{DS(on)}$。

若被测器件为多路转换器，在导通通路与截止通路之间需加上规定的电压，测试原理如图 4-24 所示。

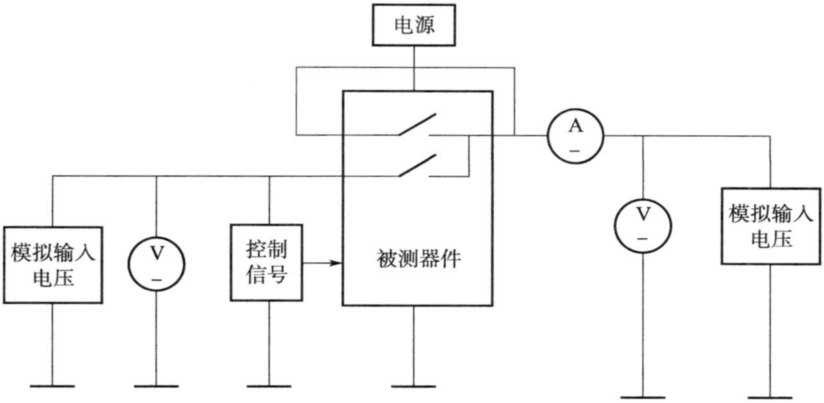

图 4－24　多路导通态漏电流测试原理图

按照图 4－24 接入，以上述步骤分别对每个开关通路进行测试，取所有通路中的 $I_{S(on)}$ 最大值为被测器件的 $I_{DS(on)}$。

模拟开关交流参数测试的流程和方法如下：

（1）开启时间 t_{on}

开启时间 t_{on} 是在控制信号作用下测试模拟开关开启所需要的时间，测试原理如图 4－25 所示。

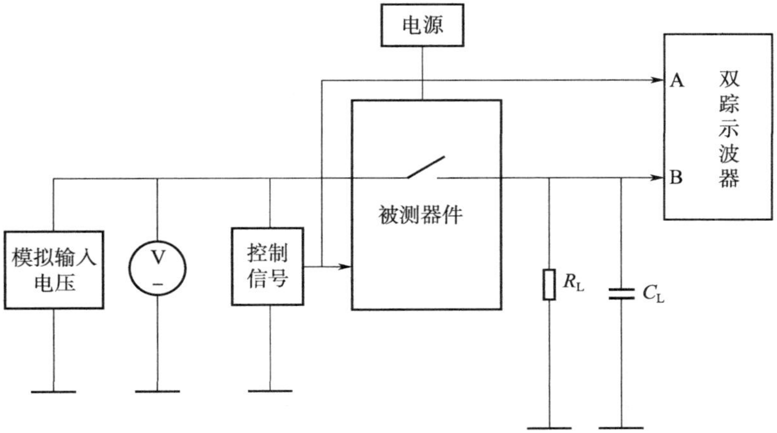

图 4－25　模拟开关开启时间测试原理图

t_{on} 测试波形如图 4－26 所示。

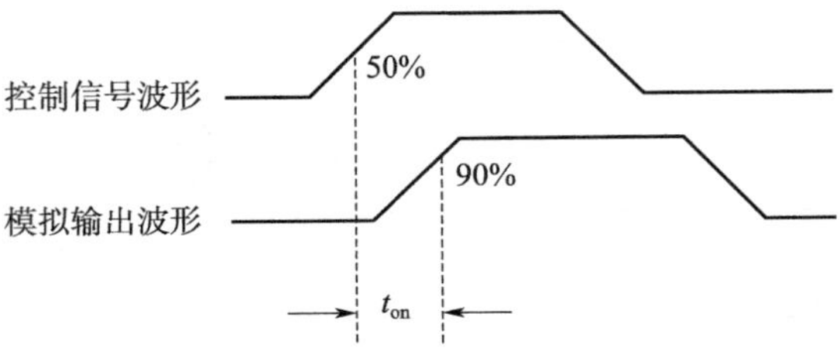

图 4－26　模拟开关开启时间测试波形

将被测器件接入测试系统，接通电源并按详细规范规定将 S 端（源极）模拟输入电压调至规定值，加上规定的开启控制信号，观察双踪示波器采集的波形，取控制信号作用沿 50％幅值点至模拟开关 D 端（漏极）输出信号变化到 90％幅值点之间的时间间隔，即为 t_{on}。

若被测器件为多路开关，则需设定相应逻辑，逐一对每一路进行测试，取测试结果值最大者为被测器件的 t_{on}。

（2）关断时间 t_{off}

关断时间是指在控制信号作用下测试模拟开关截止所需要的时间，测试原理如图 4－27 所示。

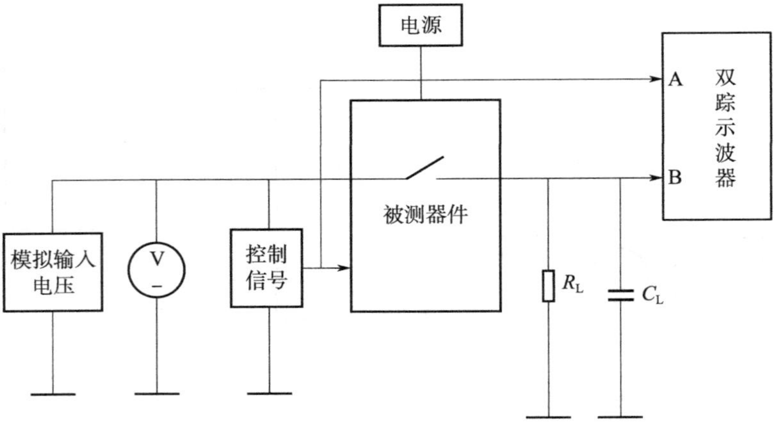

图 4－27　模拟开关关断时间测试原理图

t_{off} 测试波形如图 4－28 所示。

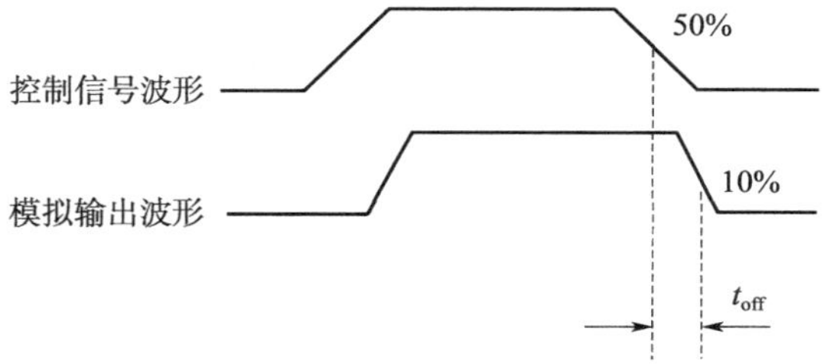

图 4－28　模拟开关关断时间测试波形

将被测器件接入测试系统，接通电源并按详细规范规定将 S 端（源极）的模拟输入电压调至规定值，加上规定的关断控制信号，观察双踪示波器采集波形，取关断控制信号作用沿的 50％幅值点至模拟开关 D 端（漏极）输出信号变化到 10％幅值点之间的时间间隔即为 t_{off}。

若被测器件为多路开关，则需设定相应逻辑，逐一对每一路进行测试，取测试结果值最大者为被测器件的 t_{off}。

（3）通道转换时间 t_T

通道转换时间是指对于多路转换器在控制信号作用下测试导通通道转换所需的时间，测试原理如图 4－29 所示。

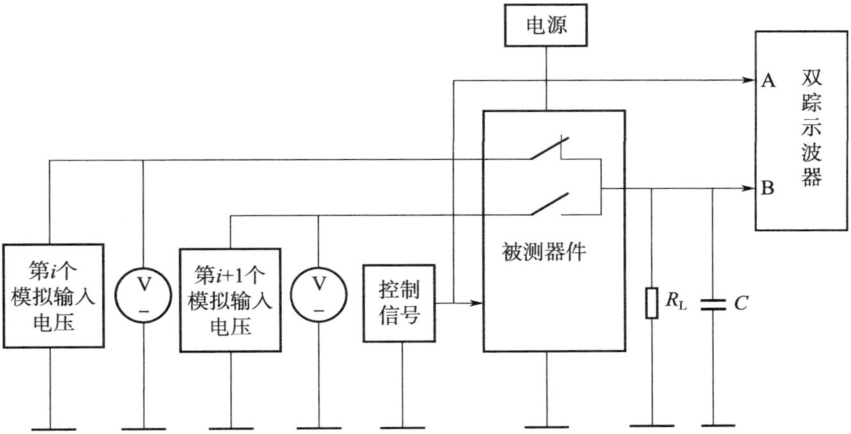

图 4－29　模拟开关通道转换时间测试原理图

t_T 测试波形如图 4－30 所示。

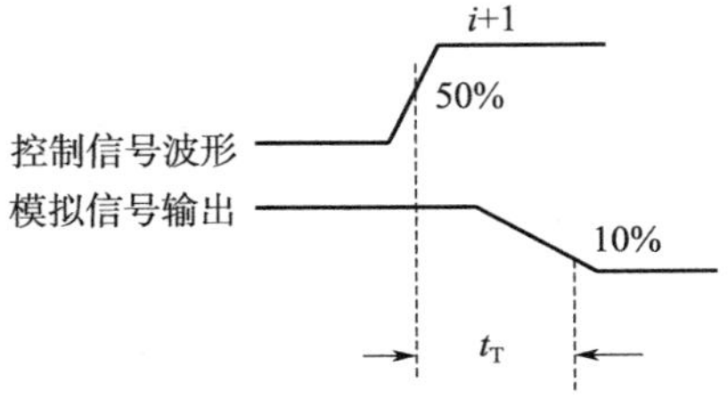

图 4－30　模拟开关通道转换时间测试波形

将被测器件接入测试系统，接通电源并将 S 端（源极）模拟输入电压 $V_{S(i)}$ 和 $V_{S(i+1)}$ 调至规定值，对被测器件施加使导通通路从第 i 路转换至第 $i+1$ 路的地址变化控制信号，观察示波器波形，取通路转换控制信号作用沿的 50％幅值点至模拟开关 D 端（漏极）输出信号变化到 10％幅值点间的时间间隔即为 t_T。

若为两路以上的多路转换器，则需改变地址对所有的通路均进行上述测试，取测试结果的最大值为被测器件的 t_T。

（4）最高控制频率 f_{CM}

最高控制频率是测试模拟开关输出电压幅度下降到规定值时的控制脉冲频率，测试原理如图 4－31 所示。

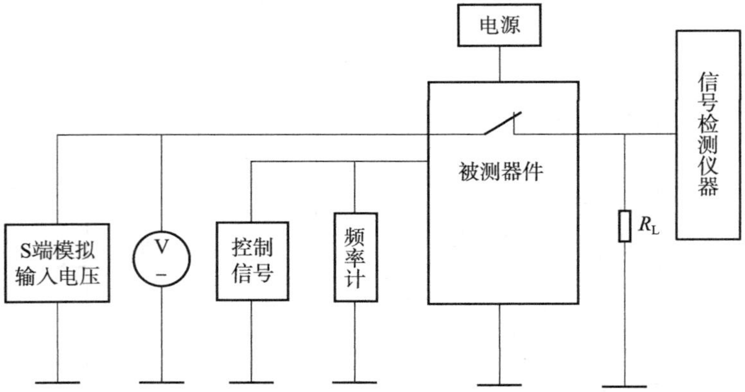

图 4－31　模拟开关最高控制频率测试原理图

将被测器件接入测试系统，接通电源并将 S 端（源极）模拟输入电压调到规定值，逐渐增加控制端方波信号频率，同时观察输出波形。当模拟开关 D 端（漏极）输出幅度降到规定值时的控制方波频率即为 f_{CM}。

若被测器件为多路开关，须对每一路都进行测试，取测试结果的最小值为被测器件的 f_{CM}。

（5）截止态隔离度 K_{OIRR}

截止态隔离度是指模拟开关处于截止状态下的输入信号对输出信号幅度之比，测试原理如图 4－32 所示。

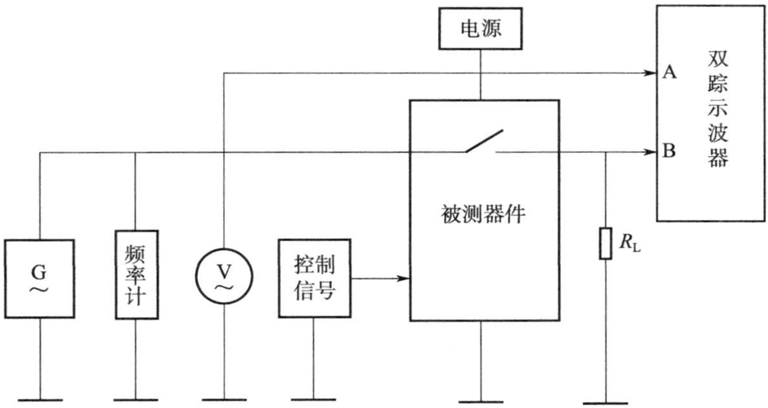

图 4－32　模拟开关截止态隔离度测试原理图

将被测器件接入测试系统，接通电源并加上适当的控制信号，使被测开关处于关断状态，按详细规范规定的幅度和频率对被测开关的 S 端（源极）施加正弦信号 V_S，同时测出 D 端（漏极）输出信号 V_D。按式（4－4）求出截止态隔离度 K_{OIRR}

$$K_{OIRR} = 20\lg |V_S/V_D| \ (\mathrm{dB}) \tag{4-4}$$

若被测器件为多路开关，则应对每一路都进行测试，取测试结果的最小值为被测器件的 K_{OIRR}。

（6）截止态馈通频率 f_F

截止态馈通频率是指截止态隔离度为规定值时测试模拟开关输入端所加正弦信号的最高频率。测试原理如图 4－33 所示。

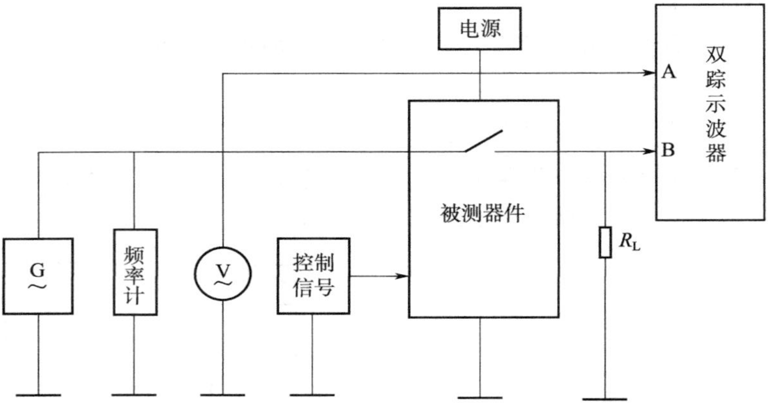

图 4－33　模拟开关截止态馈通频率测试原理图

将被测器件接入测试系统，接通电源并加上规定的控制信号使被测开关处于关断状态，按规定调整好输入正弦信号幅度，然后改变频率，读取 S 端（源极）的输入信号幅度 V_S 与 D 端（漏极）的输出信号幅度 V_D，按照式（4－5）计算规定值时的频率即为 f_F

$$f_F = 20\lg \mid V_S/V_D \mid \tag{4-5}$$

若被测器件为多路开关，则须对每一路都进行测试，取各路中最小者为被测器件的 f_F。

（7）导通态串扰衰减 $\alpha_{X(on)}$

导通态串扰衰减是测试多路模拟开关中处于导通状态的模拟开关通路输出电压与处于导通状态的另一模拟开关通路输出电压之比，测试原理如图 4－34 所示。

将被测器件接入测试系统，接通电源并加上适当的控制信号，使被测开关处于导通状态。对开关 A，在 S 端（源极）按规定的幅度和频率施加正弦信号 V_S，分别测出开关 A 和开关 B 的 D 端（漏

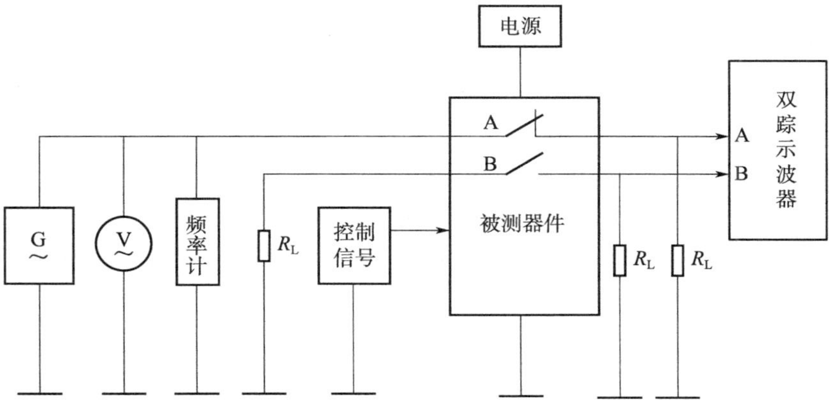

图 4-34　模拟开关导通串扰衰减测试原理图

极）正弦信号 $V_{D(A)}$ 和 $V_{D(B)}$，然后按式（4-6）求出 $\alpha_{X(on)}$

$$\alpha_{X(on)} = 20\lg |V_{D(A)}/V_{D(B)}| \text{(dB)} \tag{4-6}$$

（8）输入串扰衰减 $\alpha_{X(IN)}$

输入串扰衰减是指多路模拟开关中截止状态通道的输入电压与另一个导通态的通道输出电压之比，测试原理如图 4-35 所示。

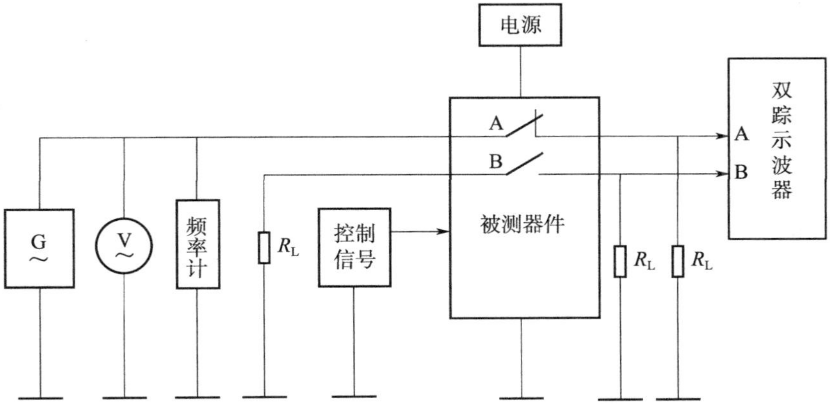

图 4-35　模拟开关输入串扰衰减测试原理图

将被测器件接入测试系统，接通电源并加上规定的控制信号，使被测开关 A 和 B 分别处于规定的导通、截止状态，按规定的幅度和频率在开关 A 的 S 端（源极）施加正弦输入信号 $V_{S(A)}$，测出开关 B 的 D 端（漏极）的输出信号 $V_{D(B)}$，按式（4－7）求出 $\alpha_{X(IN)}$

$$\alpha_{X(IN)} = 20\lg \mid V_{S(A)}/V_{D(B)} \mid (\mathrm{dB}) \tag{4-7}$$

（9）控制信号串扰 V_{CA}

控制信号串扰是指模拟开关的输入电压为零，控制端施加规定脉冲信号时的模拟输出电压，测试原理如图 4－36 所示。

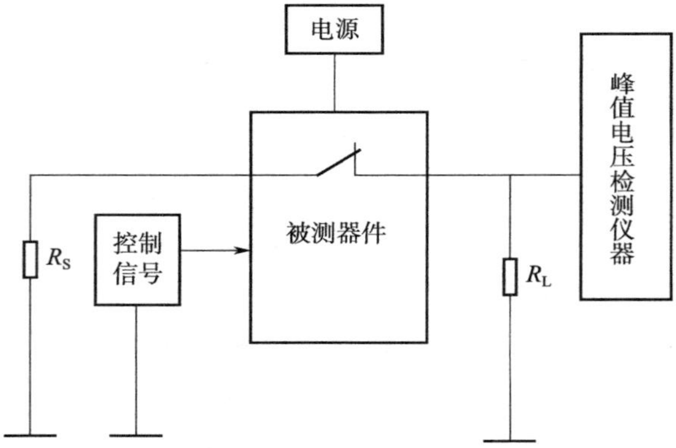

图 4－36 模拟开关控制信号串扰测试原理图

将被测器件接入测试系统，接通电源并加上规定的控制信号，在 D 端（漏极）检测输出峰值电压，即为 V_{CA}。

若被测器件为多路开关，则需对每一路都进行测试，然后取最大的 V_{CA} 为被测器件的 V_{CA}。

4.3.3.4 测试实例

本测试实例选用的是 16 选 1 多路复用器 B1840，该复用器是一个 16 路高压抗辐照的模拟开关，由电平转换电路、译码器电路和开关单元组成。电平转换电路将输入的数字信号转换成正负电源值的高低电平，译码器电路实现电路的选择控制功能，开关单元由 PMOS 管实现，同时开关单元实现了掉电高阻。电路结构如图 4－37 所示。

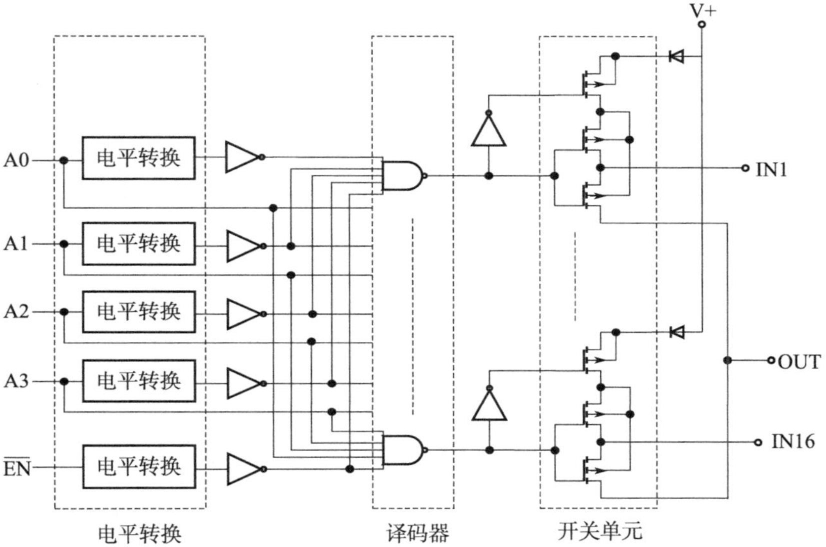

图 4 - 37　B1840 电路结构示意图

模拟开关可以在电子设备中起接通或断开信号的作用。此款 16 路模拟开关芯片具有抗辐照、高隔离度、低功耗等特点，可以被广泛应用在各种电子系统中，如数据通信电路、仪器仪表电路、传感电路、微波电路，同时它还用于军用集成电路，如导弹数据测量中的信道编译码纠错电路、雷达制导系统中脉冲调制器和取样保持电路等。其典型应用如图 4 - 38 所示。为提高电路在实际应用中的可靠性，可按图 4 - 39 中所示的典型应用电路进行连接，图中 R_1 推荐阻值为 1 kΩ，防悬空电阻 R_2 推荐阻值为 100 kΩ 至 1 MΩ。V_{REF} 为电路的基准电压输入端，推荐值为 5 V。

此款模拟开关具有掉电高阻的功能，可以应用于有冷备份需求的场合。在电源上电顺序方面，建议正负电源早于基准电压（V_{REF}）。

（1）测试系统组成

测试 B1840 的静态和动态参数的系统配置如图 4 - 40 所示，16 选 1 多路复用器测试系统的硬件配置由以下几部分组成：

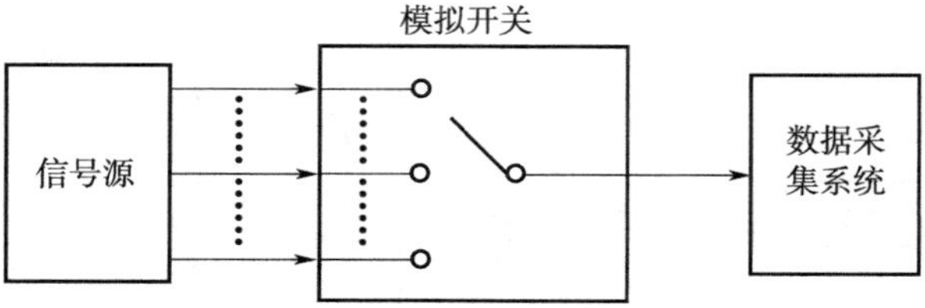

图 4-38　典型应用电路图 1

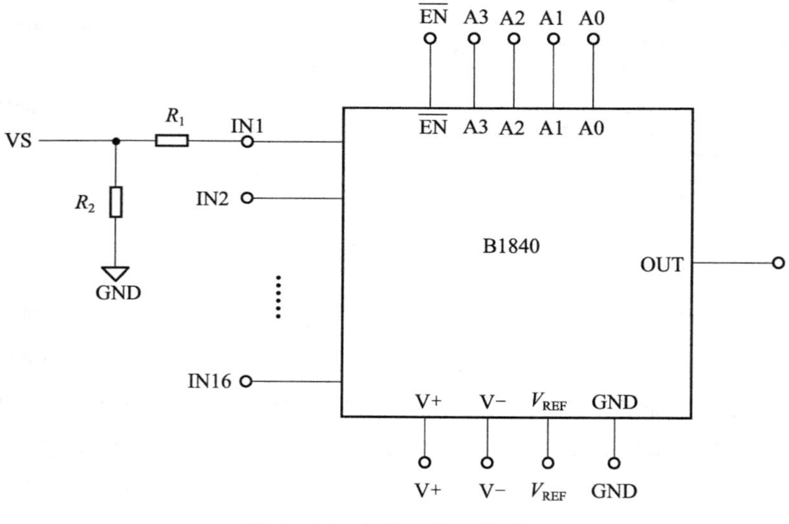

图 4-39　典型应用电路图 2

①多通道程控电源

分别为电路各路电源提供独立的供电电源以及模拟输入信号。

②高速高精度信号发生器

为电路提供系统时钟以及数字输入信号。

③数字源表

为电路提供电压、电流源并进行高精度的测量。

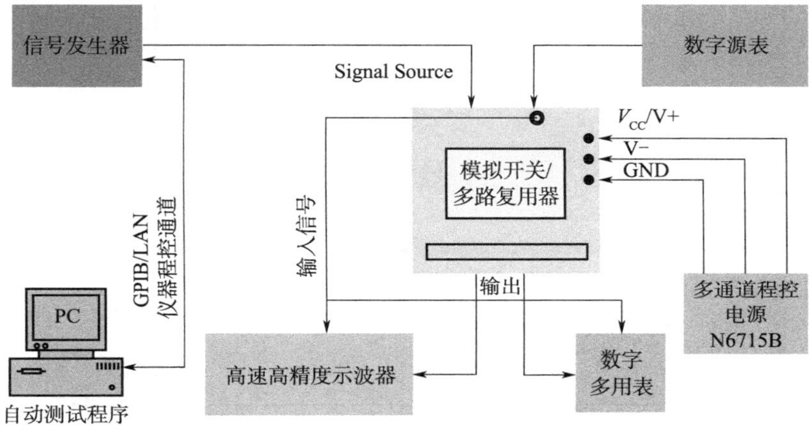

图 4－40　模拟开关/多路复用器测试系统示意图

④高速高精度示波器

对电路的输入、输出等信号进行高速高精度的测量。

⑤数字多用表

对电路的静态输入、输出电信号进行高精度测量。

模拟开关的软件测试环境和操作界面如图 4－41 所示，该软件是基于 C＋＋语言环境开发的测试程序。选择 C＋＋语言进行程序开发也是因为它的执行效率比较高，平台兼容性好，可大大提高测试效率。模拟开关的软件测试系统的上位机测试软件在测试算法方面集成了模拟开关常用的工作模式，可以很方便地通过测试软件实现电路的模拟输入信号选择，各个通道的开启与关断等，最多实现 64 路模拟信号的选择切换，能代替传统在评估板上进行手动切换输入信号，不仅能避免手动误操作，还能大大提高测试效率。

同时，测试软件集成了包括 LAN、GPIB、LXI、RS232 等常用的仪器控制软件包。软件采用模块化设计，可以方便地选择需要测试的参数，随时增加需要的测试模块，通过自动化的程序控制，实现参数测试的高速性、准确性和稳定性。如可以通过测试软件控制电路的输入电压、电流、动态信号频率等，且可以同步监测电压、

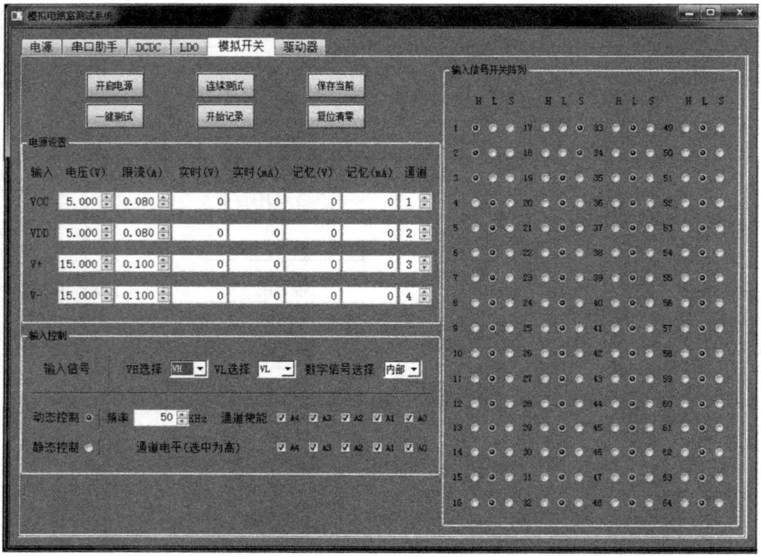

图 4-41　模拟开关/多路复用器测试软件

电流，还可以将当前的电路配置以及测试数据保存下来，下次再进行同样的测试时直接调用即可，避免重新设定电压、电流、频率等参数，进一步提高测试效率。

图 4-42 所示为适用于 DIP28 封装形式的 16 选 1 多路复用器的测试评估板，该测试板可以实现对 B506、B526、BM1840 三款电路兼容的测试，主要包括 DB9 线缆接口、输入/输出监测端口、核心控制板、高速继电器、被测电路测试工位等。

使用 DB9 线缆集成电源、模拟输入信号、通信等接口，一改传统的电源、模拟输入信号、通信接口等单独外接形式，实现一根电缆就可以将所有的输入集成，避免接线过多造成杂乱无章且更换测试板（又需要重新接一遍）的繁复工作，只需要插拔一下 DB9 线缆即可。评估板上预留两个 SMA 接口，可以通过同轴线接高速示波器，实现对输入输出信号的监测，并且在测试板空白部分预留小面包板，方便后期增加功能时能够进行飞线等修改。通过上位机软件

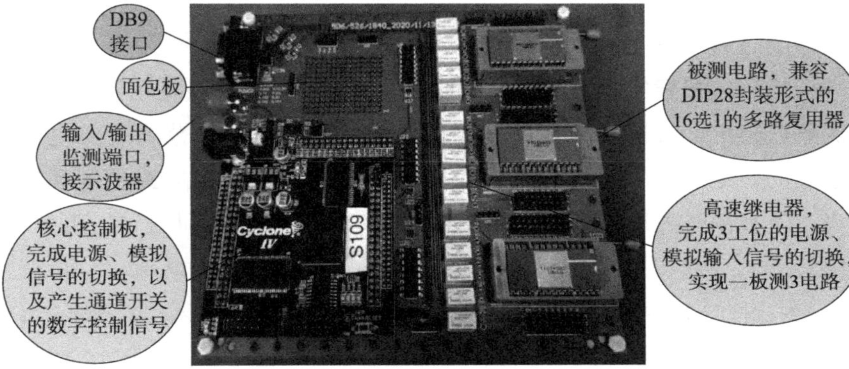

图 4 - 42　16 选 1 多路复用器测试评估板

对核心控制板进行实时编程，可以完成各个工位的电源、模拟信号的切换，以及生成通道开关的数字控制信号、继电器控制信号，配合完成各个外接仪器的远程控制，真正实现脱离手动操作的测试方法，且能同时进行 3 只电路的测试，增加测试对比性，测试工位兼容 DIP28 封装形式的电路，其他封装形式的电路可以使用转换座进行测试。

如图 4 - 43 所示为模拟开关实验室测试系统，各仪器通过 LAN 口与 PC 通信，将评估测试板对应的电源、模拟信号、通信接口等与仪器、PC 连接好，通过上位机软件辅助完成相关模拟开关的测试。

图 4 - 43　模拟开关实验室测试系统

(2) 电路实测

①导通电阻测试

按照模拟开关导通阻抗测试原理测试 16 选 1 多路复用器 B1840 的导通阻抗，将被测器件接入测试系统，按照详细规范或手册电参数表的规定，正电源接 12 V，负电源接−12 V，根据电路控制真值表，使被测开关通路接通，例如要测 IN1 到 OUT 之间的导通阻抗，则将 A3、A2、A1、A0、EN 全部接 0，将电流源电流 I_S 调至 1 mA，把 S 端（源极）模拟输入电压调至规定值 $V_S=4$ V，即 IN1 施加 4 V 电压。在被测器件 D 端（漏极）测出模拟输出电压 V_D，即测出 OUT 端的输出电压，由式（4-8）计算出模拟开关的导通电阻

$$R_{on}=(V_S-V_D)/I_S \tag{4-8}$$

因为 B1840 是模拟多路转换器，所以需按上述步骤以及真值表，分别控制每个开关通路，并进行导通，测试取所有通路中的 R_{on} 最大值为被测器件的导通电阻值，同时也可以得到导通电阻路差 ΔR_{on}，如表 4-6 所示，为实测值。

表 4-6　B1840 导通阻抗测试结果

R_{on}	Ω
IN2_P4v	360
IN3_P4v	371
IN4_P4v	364
IN5_P4v	364
IN6_P4v	364
IN7_P4v	360
IN8_P4v	364
IN9_P4v	367
IN10_P4v	367

续表

R_{on}	Ω
IN11_P4v	367
IN12_P4v	367
IN13_P4v	364
IN14_P4v	364
IN15_P4v	371
IN16_P4v	367
最大值 R_{on}	371
导通电阻路差 ΔR_{on}	11

根据模拟开关导通阻抗测试原理，在 B1840 导通阻抗测试过程中，需要在 OUT 与 IN1 之间加1 mA 电流源。如果实验室有现成的电流源（如数字源表），直接加电流即可，在没有电流源的情况下可以采用电压源串联电阻、电流表的方式，通过调节电压源的输出电压，可以模拟出电流源的效果，如图 4－44 所示。

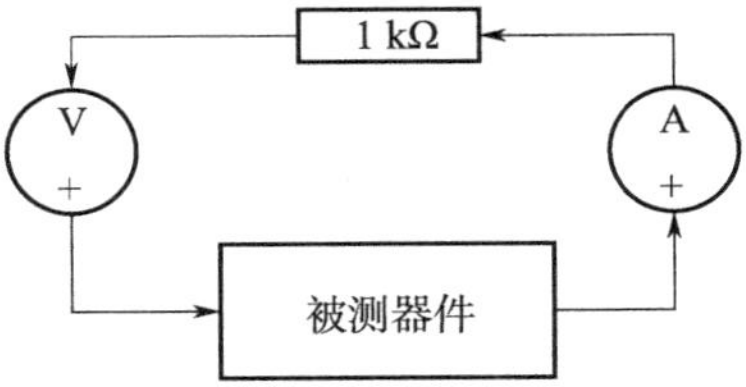

图 4－44　使用电压源模拟电流源原理

通过调节电压源输出电压，即可改变环路当中的电流大小，加入 1 kΩ 电阻是为了将电流调节速度放慢 1 000 倍，比如要调节 1 mA，需要电压源调节 1 V，以起到保护被测器件的作用。

②传输延时测试

传输延时是指在控制信号作用下测试模拟开关开启或者关断所需要的时间，B1840 的传输延时有地址控制开启、地址控制关断、使能控制开启、使能控制关断四个测试条件。下面分别对这四种情况进行测试。

(a) 地址控制开启时间

根据模拟开关开启时间 t_{on} 测试原理，将 B1840 电路接入测试系统，接通电源并按详细规范规定将 S 端（源极）模拟输入电压即 B1840 的 IN1 调至 12 V，对 A3、A2、A1、A0、EN 引脚施加0.8～4 V 的方波信号，示波器通道 1 探测 A0 引脚，示波器通道 2 探测 OUT 引脚，观察双踪示波器采集的波形，取控制信号作用上升前沿 50%幅值点（即 2 V）至模拟开关 D 端（漏极）输出信号上升前沿变化到 50%幅值（即 6 V）之间的时间间隔，即为 $t_{on(A)}$。

如图 4 - 45 所示为测试结果，$t_{on(A)}=319$ ns。

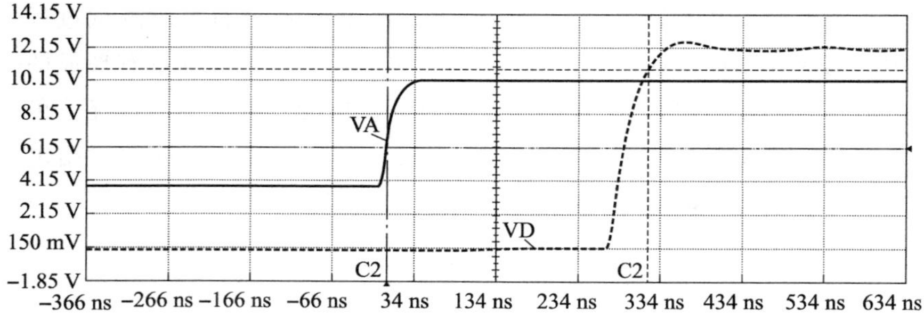

图 4 - 45　B1840 地址控制开启时间测试波形

(b) 地址控制关断时间

根据模拟开关开启时间 t_{off} 测试原理，将 B1840 电路接入测试系统，接通电源并按详细规范规定将 S 端（源极）模拟输入电压即 B1840 的 IN1 调至 12 V，对 A3、A2、A1、A0、EN 引脚施加0.8～4 V 的方波信号，示波器通道 1 探测 A0 引脚，示波器通道 2 探测 OUT 引脚，观察双踪示波器采集的波形，取控制信号作用下降沿 50%幅值点（即 2 V）至模拟开关 D 端（漏极）输出信号下降沿变化到 50%幅值（即 6 V）之间的时间间隔，即为 $t_{off(A)}$。

如图 4 - 46 所示为测试结果，$t_{off(A)}=332$ ns。

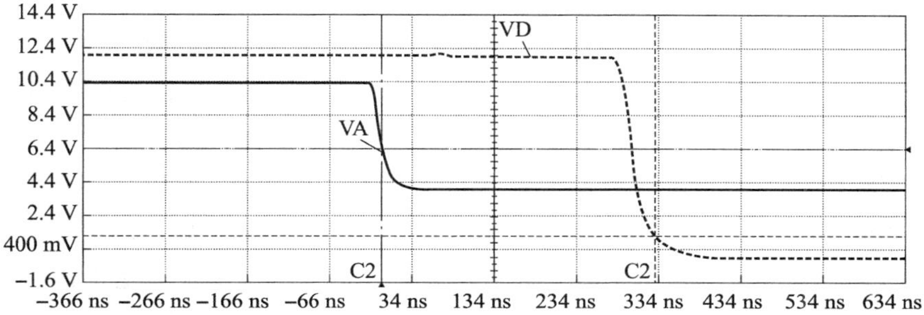

图 4－46　B1840 地址控制关断时间测试波形

(c) 使能控制开启时间

根据模拟开关开启时间 t_{on} 测试原理，将 B1840 电路接入测试系统，接通电源并按详细规范规定将 S 端（源极）模拟输入电压即 B1840 的 IN1 调至 12 V，将 A3、A2、A1、A0 引脚接 0，对 EN 引脚施加 0.8～4 V 的方波信号，示波器通道 1 探测 A0 引脚，示波器通道 2 探测 OUT 引脚，观察双踪示波器采集的波形，取控制信号作用上升前沿 50%幅值点（即 2 V）至模拟开关 D 端（漏极）输出信号上升前沿变化到 50%幅值（即 6 V）之间的时间间隔，即为 $t_{on(EN)}$。

如图 4－47 所示为测试结果，$t_{on(EN)}$ ＝179 ns。

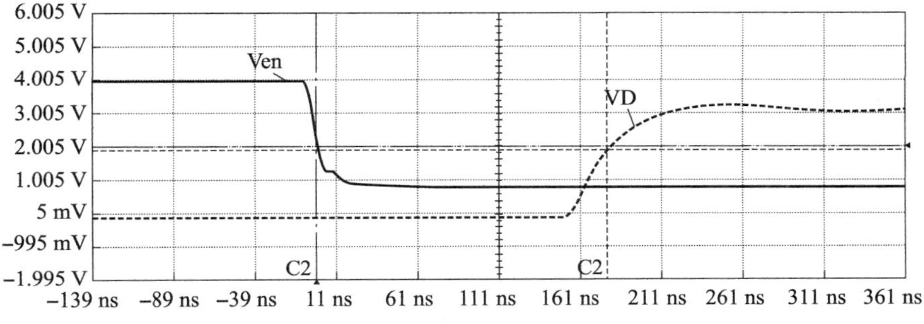

图 4－47　B1840 使能控制开启时间测试波形

(d) 使能控制关断时间

根据模拟开关开启时间 t_{off} 测试原理，将 B1840 电路接入测试系统，接通电源并按详细规范规定将 S 端（源极）模拟输入电压即 B1840 的 IN1 调至 12 V，将 A3、A2、A1、A0 引脚接 0，对 EN 引脚施加 0.8～4 V 的方波信号，示波器通道 1 探测 A0 引脚，示波器通道 2 探测 OUT 引脚，观察双踪示波器采集的波形，取控制信号作用下降沿 50%幅值点（即 2 V）至模拟开关 D 端（漏极）输出信号下降沿变化到 50%幅值（即 6 V）之间的时间间隔，即为 $t_{off(EN)}$。

如图 4－48 所示为测试结果，$t_{off(EN)}=255$ ns。

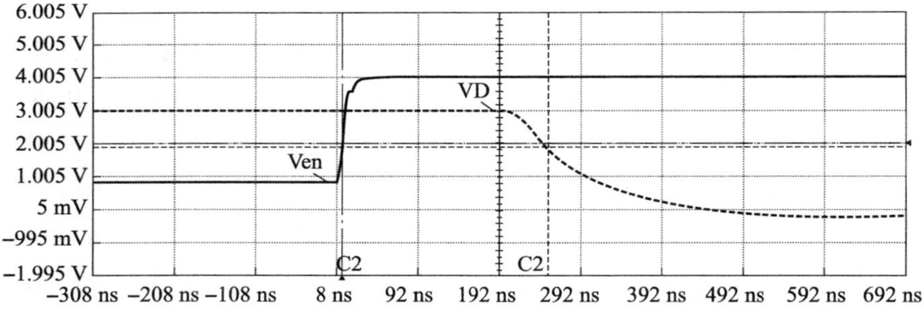

图 4－48　B1840 使能控制关断时间测试波形

③截止态隔离度测试

截止态隔离度又称为关断隔离度，是指模拟开关处于截止状态下的输入信号对输出信号幅度之比，根据测试原理，将 B1840 接入测试系统，电源施加电压＋12 V 与－12 V，$V_{EN}=4.0$ V，将所有通道关闭，OUT 端加 $C_L=7$ pF，$R_L=1$ kΩ 负载，$V_S=2.0$VRMS，输入信号频率为 $f=200$ kHz，实际测试结果如图 4－49 所示。

如图 4－49 所示，实际测试 $V_S=2.0002$VRMS，$V_D=1.040$ mVRMS 则实际测试得到的截止态隔离度为

$$K_{OIRR}=20\lg|V_S/V_D|\,(\text{dB})=65.68\ \text{dB} \tag{4-9}$$

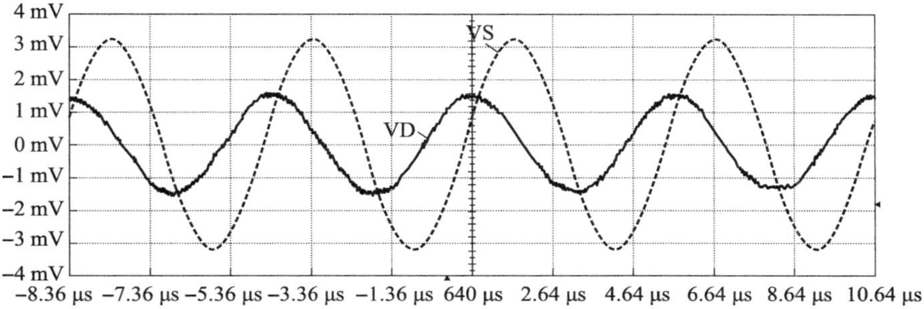

图 4－49　B1840 截止态隔离度测试波形

4.3.4　时基电路

时基电路是全世界应用最广泛的一种多用途模拟-数字混合功能集成电路，它可以非常方便地构成单稳触发器、多谐振荡器、定时器、施密特触发器以及完成测量、控制、调制等功能。该器件目前已经广泛应用于各种领域。自 20 世纪 70 年代初美国仙童公司发明和利用半导体双极模拟工艺，设计、制造出该特殊功能结构器件以来，全世界各大半导体公司和生产厂家均有其仿制产品，也是目前全世界半导体集成电路分类中唯一一种单结构独占一种分类的半导体器件。20 世纪 80 年代，美国 MOT 公司利用高压 CMOS 工艺设计制造出了 XX7555/556 时基器电路，进一步丰富了该分类器件的资源，目前，时基器电路按照其内部通道数和制造工艺共有四种，其一是单通道的采用双极工艺设计制造的 XX555 和采用高压 CMOS 工艺设计制造的 XX7555；其二是采用双极工艺设计制造的 XX556 和采用高压 CMOS 工艺设计制造的 XX7556 双通道时基器品种。时基器的内部逻辑原理如图 4－50 所示，内部电原理如图 4－51 所示，常见封装形式和引出端功能如图 4－52 所示。

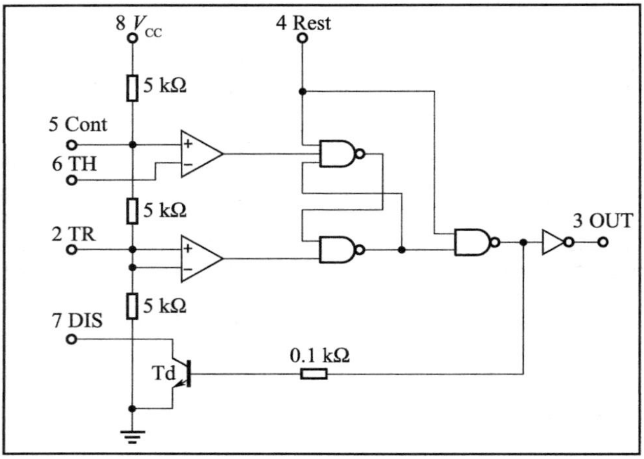

图 4-50　时基器内部逻辑原理图（单通道）

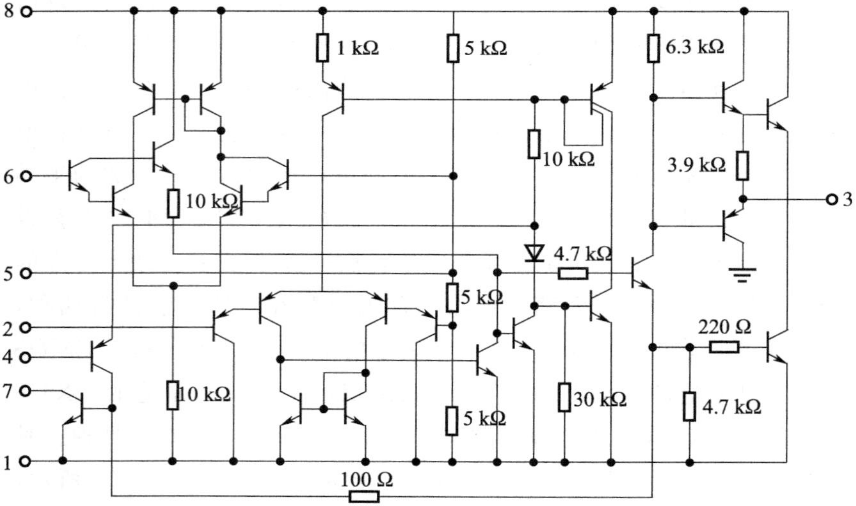

图 4-51　时基器内部电原理图（单通道）

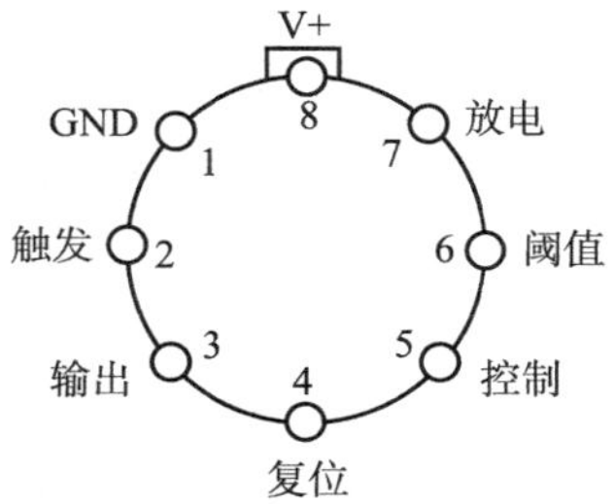

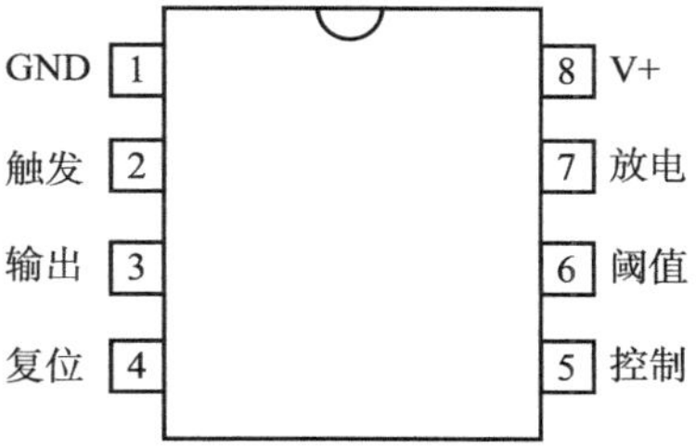

外引线功能：

功能	GND	触发	输出	复位	控制	阈值	放电	V+
引脚号	1	2	3	4	5	6	7	8

图 4 - 52　时基器常见封装形式和引出端功能

4.3.4.1　时基器的直流电参数

(1) 电源电压 V_{CC}（范围）

电源电压是器件的基本性能电参数，该项电参数表示的是器件能够正常工作的供电电压范围。其测试要求器件能够在低于最小电压值和大于最大电压值条件下功能正常，一般需拉偏 100 mV 进行测试。

(2) 阈值电压 V_{TH}

阈值电压是器件的基本性能电参数，该项电参数表示的是器件阈值端的使能电压，一般要求其为 2/3 倍电源电压值附近，其核心检测的是阈值端输入比较器的失调电压，通常要求为

$$V_{TH} = I_{TH}$$

I_{TH} 为器件的基本性能电参数，该项电参数表示的是器件阈值端的使能电流，一般要求 I_{TH} 应小于或等于 250 nA；典型值在 100 nA 左右。其核心检测的是阈值端输入比较器的基极输入电流和失调电流之和，根据器件阈值端内部结构为 NPN 管组成的差分输入结构，该项电参数电流方向应为流入器件的正值。如出现负值，表明阈值输入端内部存在异常漏电通道。

(3) 触发电压 V_{TL}

触发电压是器件的基本性能电参数，该项电参数表示的是器件触发端的使能电压，要求其为 1/3 倍电源电压值附近，其核心检测的是触发端输入控制比较器的失调电压，通常要求如下：

$$V_{TH} = I_{TL}$$

I_{TL} 为器件的基本性能电参数，该项电参数表示的是器件触发端的使能电流，一般要求 I_{TL} 应在 500 nA。其核心检测的是触发端输入比较器的基极输入电流和失调电流之和，根据器件触发端内部结构为 NPN 管组成的差分输入结构，该项电参数电流方向应为流入器件的正值。如出现负值，表明阈值输入端内部存在异常漏电通道，由于该项电参数各生产厂家均给出其最大控制值，一般要求其不大于 1 μA。

(4) 复位电压 V_S

复位电压是器件的基本性能电参数，该项电参数表示的是器件复位端的使能电压，该项电参数一般要求在 0.4～1 V，典型值接近一个 PN 结的压降，其核心检测的是器件内部晶体管工作时的基极输入电压。偏小表示器件内部存在异常漏电，偏大则表示器件内部欧姆接触、金属化台阶或基区 PN 结存在夹层等异常。

(5) 复位电流 I_{CL}

复位电流是器件的基本性能电参数，该项电参数表示的是器件复位端的使能电流，其典型值为 0.1 mA 左右。其核心检测的是复位端晶体管的基极工作电流，反映的是器件内部恒流源的工作点以及横向 PNP 管的基本放大/饱和特性，该项电参数应为流出器件的电流方向。

(6) 控制电压电平 V_{CL}

控制电压电平是器件的性能电参数，该项电参数表示的是器件控制端的电压值。该项电参数的数值，是由器件电源电压通过三个结构相同、阻值一致的电阻分压后所得到的分压值的 2/3 来确定的，反映的是器件内部电阻均匀性、欧姆接触合金情况以及阈值、触发比较器的性能。该项参数值和器件的阈值电压、触发电压有着紧密关系，当该三项参数出现异常联动时，往往都与器件内部芯片的缺陷有着直接关系。

（7）放电端漏电流 I_{LEAK}

放电端漏电流是器件的基本性能电参数，该项电参数表示的是器件放电端集电极三极管的漏电流，反映的是输出晶体管的 I_{CBR}，其本质反映的是器件隔离岛的漏电，也就是晶圆工艺制造 NPN 管和隔离结的特性，通常该项电参数的典型值应该在数 nA 水平。

（8）放电端饱和压降 V_{sat}

放电端饱和压降是器件的基本性能电参数，该项电参数表示的是器件放电端集电极三极管的饱和特性，其本质还反映了晶圆工艺制造 NPN 管的 β 值、集电极串联电阻以及输出级偏置工作点的特性。

（9）输出低电平电压 V_{OL}

输出低电平电压是器件的基本性能电参数，该项电参数表示器件输出管的驱动能力和工作点，较大灌入电流下压降值过高，会反映出晶圆制造中集电极串联电阻、合金欧姆接触或输出管基极发射效率存在偏差。

（10）输出高电平电压 V_{OH}

输出高电平电压是器件的基本性能电参数，该项电参数表示器件输出管的驱动能力和工作点，较大输出电流下输出电压值降低过高，与晶圆制造中集电极串联电阻、合金欧姆接触或输出管基极发射效率等特性相关。

4.3.5　脉宽调制电路

4.3.5.1　产品概述

脉宽调制（PWM）电路是一种高频电源变换电路，它采用开关器件来控制未经稳压的输入直流电源，配合相应的滤波线路，产生稳定的直流电压输出。直流电压的输出高低取决于开关器件工作的脉冲占空比。在早期，人们根据开关稳压电源的工作原理，利用半导体分立器件设计开关电源中的脉冲宽度调制电路。但由于脉冲宽度调制电路较为复杂，需要较多的元器件，而且性能也难以得到理想的效果。半导体集成技术的迅速发展，为开关稳压电源控制电路的集成化奠定了基础，满足开关稳压电源控制需求的集成开关稳压器控制芯片应运而生，这就是脉冲宽度调制器件。目前已形成了适合各种开关稳压电源类型的集成开关稳压器系列，而且功能越来越完善，性能越来越好，反之，外接元件却越来越少。PWM 控制器是各种开关电源系统反馈环路控制的核心元器件，也是各种自动控制系统中的关键部分，广泛应用于国防军工、航天航空电子、汽车电子、自动控制等领域，已成为军用、民用电子系统中不可或缺的部分，形成了半导体集成电路的重要组成部分和独立的类别。

PWM 电路从工作方式上可分为：电压型脉宽调制器（UC1525，UC1825）和电流型脉宽调制器（UC1842，UC1843，UC1845）。从输出控制方式上可分为：脉宽调制型（TL494，UC1526）和移相控制型（UC1875，UC1895，UC1879）。

由于 PWM 电路的集成度很高，因此它的功能相对比较复杂，用它来设计开关电源时比较灵活方便，只需通过外接少数阻容元件、分立器件和输出高频变压器即可实现性能比较理想的开关稳压电源。正由于 PWM 电路的集成度高，功能强，也使得它的内部结构比较复杂。与其功能的多样性对应，不同种类的 PWM 电路，其结构也不尽相同。但大多数 PWM 电路都具有基准电压部分、振荡调宽部分、误差放大部分、电流限制部分、输出部分等。另外，有的种类还有软启动控制部分、快速关闭部分、欠压锁定部分等辅助部分。

4.3.5.2 测试指标体系

PWM 电路测试指标体系的核心是不同功能端口的参数指标，根据指标功能类型可归纳为 8 类：基准电压参数、振荡器参数、软启动参数、比较器参数、关断参数、误差放大器参数、驱动输出参数、电源参数（表 4－7）。

表 4－7　脉宽调制电路测试指标体系

参数项	参数定义	测试意义
基准电压参数		
基准电压	规定载荷和电源下基准源的输出电压	表征器件基准的大小，与稳压精度相关
线性调整率	不同电源下基准变化	表征器件基准的不同电源稳定性
负载调整率	不同载荷下基准变化	表征器件基准的不同载荷稳定性
基准电压温度系数	基准电压随环境温度的变化率	表征器件基准随环境的温漂
长期稳定性	基准电压随时间的变化	表征器件基准随时间的稳定性
振荡器参数		
振荡频率	不同外围条件振荡器工作的频率	表征器件振荡器工作频率及在脉宽调制时的开关脉冲频率
频率电压稳定性	不同电源下振荡器频率变化	表征器件振荡器在不同电源下的工作频率稳定性，反映开关电源工作频率的稳定性
频率温度稳定性	不同温度下振荡器频率变化	表征器件振荡器在不同温度下的工作频率稳定性，反映开关电源工作频率的稳定性
最小频率	振荡器最小工作频率	表征器件振荡器最小工作频率
最大频率	振荡器最大工作频率	表征器件振荡器最大工作频率
时钟输出	时钟输出脉冲的高低电平	表征器件时钟输出的脉冲高低电平
软启动参数		
充电电流	器件启动时，软启动端对外接电容的充电电流	表征电路启动过程中的充电电流大小，影响软启动的充电快慢
放电电流	器件关断时，软启动端外接电容的放电电流高电平输出	表征电路启动过程中的放电电流大小，影响软启动后的泄放快慢
比较器参数		
最大占空比	通过改变 PWM 比较器信号，器件能输出的脉冲信号最大占空比	表征器件驱动输出脉冲最大占空比调节量
最小占空比	通过改变 PWM 比较器信号，器件能输出的脉冲信号最小占空比	表征器件驱动输出脉冲最小占空比调节量

续表

参数项	参数定义	测试意义
阈值电压	最大最小占空比对应的比较器阈值电压	表征器件驱动输出脉冲占空比调节对应的比较器阈值电压
延迟时间	比较器调节电平信号到器件输出信号的延迟时间	表征器件比较器控制驱动输出的延迟时间大小
关断参数		
关断阈值电压	使器件输出功能关闭时的关断控制端的电压	表征器件关断输出的阈值电压
关断延迟时间	使器件输出功能关闭时,关断控制端信号到输出关断的延迟时间	表征器件关断输出的快慢
误差放大器参数		
输入失调电压	使器件直流输出电压为零(或规定值)时,两输入端间所加的直流补偿电压	表征误差放大器部分输入失调大小
输入偏置电流	测试流入器件两输入端的电流或两者的平均值	表征误差放大器部分输入端电流大小
开环电压增益	测试器件输出电压变化与差模输入电压变化之比	表征误差放大器开路增益大小
共模抑制比	测试器件差模电压增益与共模电压增益之比	表征误差放大器共模抑制能力
电源电压抑制比	测试器件输入失调电压随电源电压的变化率	表征误差放大器电源抑制能力
误差放大器输出电平	测试器件误差放大器输出高低电平	表征误差放大器输出电压
误差放大器输出电流	测试器件误差放大器输出源阱电流	表征误差放大器输出源阱电流
驱动输出参数		
驱动输出电平	特定负载下测试器件驱动输出的高低电平电压	表征器件驱动输出高低电平及负载能力
驱动输出上升下降时间	特定容性负载下测试器件驱动输出的上升下降时间	表征器件驱动输出速度快慢,会对后级 MOSFET 功耗产生影响

续表

参数项	参数定义	测试意义
电源参数		
静态电源电流	器件不工作时电源的电流	表征器件不工作时电源电流大小，影响开关电源静态功耗
工作电源电流	器件正常工作时电源的电流	表征器件工作时电源电流大小，影响开关电源工作时电源功耗
启动电压	器件启动过程中，能使其进入工作状态时的最小电源电压	表征器件启动工作的最低电源
最小工作电压	器件工作时，能使其保持工作状态的最小电源电压	表征器件工作后维持工作状态的最低电源
欠压锁定迟滞	启动电压与最小工作电压的差值	表征器件启动和最低工作电源的迟滞

4.3.5.3 流程和方法

脉宽调制电路测试解决方案通常采用测试板与分离式仪器仪表将被测器件划分为多个相应的功能模块，以完成电路性能评估，量产后一般采用集成电路自动测试设备（ATE）完成量产测试。

1）设计覆盖各功能模块的测试板，搭建分立仪器仪表测试系统来完成器件测试。图 4-53 为一款电压型 PWM 控制器的测试线路。

评估所需的主要仪器有：电源、示波器、信号发生器、数字表等。电性能初始评估需要先分解器件的各个功能模块，然后根据参数特点设计专用的测量线路，例如，测量误差放大器的辅助运放测量线路、测试电压基准部分的精密变化量测试线路、测量振荡调宽部分的频率和占空比测量线路、测量输出特性的精密测量单元线路等。

2）利用 ATE 测试机台完成脉宽调制（PWM）电路测试，如图 4-54 所示为基于 ETS88 机台开发的某 PWM 控制器自动测量系统。

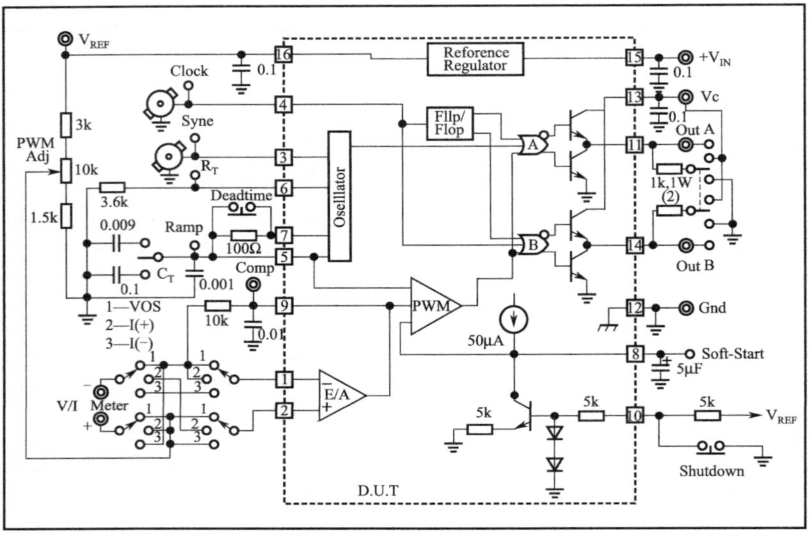

图 4-53　电压型 PWM 控制器的测试线路

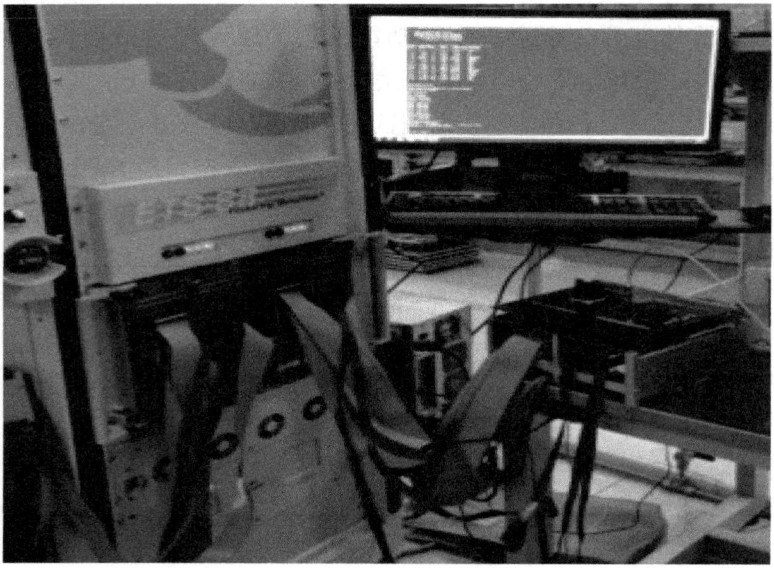

图 4-54　某 PWM 控制器自动测量系统

由于 PWM 电路功能模块多、频率范围广、工作电压相比数字电路明显高，因此，对 ATE 设备也提出了比较高的要求，常规的数字测试 ATE 机台一般无法满足要求，建议选用数字和模拟混合的 ATE 机台，如：ETS88 功率驱动机台或者 93K 混合测试 ATE 机台（配备大电压驱动板卡和时间测量板卡）。ATE 设备可提供四象限工作的电源板卡、多 PIN 的数字板卡、宽范围的时间采集板卡、任意波形编辑的模拟板卡等，能够支持多个功能模块直流和交流参数测试，保证测试精度和稳定性，大幅提升测试效率，满足批量测试需求。

4.3.5.4　测试实例

采用 ATE 设备和示波器对某款 PWM 控制器进行测试，整理测试数据并绘制基准电压、电源电流、驱动输出电平、振荡频率、最大占空比等关键特性和关键参数的特征曲线。

（1）基准电压与电源电压、温度变化关系

基准电压与电源电压和温度的特性曲线分别如图 4 - 55 和图 4 - 56 所示，基准电压随电源电压的增加而小幅降低，随温度升高而小幅降低。

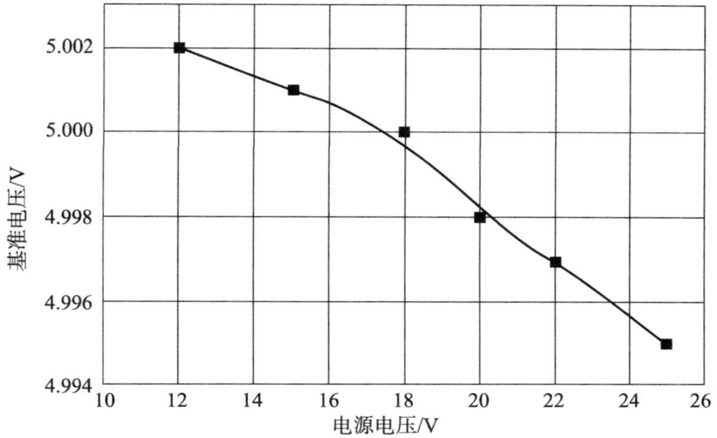

图 4 - 55　基准电压与电源电压特性曲线

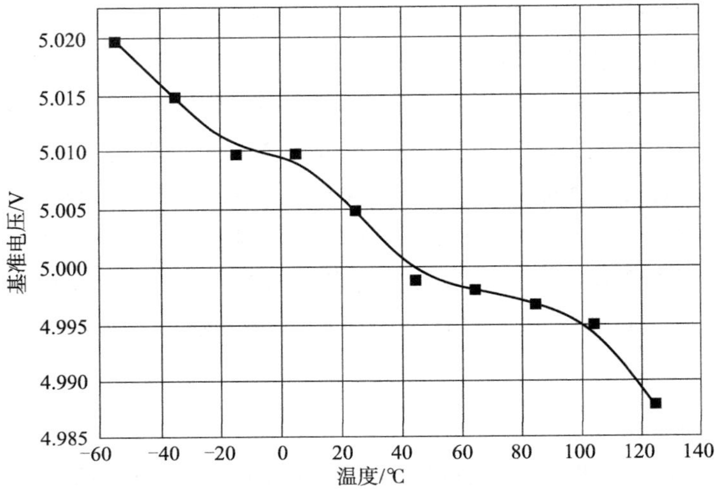

图 4－56　基准电压与温度特性曲线

（2）电源电流与电源电压、温度变化关系

电源电流与电源电压和温度特性曲线分别如图 4－57 和图 4－58 所示，电源电流随电源电压的增加而小幅升高，随温度升高而小幅降低。

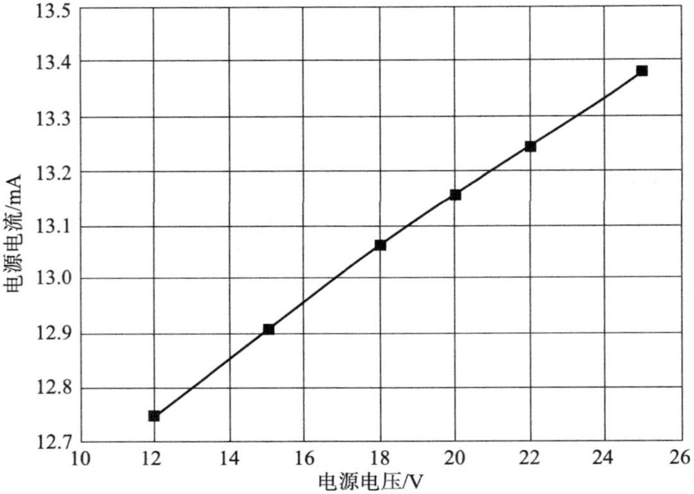

图 4－57　电源电流与电源电压特性曲线

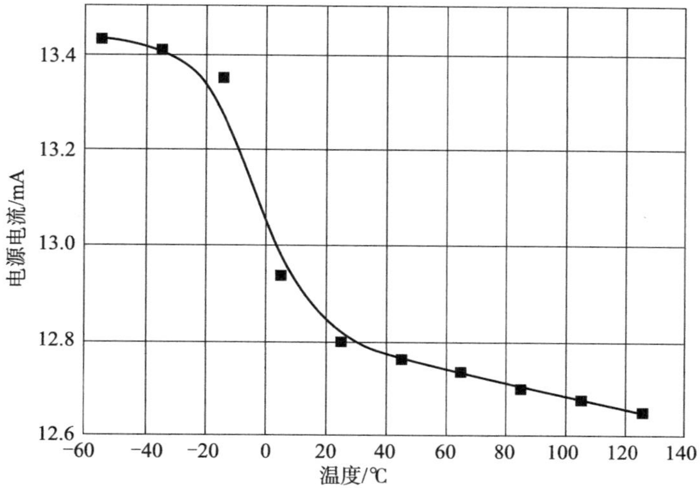

图 4-58　电源电流与温度特性曲线

(3) 驱动输出电平与负载电流的变化关系

驱动输出高电平和低电平与负载电流特性曲线分别如图 4-59 和图 4-60 所示，驱动输出高电平随负载电流的增加而降低。驱动输出低电平随负载电流的增加而增加，轻载变化不明显。

(4) 振荡频率与外接振荡电阻、电容变化关系

振荡频率与外接振荡电阻、电容特性曲线如图 4-61 所示，振荡频率随外接振荡电阻的增加而降低，随外接电容升高而降低。

(5) 最大占空比与外接振荡电阻变化关系

最大占空比与外接振荡电阻特性曲线如图 4-62 所示，最大占空比随外接振荡电阻的增加而增加。

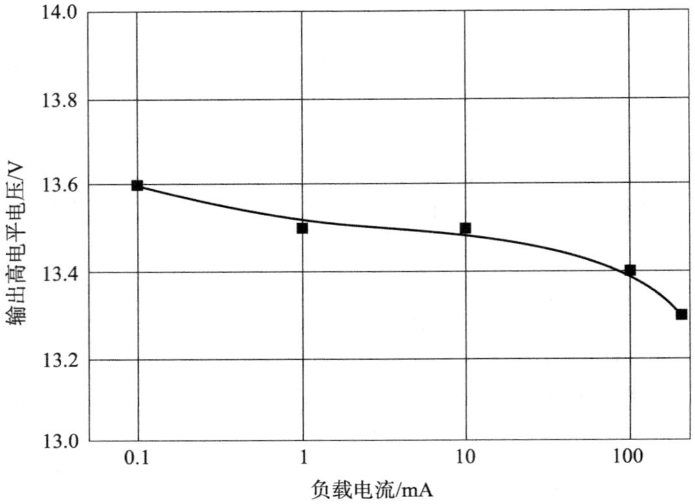

图 4-59　驱动输出高电平与负载电流特性曲线

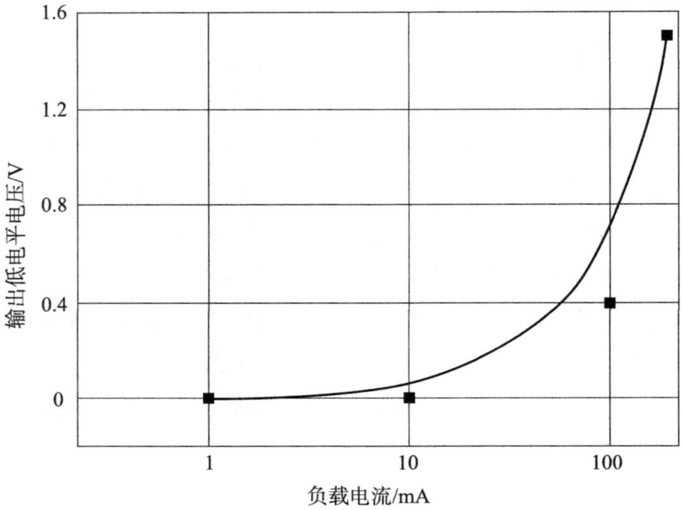

图 4-60　驱动输出低电平与负载电流特性曲线

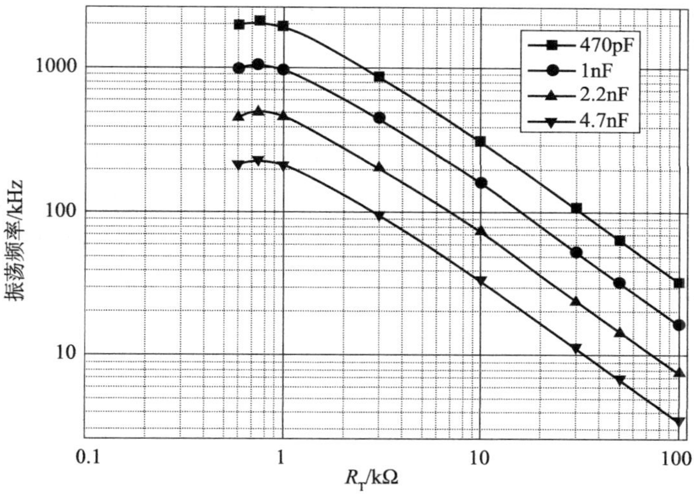

图 4-61　振荡频率与外接振荡电阻、电容特性曲线

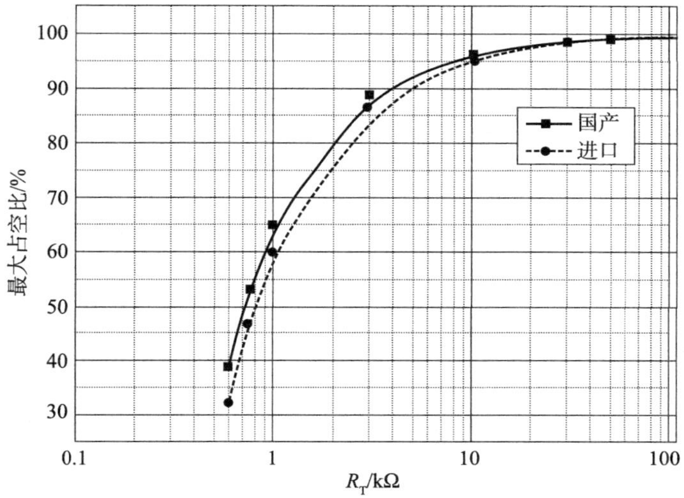

图 4-62　最大占空比与外接振荡电阻特性曲线

4.3.6 正交调制/解调电路

4.3.6.1 产品概述

正交调制电路由I/Q基带发生器和上变频器两部分构成，实现基带正交信号调制到射频载波频率。与I/Q正交调制电路相反，I/Q正交解调电路由下变频器和I/Q基带解调器构成，实现射频载波频率解调到基带正交信号。正交调制/解调器电路属于射频集成电路门类，广泛应用于现代无线通信系统中。

4.3.6.2 测试指标体系

正交调制/解调电路技术指标表征射频信号经过正交调制/解调后的信号质量，其指标类型可归纳为3类：直流参数测试、交流参数测试、功耗测试（表4-8和表4-9）。

表4-8 正交调制电路测试指标体系

参数项	参数定义	测试意义
直流参数		
输入共模电压	基带信号输入共模电平	用于匹配前级器件的共模电平
交流参数		
射频工作频率	具备良好特性的射频工作频率	表征器件的工作频率范围
基带信号 −3 dB带宽	基带信号幅度下降3 dB处的频率值	表征器件的基带信号带宽
射频输出 1 dB压缩点	转换增益下降1 dB时对应的射频输出信号功率	表征器件的大信号处理能力
边带抑制	射频输出端口主信号功率值与镜像信号功率值之比	表征器件的正交幅度与相位一致性
镜像抑制	射频信号的中频输出功率和对应镜频信号的中频输出功率的差值	表征器件的抗干扰能力
误差矢量幅度/幅度误差/相位误差	基带正交信号的矢量/幅度/相位差	表征器件的正交幅度一致性

续表

参数项	参数定义	测试意义
功耗测试		
工作功耗	测试动态电源电流来确定动态功耗	表征器件在传输动态信号时的功耗

表 4-9　正交解调电路测试指标体系

参数项	参数定义	测试意义
直流参数		
输出共模电压	基带信号输出共模电平	用于匹配后级器件的共模电平
交流参数		
射频工作频率	具备良好特性的射频工作频率	表征器件的工作频率范围
转换增益	射频输入信号至基带输出信号的电压增益	表征器件的下变频信号放大能力
射频输入 1 dB 压缩点	转换增益下降 1 dB 时对应的射频输入信号功率	表征器件的大信号处理能力
正交幅度误差	基带正交信号的幅度差	表征器件的正交幅度一致性
正交相位误差	基带正交信号的相位差	表征器件的正交相位一致性
功耗测试		
工作功耗	测试动态电源电流来确定动态功耗	表征器件在传输动态信号时的功耗

4.3.6.3　流程和方法

正交调制/解调电路测试解决方案采用 PC 作为系统控制中心，以高精度分立仪表作为测量设备，完成量产前电路性能评估。PC 利用界面程序远程控制直流稳压电源、射频信号源、频谱分析仪等分立仪表，向被测电路提供电源输入信号和激励信号，同时从仪表远程读取电流、射频信号幅度等测量数据，完成对工作电流、输出功率、镜像抑制、转换增益、射频输入 1 dB 压缩点等关键参数的测试。台式仪器具有独立的仪器功能，参数指标高，不需要编程就可立即投入使用，适用于研发阶段和小批量测试。但由于测试速度慢、测试效率低，不适合大批量生产。ATE 测试设备可支持所有台式仪器的功能，以高性能板卡形式内置于机箱内，并满足大部分调制解调器指标的测试。

（1）基于分立台式设备的测试系统

I/Q 调制器采用矢量信号发生器 I/Q 基带输出端产生标准的 I/Q 基带信号，在射频输出端连接矢量信号分析仪可进行调制信号的矢量信号分析以及信号频率、$P_{1\,dB}$压缩点等其他指标分析。

I/Q 解调器采用矢量信号源连接在 I/Q 解调器的射频输入端，并产生标准的 I/Q 正交信号，在 I/Q 解调器输出端采用网络分析仪测试 I/Q 基带信号的幅度和相位不平衡度。

（2）基于测试机台的测试系统

通常 ATE 设备具有高吞吐量、占地面积小的特点，对于集成度较高的电路，如高速数模混合电路、微处理器等，业内主要采用 ATE 自动化设备方案。对于集成度较低的电路，如射频前端电路、滤波器等，可采用 PXIe 机箱搭建的测试系统。目前测试系统主要以爱德万、泰瑞达和 NI 公司的模块化仪器为主。

4.3.6.4 测试实例

（1）正交调制电路

正交调制电路主要由本振移相网络、本振缓冲器、正交混频器、双转单电路这四部分构成，只需要提供不同的 I/Q 基带信号就可以实现调幅、调频和调相，其内部结构如图 4-63 所示。

正交解调电路测试系统由 PC、测试夹具板、直流稳压电源、数字万用表、信号源、频谱分析仪组成。直流稳压电源用于提供正交解调电路工作需要的直流电压，数字万用表测量工作电流，信号源提供 I/Q 基带信号，频谱分析仪测量镜像抑制、输出 1 dB 压缩点等参数。

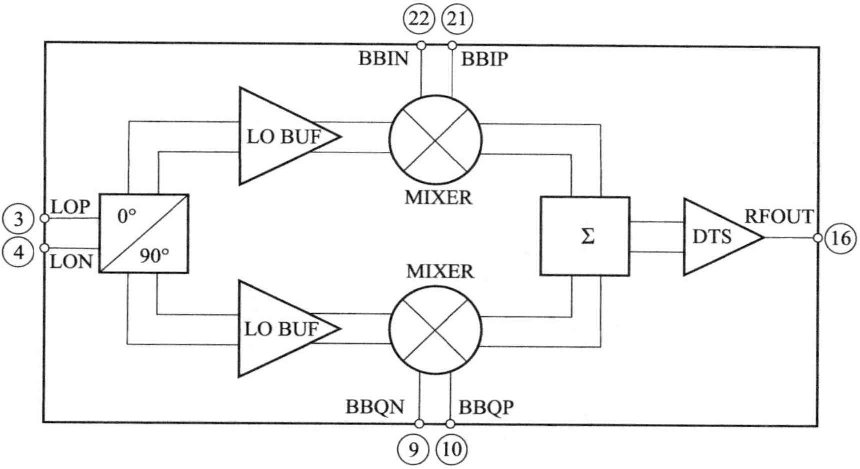

图 4-63　正交调制电路内部结构图

①正交调制电路测试系统硬件连接及设置

按照图 4-64 连接正交调制电路测试系统，对照 PC 测试程序设置直流稳压电源、数字万用表、信号源和频谱分析仪的 GPIB 地址，正交调制电路测试系统实物如图 4-65 所示。

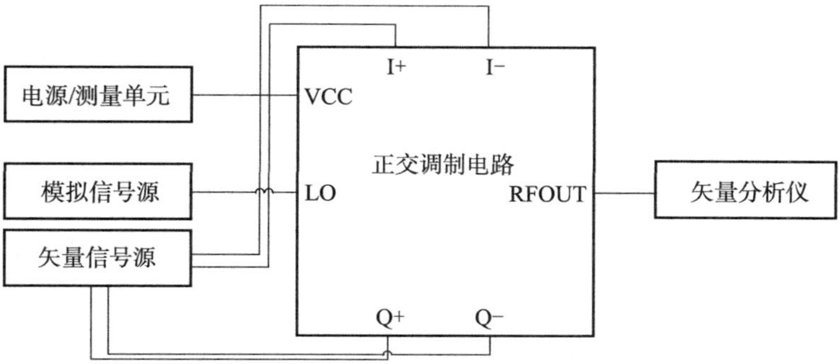

图 4-64　正交调制电路连接示意图

图 4-65 正交调制电路测试系统实物

②软件使用

正交调制电路测试系统的测试软件可自动校准传输线损耗、便捷修改 I/Q 幅度调节和连接测量仪器等，实现测试自动一体化。在开始测试前，需对系统进行校准操作，保证测试结果的准确性。

测试程序通过 GPIB 远程控制各分立仪表，设置直流稳压电源向正交解调电路供电，设置信号源或者网络分析仪提供射频和本振激励信号，利用数字万用表读取工作电流值，利用频谱分析仪测量镜像抑制、输出 1 dB 压缩点等参数，测试数据通过 GPIB 回传至 PC，再将测试结果导到 PC 本地存储器。

③关键参数测试原理和方法

理想的 I/Q 调制器，只会在 $(\omega_c-\omega_0)$ 处产生一个单边带信号，但是由于调制器的不理想性，也会在 $(\omega_c+\omega_0)$ 处产生一个镜像信号。与此同时，在本振频率处也会有一个信号，称为本振泄漏。本振和镜像信号的抑制度是 I/Q 调制器的重要指标。除此之外，常规的测试项还包括输出功率、输出 1 dB 压缩点、3 dB 带宽等。

（a）输出功率

设置工作信号频率 f_{IF} 、I/Q 端口偏置电压，同时设置射频信号频率 f_{RF} 、相干本振信号功率，打开射频信号输出；在射频输出端读出输出信号（频率＝射频信号频率＋工作信号频率）功率 P_1，输出功率 $P_{out}=P_1$。输出功率测试结果如图 4－66 所示。

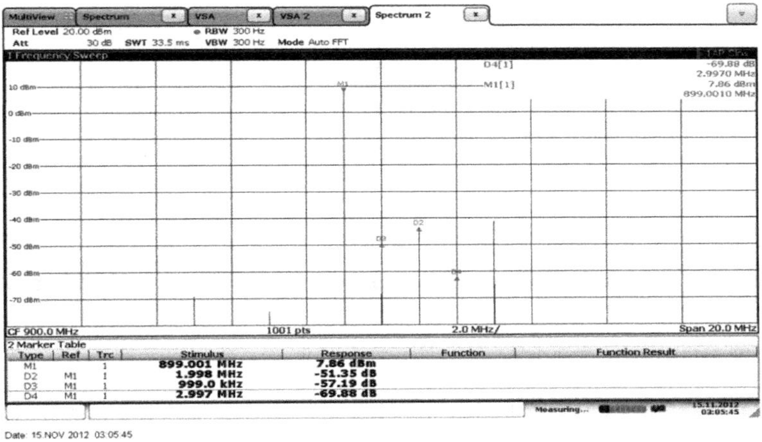

图 4－66　输出功率测试结果

（b）输出 1 dB 压缩点

增加被测器件的输入功率，使得功率增益相比于线性功率增益下降 1 dB 时的输入/输出功率，即为输入/输出 1 dB 压缩点，测试定义如图 4－67 所示。

设置工作信号频率 f_{IF} 、I/Q 端口偏置电压，同时设置射频信号频率 f_{RF} 、相干本振信号功率，打开射频信号输出；按 1 dB 步进增加工作信号输出功率直至通道转换增益压缩 1 dB，当前的频谱仪输出的功率即为 $P_{1\,dB}$。1 dB 压缩点测量结果如图 4－68 所示。

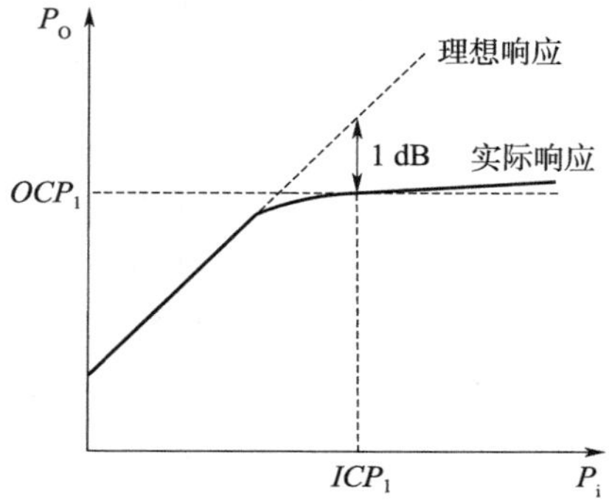

图 4-67　$P_{1\,dB}$ 压缩点 CP_1 测试定义

ICP_1—输入 N dB 压缩点；OCP_1—输出 N dB 压缩点；

P_i—输入器件的功率；P_O—输出器件的功率

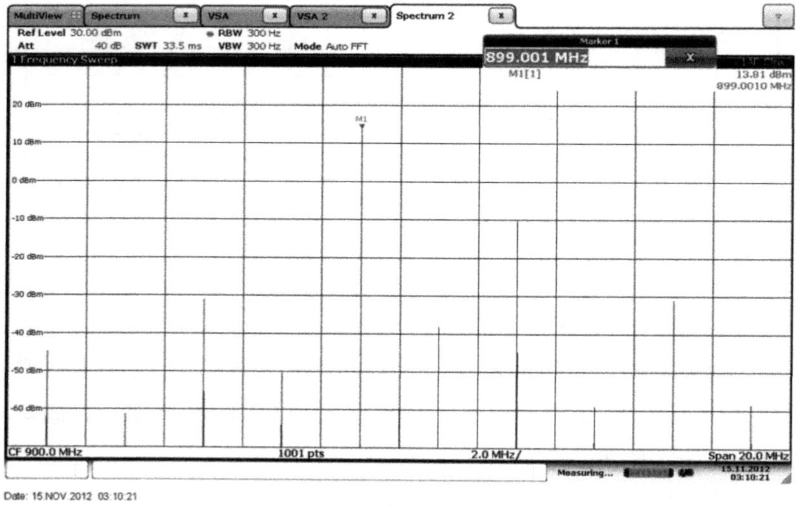

图 4-68　1 dB 压缩点测量结果

（c）镜像抑制

射频信号的中频输出功率和对应镜频信号的中频输出功率的差值即为镜像抑制比。由公式（4-10）计算镜像抑制比

$$R_{IMJ}=P_O-P_m \tag{4-10}$$

式中　R_{IMJ} ——被测器件的镜像抑制比，dBc；

P_O ——射频信号的中频输出功率，dBm；

P_m ——对应镜频信号的中频输出功率，dBm。

R_{IMJ} 的测试定义如图 4-69 所示。

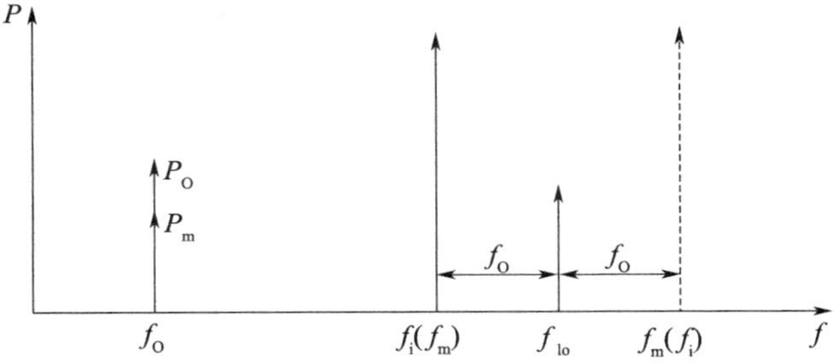

图 4-69　镜像抑制比 R_{IMJ} 测试定义

P_O —射频信号的中频输出功率；P_m —对应镜频信号的中频输出功率；

f_O —中频信号频率；f_i —射频信号频率；f_{lo} —本振信号频率；

f_m —对应镜频信号频率

对正交调制电路施加规定的本振信号频率、I/Q 端口偏置电压；将输入信号源频率设置为 f_{RF} ，施加规定的输入功率，用频谱分析仪测得射频信号输出功率 P_O。将输入信号源的频率设置为镜像频率 f_m（与本振频率 f_{lo} 的差值为输出频率，并且符合 $f_m+f_{RF}=2f_{lo}$），用频谱分析仪测得此时镜频信号输出功率 P_m。

由式（4-10）计算镜像抑制比 R_{IMJ}。

(d) 边带抑制

基波信号功率与边带信号功率的差值即为边带抑制比（图 4-70）。

由式（4-11）计算边带抑制比

$$R_{SB}=P_O-P_{SB} \tag{4-11}$$

式中　R_{SB} ——被测器件边带抑制比，dBc；

P_O ——输出信号功率，dBm；

P_{SB} ——边带输出信号功率，dBm。

R_{SB} 的测试定义如图 4－70 所示。

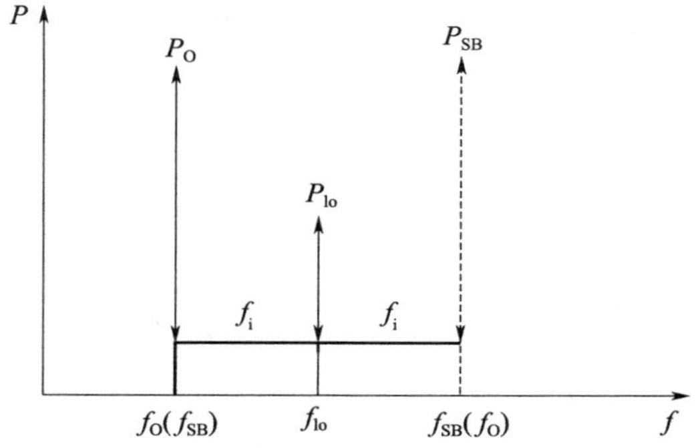

图 4－70 边带抑制比 R_{SB} 的测试定义

P_O —基波信号输出功率；P_{lo} —本振信号输出功率；P_{SB} —边带信号输出功率；

f_O —基波信号频率；f_{lo} —本振信号频率；f_{SB} —边带信号频率；

f_i —输入信号频率

对正交调制电路施加规定的输入信号、本振信号，使电路处于正常工作状态；用频谱仪分别测得输出端基波信号 f_O 的功率 P_O，边带信号 f_{SB} 的功率 P_{SB}；输出功率、镜频抑制和边带抑制如图 4－71 所示。

(e) 3 dB 带宽

设置工作信号频率 f_{IF}、I/Q 端口偏置电压，同时设置射频信号频率 f_{RF}、相干本振信号功率，打开射频信号输出；再依次按照频率大小设置三个工作信号频率，分别记录输出信号功率 P_1、P_2、P_3，$P_{MAX}=(P_1,P_2,P_3)$，$P_{MIN}=(P_1,P_2,P_3)$，若 $(P_{MAX}-P_{MIN})$ 小于 3 dB，则说明 $BW_{3\,dB}$ 大于当前所设置的工作信号频率最大值，反之则说明已达到 $BW_{3\,dB}$ 的最大值（图 4－72）。

(f) 矢量误差幅度/幅度误差/相位误差

将矢量信号源 I/Q 基带信号连接到电路的 I/Q 输入端，射频输出端连接到矢量分析仪，设置信号频率和调制方式，可在矢量分析

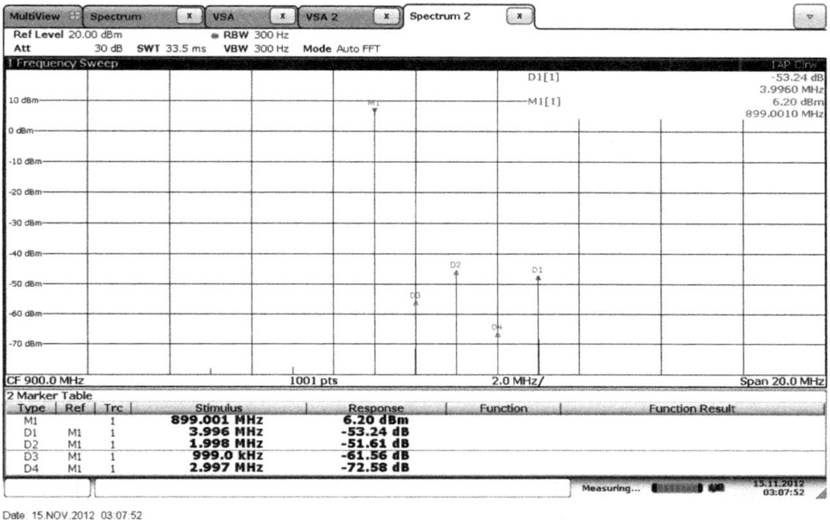

图 4 - 71　输出功率、镜频抑制和边带抑制

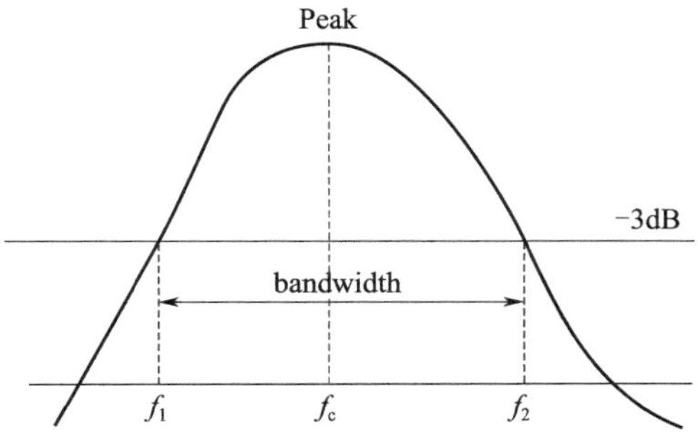

图 4 - 72　3 dB 带宽测试定义

仪中直接读出矢量误差幅度、幅度误差及相位误差。

图 4 - 73 显示了矢量信号误差。误差矢量从 I/Q 参考信号矢量的检测点到达 I/Q 测量信号矢量。EVM 是误差矢量计算结果的均方根（RMS），表示为 EVM 归一化参考值的百分比（图 4 - 74）。

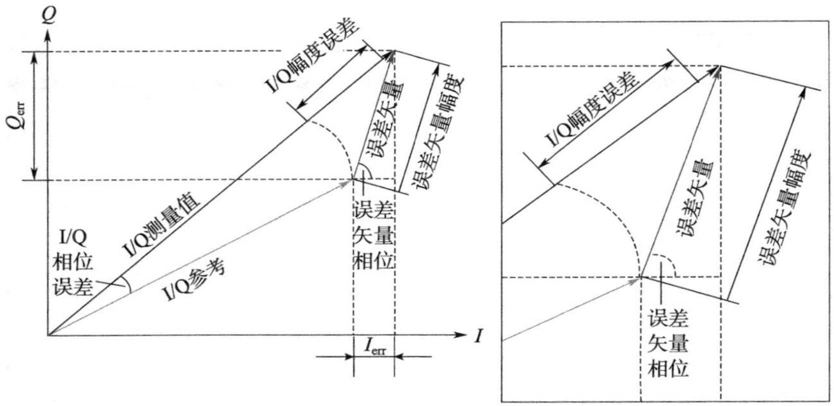

图 4－73　误差矢量幅度 EVM 计算示意图

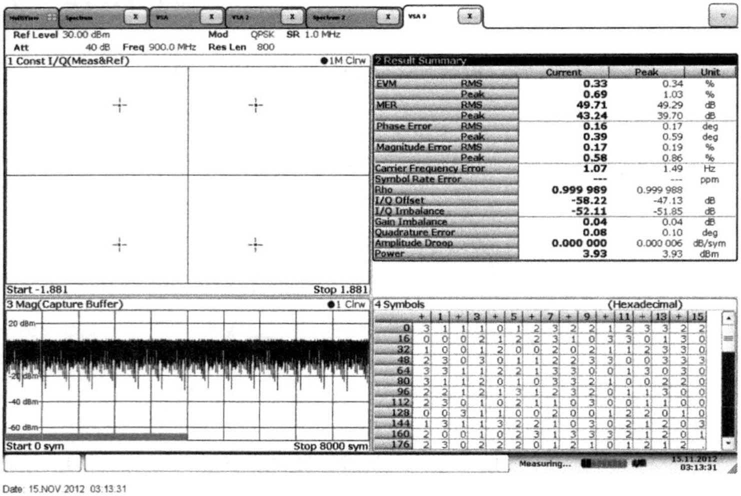

图 4－74　I/Q 不理想特性测量结果

（2）正交解调电路

正交解调电路主要由混频器、本振移相网络、本振限幅放大器构成，由正交的 I/Q 两路本振信号与射频信号混频输出正交的 I/Q 两路中频信号。可与后级电路协同实现对射频信号的解调功能或镜像抑制功能等，内部结构如图 4 - 75 所示。

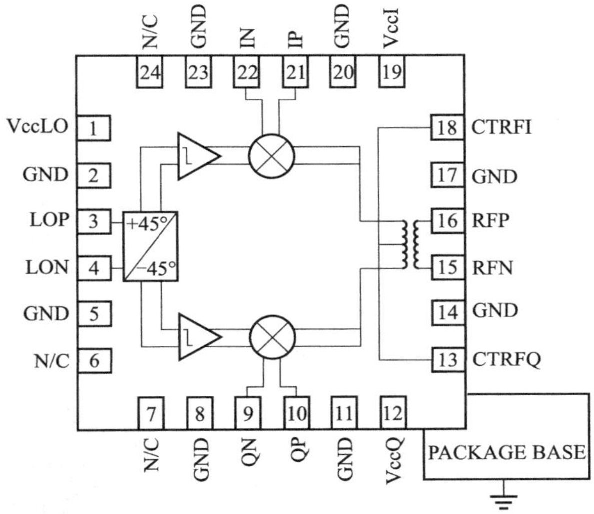

图 4 - 75　正交解调电路内部结构图

正交解调电路测试系统由 PC、测试夹具板、直流稳压电源、数字万用表、信号源、频谱分析仪和网络分析仪组成，直流稳压电源用于提供正交解调电路工作需要的直流电压，数字万用表测量工作电流，信号源和频谱分析仪测量转换增益和输出 1 dB 压缩点，网络分析仪测量正交幅度误差和正交相位误差。

①测试系统硬件连接及设置

按图 4 - 76 连接正交解调电路测试系统，对照 PC 测试程序设置直流稳压电源、数字万用表、信号源和频谱分析仪的 GPIB 地址，正交解调电路测试系统实物如图 4 - 77 所示。

②软件使用

正交解调电路测试系统的测试软件可自动校准传输线损耗、远程连接测量仪器，实现自动测试。在开始测试前，需对系统进行校准操作，保证测试结果的准确性。测试程序通过 GPIB 远程控制各分立仪表，设置直流稳压电源向正交解调电路供电，设置信号源或

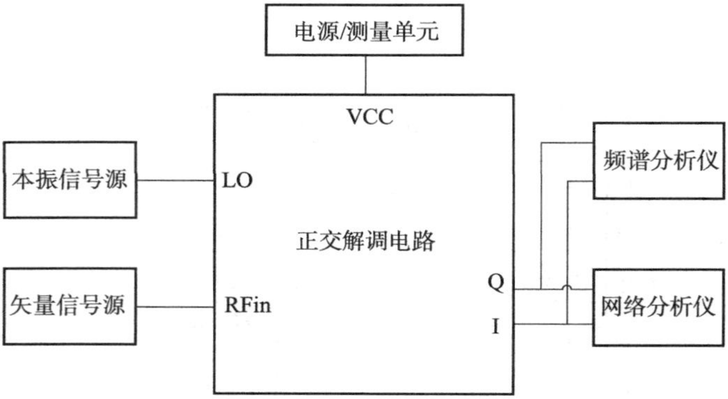

图 4-76　正交解调电路测试系统示意图

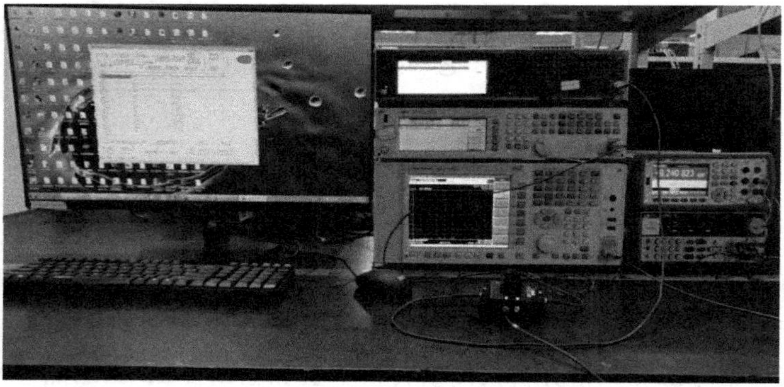

图 4-77　正交解调电路测试系统实物

者网络分析仪提供射频和本振激励信号，利用数字万用表读取工作电流值，利用频谱分析仪测量转换增益和输入 1 dB 压缩点，利用网络分析仪读取中频正交信号的幅度误差和相位误差，测试数据通过 GPIB 回传至 PC，再将测试结果导出到 PC 本地存储器。

（3）关键参数测试原理和方法

①转换增益

设置信号源向正交解调电路输入 1.9 GHz/0 dBm 的本振信号和 2 GHz/0 dBm 的射频信号，经过解调后，利用频谱分析仪测量中频输出正交信号 100 MHz 的幅度，中频正交信号的幅度减去射频输入信号幅度即为转换增益。

由公式（4－12）计算：

$$G_{\mathrm{P}} = P_{\mathrm{if}} - P_{\mathrm{rf}} \tag{4-12}$$

式中　G_{P} ——正交解调电路的转换增益，dB；

P_{rf} ——射频信号的输入功率，dBm；

P_{if} ——中频信号的输出功率，dBm。

转换增益的测试定义如图 4－78 所示。

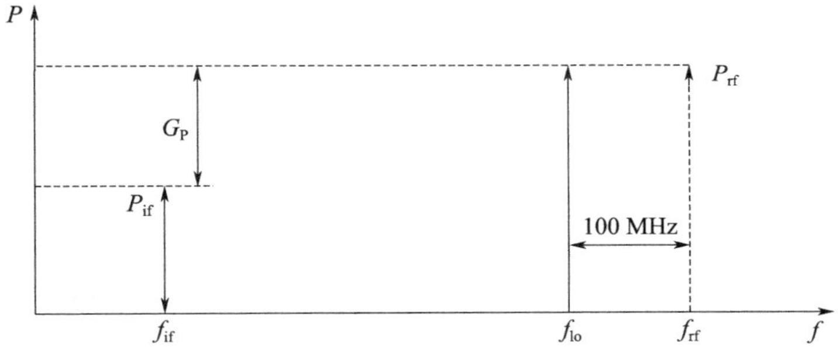

图 4－78　转换增益的测试定义

②输出 1 dB 压缩点

设置信号源向正交解调电路输入 1.9 GHz/0 dBm 的本振信号和 2 GHz/0 dBm 的射频信号，经过解调后，利用频谱分析仪测量中频正交信号 100 MHz 的幅度，按照公式（4－12）计算线性区间的转换增益 G_{P}。增加射频信号的输入功率，使得增益相比于 G_{P} 下降 1 dB，此时的射频信号输入功率即为输入 1 dB 压缩点。

输入 1 dB 压缩点的测试定义如图 4－79 所示。

③正交幅度/相位误差

如图 4－80 所示，利用信号源和功分器校准网络分析仪，将网络分析仪其中两个端口设置为接收机，频率为 600 MHz。设置信号源输出 600 MHz 单音信号，经过功分器输入到网络分析仪的接收机端口。在网络分析仪上设置幅度和相位归一化处理，此时连接中频

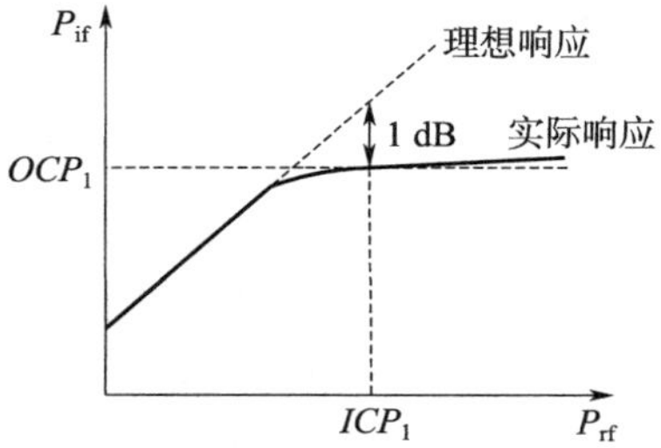

图 4-79　输入 1 dB 压缩点的测试定义

ICP_1 —输入 1 dB 压缩点；OCP_1 —输出 1 dB 压缩点；P_{rf} —射频信号的输入功率；P_{if} ——中频信号的输出功率

正交信号的屏蔽线缆和网络分析仪，在该频率正交信号上的幅度和相位误差接近于 0。

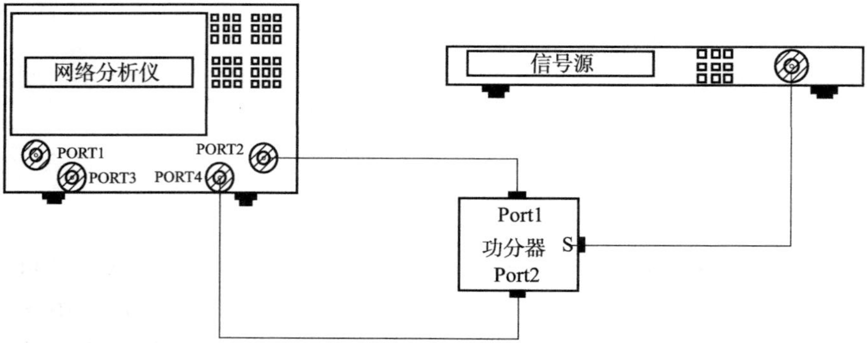

图 4-80　网络分析仪校准

接入正交幅度/相位误差测试系统，设置网络分析仪向正交解调电路输入 2.4 GHz/0 dBm 的本振信号和 3 GHz/0 dBm 的射频信号，经过解调后，将频率为 600 MHz 的中频正交信号输入到网络分析仪的两个接收机端口，利用网络分析仪计算中频正交信号的幅度和相位误差。

正交幅度误差的测试定义如图 4-81 所示，正交相位误差的测试定义如图 4-82 所示。

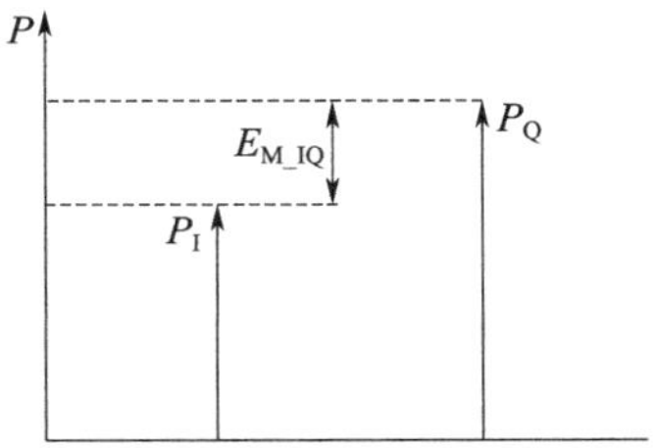

图 4 - 81　正交幅度误差的测试定义

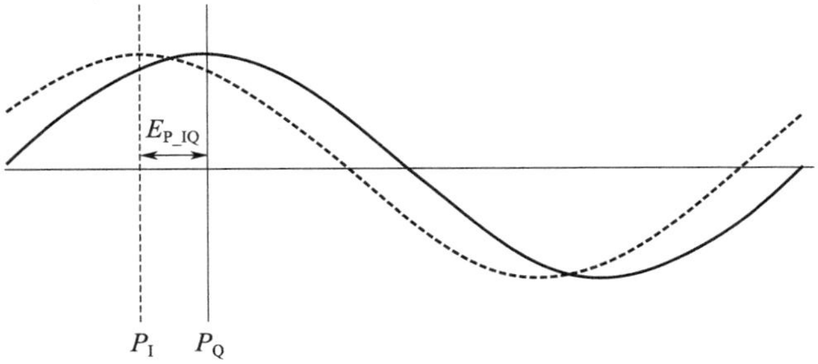

图 4 - 82　正交相位误差的测试定义

4.3.7　锁相环

4.3.7.1　产品概述

锁相环是将由振荡器产生的输出信号与一个输入参考信号在相位和频率上实现同步的电路。在同步状态（通常称为锁定）时，振荡器的输出信号和输入参考信号之间的相位差为 0 或者为某一个固定的常数。如果两者之间的相位差发生变化，锁相环中存在一个反馈控制机制来调节振荡器的输出，使得相位差减小，并最终达到锁定状态。在这个控制系统中，输出信号的相位实际上锁定到输入参考信号的相位上，广泛应用于频率合成器领域。

锁相环频率合成器的基本模块包括压控振荡器（Voltage Controlled Oscillator，VCO）、鉴相器（Phase Detector，PD）和环

路滤波器（Loop Filter，LF）。图 4－83 给出了锁相环频率合成器的基本框图及振荡器和鉴相器的传输特性。振荡器的振荡频率 ω_{out} 由环路滤波器的输出信号 u_f 所控制，即

$$\omega_{out}(t)=\omega_0+K_0u_f(t) \tag{4-13}$$

式中　ω_0 ——振荡器的中心频率；

K_0 ——振荡器的增益，rad/（s · V）。

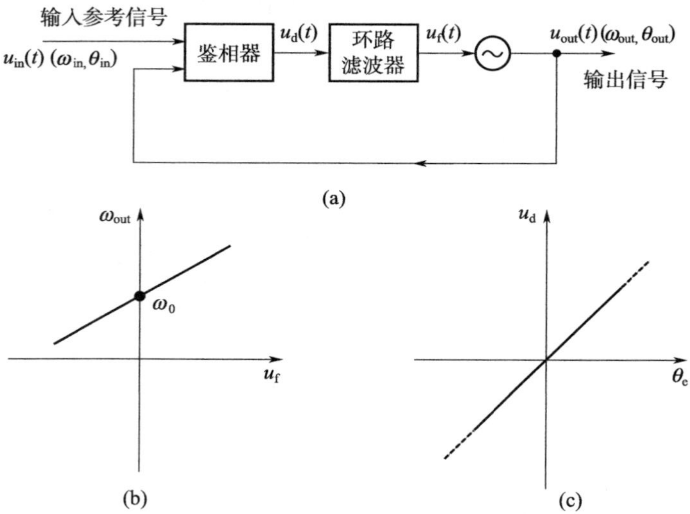

图 4－83　基本框图及振荡器和鉴相器传输特性

鉴相器将输出信号的相位和输入参考信号的相位进行比较，它的输出在一个有限的输入范围内正比于两者之间的相位差 θ_e，即

$$u_d(t)=K_d\theta_e \tag{4-14}$$

式中　K_d ——PD 的增益，V/rad。

PD 的输出信号 $u_d(t)$ 包含直流成分和叠加的交流成分，压控振荡器的控制电压应是直流信号，因此 $u_d(t)$ 中的交流成分应该被滤除，这是由环路滤波器来实现的。环路滤波器是一个低通滤波器，由它滤除交流成分，产生直流控制电压，调节振荡器的振荡频率。

假设锁相环频率合成器输入参考信号 $u_{in}(t)$ 的频率和振荡器的

振荡频率均为 ω_0，且两者之间的初始相位差 θ_e 等于 0，则鉴相器和环路滤波器的输出均为 0，振荡器的输入控制电压为 0，振荡频率维持 ω_0 不变，维持稳定的工作状态。如果两者之间的初始相位差 θ_e 不等于 0，PD 将产生一个非零的输出信号 $u_d(t)$，该信号由低通滤波器进行滤波，在一定的延迟后，产生一个直流控制电压 u_f，非零的控制电压将调节振荡器的振荡频率，该调节将逐渐减小振荡器输出信号和输入参考信号之间的相位差，直至最终两者之间没有相位差。如果在某一时刻 t_1，处于锁定状态的锁相环频率合成器的输入参考信号的频率改变了 $\Delta\omega$，则输入信号的相位将开始领先于输出信号，如图 4－84 所示。两者之间的相位差将开始随着时间增加，导致 PD 产生一个随时间增加的输出信号 $u_d(t)$，该信号由低通滤波器进行滤波，经一定延迟后，产生 VCO 的控制信号 $u_f(t)$，它也随时间而增加。因此 VCO 的频率也会逐渐增加，这会减小输出信号与参考信号之间的相位差。经过建立时间之后，振荡器的振荡频率将调节到与输入参考信号的频率相同。根据所用环路滤波器的不同类型，锁相环频率合成器锁定时，PD 两输入之间的相位差 θ_e 等于 0 或者为某一个固定的常数。

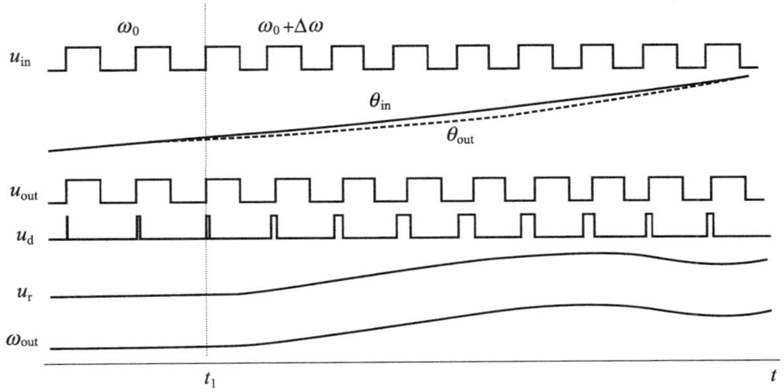

图 4－84　锁相环频率合成器对频率发生阶跃变化的响应曲线

总之，在锁相环频率合成器中，当输入信号和输出信号频率相等时，它们之间的相位差保持不变；反之，若两个信号的相位差是个恒定值，则它们的频率必然相等。如果由于某种原因使 VCO 的频率发生变化，那么输出信号和输入参考信号之间的相位差不再为恒定值，鉴相器的输出电压也就跟着发生变化，此变化不断调整 VCO 的振荡频率，直到输出信号的频率与参考信号的频率相等为止。

4.3.7.2 测试指标体系

锁相环频率合成器的主要指标包括：射频输入频率、射频输入灵敏度、参考输入频率、参考输入灵敏度、鉴相频率、相位噪声、杂散、频率切换时间等。

(1) 射频输入频率

射频输入频率为射频输入分频器正常工作时的输入信号频率范围。

(2) 射频输入灵敏度

射频输入灵敏度为射频输入分频器正常工作时的输入信号幅度范围。

(3) 参考输入频率

参考输入频率为参考输入分频器正常工作时的输入信号频率范围。

(4) 参考输入灵敏度

参考输入灵敏度为参考输入分频器正常工作时的输入信号幅度范围。

(5) 鉴相频率

鉴相频率为鉴相器正常检测射频输入分频信号和参考输入分频信号的频率及相位差，并将两者的差值转化为高、低电平输出时的工作频率。

(6) 相位噪声

当锁相环频率合成器环路锁定时，应该输出稳定严格的周期波形，但实际中电路存在各种非理想因素，导致输出波形存在相位噪声。相位噪声的定义是指在载波信号 $\Delta\omega$ 频偏处 1 Hz 带宽内，单边带噪声功率相对于信号功率的比值的分贝形式，单位是 dBc/Hz。

$$L(\omega_0, \Delta\omega) = 10\log\left[\frac{P_{\text{sideband}}(\omega_0 + \Delta\omega, 1\ \text{Hz})}{P_{\text{carrier}}}\right] \tag{4-15}$$

式中　P_{carrier} ——载波功率；

$P_{\text{sideband}}(\omega_0 + \Delta\omega, 1\ \text{Hz})$ ——载波信号 $\Delta\omega$ 频偏处 1 Hz 带宽内的噪声谱密度。

(7) 杂散

除相位噪声外，在某些特殊的频率点上，锁相环频率合成器的输出频谱还可能出现一些强信号频率成分，这些频率成分称为杂散(Spur)。载波与最大杂散成分的功率之比反映了频率合成器的杂散性能。

(8) 频率切换时间

锁相环频率合成器的频率切换时间是指由一个稳定的输出频率切换到另一个稳定输出频率的时间，输出信号的频率经过一定时间的瞬态变化后，最后稳定到理想输出频率一定范围内。由于压控振荡器的输出信号频率与控制电压成正比，因此通过测试控制电压的稳定时间即可得到频率切换时间。

4.3.7.3　流程和方法

锁相环频率合成器测试系统如图 4-85 所示。其中测试设备包括精密电源、信号发生器、频谱分析仪、相位噪声分析仪、示波器、寄存器配置板及控制 PC。

(1) 精密电源

精密电源用于为锁相环频率合成器电路提供高精度、低噪声的供电电源。

(2) 信号发生器

信号发生器用于为锁相环频率合成器电路提供射频输入和参考输入信号。

(3) 频谱分析仪

频谱分析仪用于测试锁相环频率合成器电路的射频分频输出、

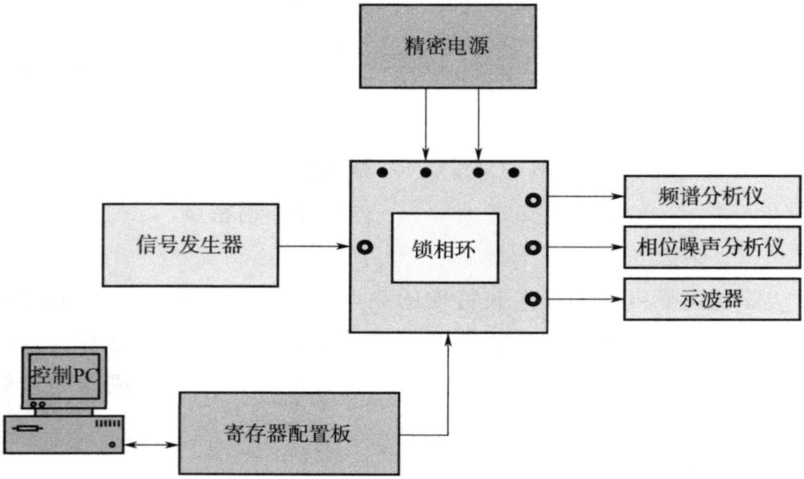

图 4-85　锁相环频率合成器测试系统

参考分频输出信号的频率和幅度。

（4）相位噪声分析仪

相位噪声分析仪用于测试锁相环频率合成器电路的射频输出信号的相位噪声和杂散。

（5）示波器

示波器用于测试锁相环频率合成器电路的频率切换时间。

（6）寄存器配置板

寄存器配置板用于为锁相环频率合成器电路提供寄存器控制信号。

（7）控制 PC

控制 PC 用于运行锁相环频率合成器测试系统的上位机程序。

4.3.7.4　测试实例

B4106RH 是一款抗辐照锁相环频率合成器，内部集成了低噪声数字鉴频鉴相器（PFD）、高精度电荷泵（CP）、可编程参考分频器、可编程 A/B 计数器、双模预分频器及基准源等主要模块，结构如图

4－86 所示。此外，还配备了三线接口电路，用于对多种可编程功能进行配置；同时，还集成了多路选择器，以监测电路内部节点的不同功能。

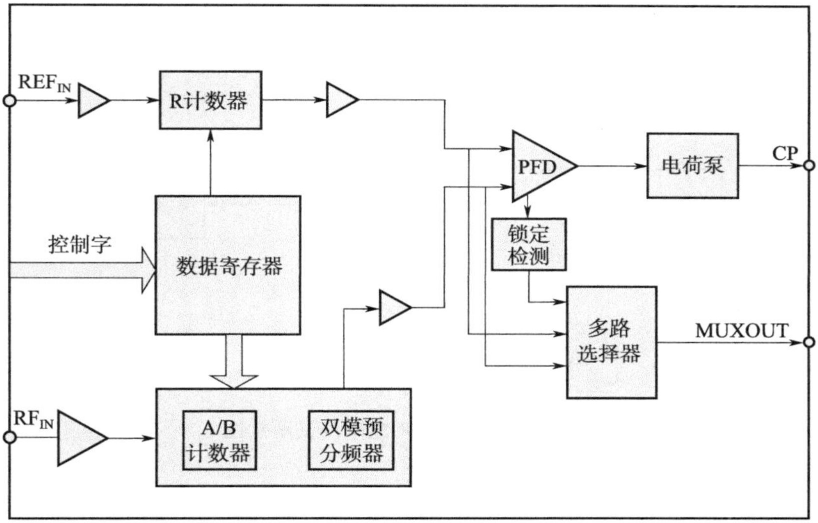

图 4－86　B4106RH 型锁相环频率合成器结构框图

B4106RH 型锁相环频率合成器的关键指标包括射频输入频率、参考输入频率、射频输入灵敏度、参考输入灵敏度、鉴相频率、相位噪声、杂散、频率切换时间等。测试评估板实物图如图 4－87 所示。

图 4－87　B4106RH 型锁相环频率合成器测试评估板

（1）射频输入频率测试

1）在规定的测试环境下，按图 4－88 方法将 B4106RH 型锁相环频率合成器接入测试系统；

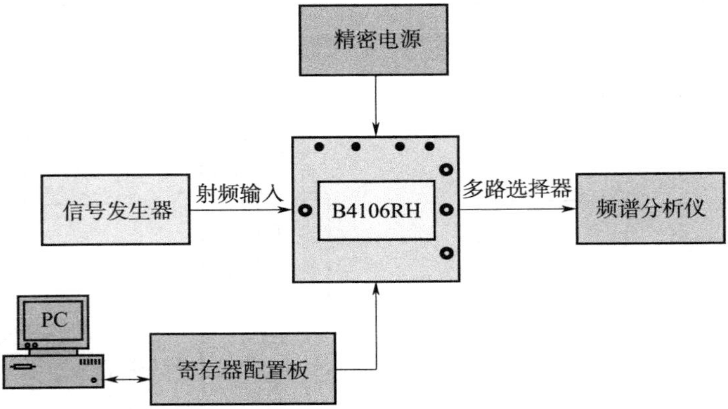

图 4－88　射频输入频率测试示意图

2）设置精密电源输出电压和限流，启动电源，为电路供电；

3）设置信号发生器，在射频输入端口施加频率为 F 的射频输入信号；

4）通过 PC 的上位机程序和寄存器配置板，配置电路寄存器，使射频分频比为 N，多路选择器为射频分频输出；

5）使用频谱分析仪在多路选择器端口监测射频分频输出信号的频率和幅度；

6）结果判断：若射频分频输出信号的频率等于 F/N，且幅度正常，则该频率 F 下的射频输入频率测试通过。

（2）参考输入频率测试

1）在规定的测试环境下，按图 4－89 所示方法将 B4106RH 型锁相环频率合成器接入测试系统；

2）设置精密电源输出电压和限流，启动电源，为电路供电；

3）设置信号发生器，在参考输入端口施加频率为 f 的参考输入信号；

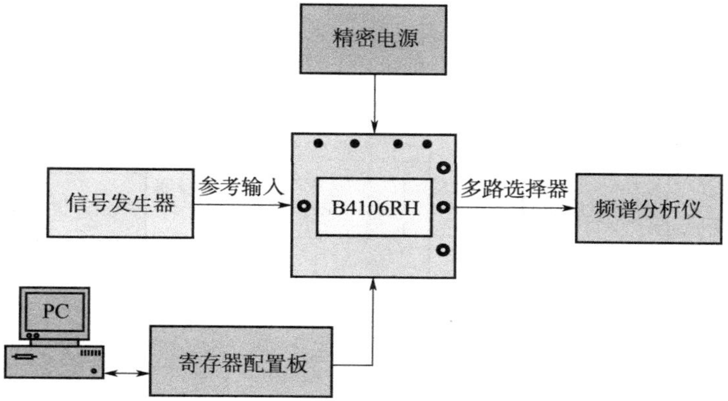

图 4-89 参考输入频率测试示意图

4）通过 PC 的上位机程序和寄存器配置板，配置电路寄存器，使参考分频比为 R，多路选择器为参考分频输出；

5）使用频谱分析仪在多路选择器端口监测参考分频输出信号的频率和幅度；

6）结果判断：若参考分频输出信号的频率等于 f/R，且幅度正常，则该频率 f 下的参考输入频率测试通过。

（3）射频输入灵敏度测试

1）在规定的测试环境下，按图 4-90 所示方法将 B4106RH 型锁相环频率合成器接入测试系统；

2）设置精密电源输出电压和限流，启动电源，为电路供电；

3）设置信号发生器，在射频输入端口施加频率为 F、幅度为 A 的射频输入信号；

4）通过 PC 的上位机程序和寄存器配置板，配置电路寄存器，使射频分频比为 N，多路选择器为射频分频输出；

5）使用频谱分析仪在多路选择器端口监测射频分频输出信号的频率和幅度；

6）结果判断：若射频分频输出信号的频率等于 F/N，且幅度正常，则该频率 F、幅度 A 下的射频输入灵敏度测试通过。

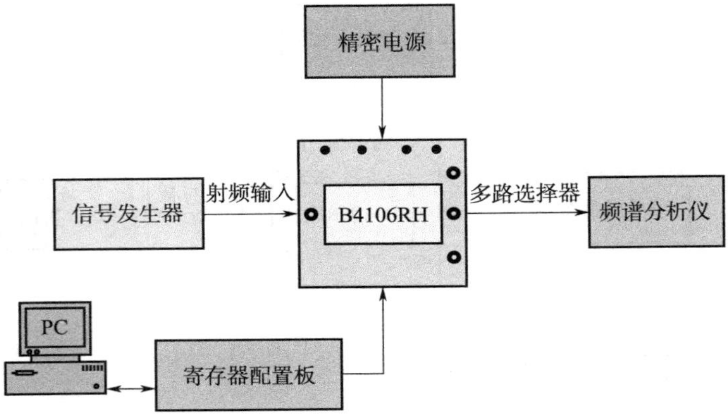

图 4-90　射频输入灵敏度测试示意图

（4）参考输入灵敏度测试

1）在规定的测试环境下，按图 4-91 所示方法将 B4106RH 型锁相环频率合成器接入测试系统；

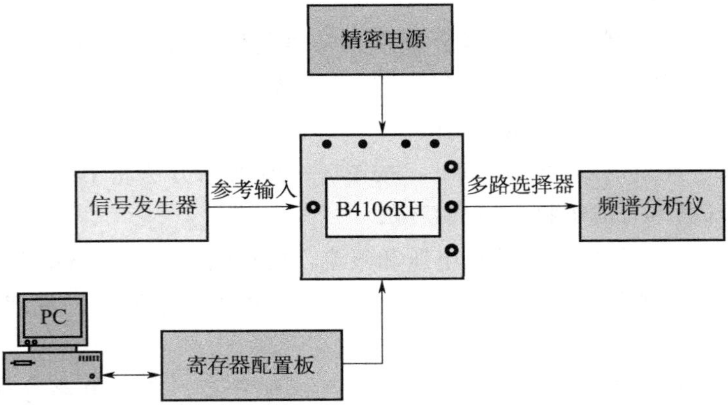

图 4-91　参考输入灵敏度测试示意图

2）设置精密电源输出电压和限流，启动电源，为电路供电；

3）设置信号发生器，在参考输入端口施加频率为 f、幅度为 a 的参考输入信号；

4）通过 PC 的上位机程序和寄存器配置板，配置电路寄存器，使参考分频比为 R，多路选择器为参考分频输出；

5）使用频谱分析仪在多路选择器端口监测参考分频输出信号的频率和幅度；

6）结果判断：若射频分频输出信号的频率等于 f/R，且幅度正常，则该频率 f、幅度 a 下的参考输入灵敏度测试通过。

（5）鉴相频率测试

1）在规定的测试环境下，按图 4－92 所示方法将 B4106RH 型锁相环频率合成器接入测试系统；

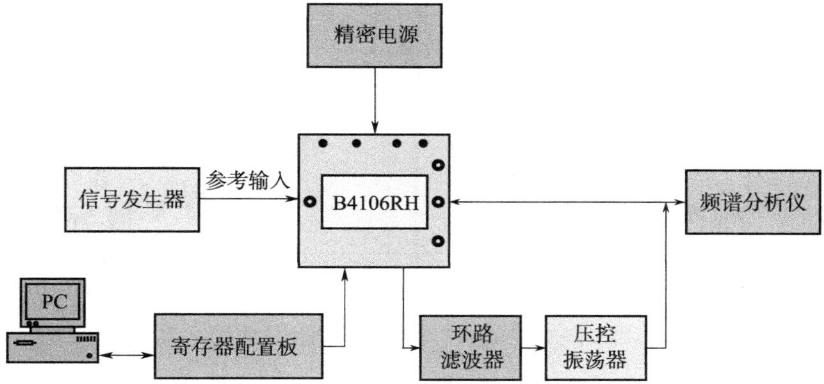

图 4－92　鉴相频率测试示意图

2）设置精密电源输出电压和限流，启动电源，为电路供电；

3）设置信号发生器，在参考输入端口施加频率为 f、幅度为 a 的参考输入信号，搭配片外环路滤波器和压控振荡器构成完整的锁相环；

4）通过 PC 的上位机程序和寄存器配置板，配置电路寄存器，使射频分频比为 N，参考分频比为 R，则鉴相频率等于 f/R；

5）使用频谱分析仪在射频输出端口监测输出信号的频率和幅度；

6）结果判断：若射频输出信号的频率等于 $N \cdot f/R$，且幅度正常，则该鉴相频率 f/R 测试通过；

7）B4106RH 型锁相环频率合成器输出 5.8 GHz 频谱测试曲线，如图 4－93 所示。

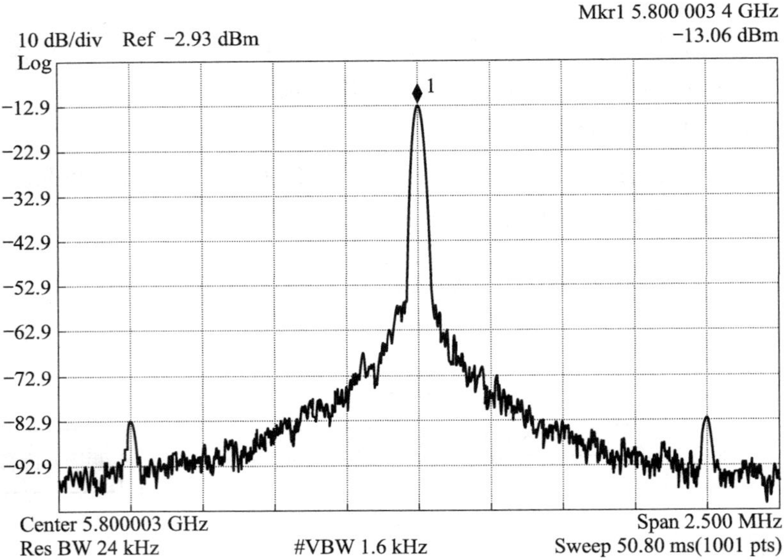

图 4－93　输出 5.8 GHz 频谱测试曲线

（6）相位噪声测试

1）在规定的测试环境下，按图 4－94 所示方法将 B4106RH 型锁相环频率合成器接入测试系统；

2）设置精密电源输出电压和限流，启动电源，为电路供电；

3）设置信号发生器，在参考输入端口施加频率为 f、幅度为 a 的参考输入信号，搭配片外环路滤波器和压控振荡器构成锁相环频率合成器；

4）通过 PC 的上位机程序和寄存器配置板，配置电路寄存器，使射频分频比为 N，参考分频比为 R；

5）使用相位噪声分析仪在射频输出端口监测输出信号的频率、幅度和相位噪声；

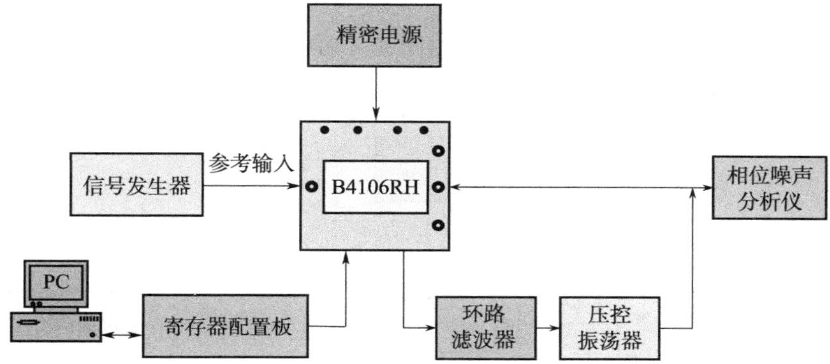

图 4-94　相位噪声测试示意图

6）结果判断：若射频输出信号的频率等于 $N \cdot f/R$，幅度正常，且相位噪声满足指标要求，则该相位噪声测试通过；

7）B4106RH 型锁相环频率合成器输出 5.8 GHz 相位噪声测试曲线如图 4-95 所示。

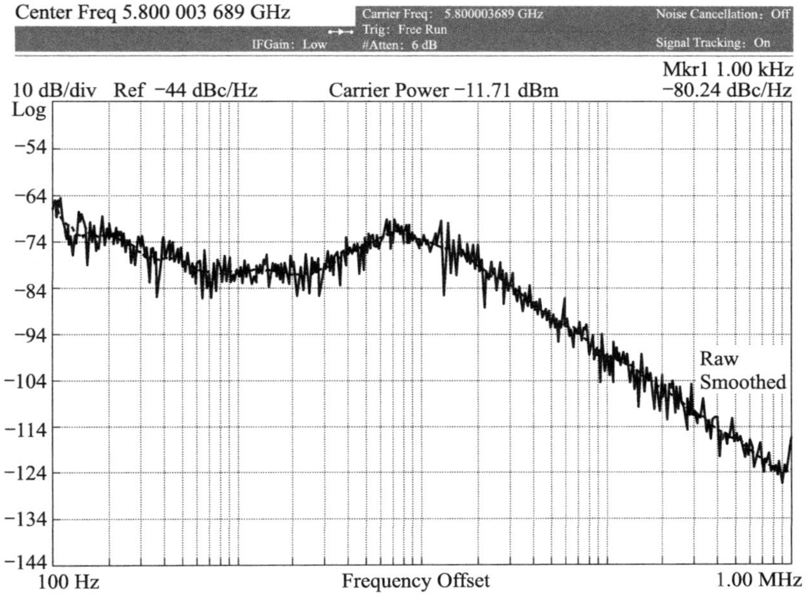

图 4-95　输出 5.8 GHz 相位噪声测试曲线

(7) 杂散测试

1) 在规定的测试环境下，按图 4-96 所示方法将 B4106RH 型锁相环频率合成器接入测试系统；

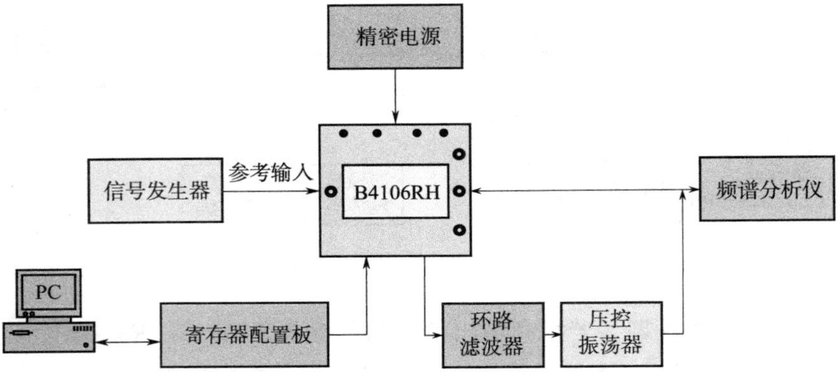

图 4-96 杂散测试示意图

2) 设置精密电源输出电压和限流，启动电源，为电路供电；

3) 设置信号发生器，在参考输入端口施加频率为 f、幅度为 a 的参考输入信号，搭配片外环路滤波器和压控振荡器构成锁相环频率合成器；

4) 通过 PC 的上位机程序和寄存器配置板，配置电路寄存器，使射频分频比为 N，参考分频比为 R；

5) 使用频谱分析仪在射频输出端口监测输出信号的频率、幅度和杂散；

6) 结果判断：若射频输出信号的频率等于 $N \cdot f/R$，幅度正常，且杂散满足指标要求，则该杂散测试通过；

7) B4106RH 型锁相环频率合成器输出 5.8 GHz 杂散测试曲线如图 4-97 所示。

(8) 频率切换时间测试

1) 在规定的测试环境下，按图 4-98 所示方法将 B4106RH 型锁相环频率合成器接入测试系统；

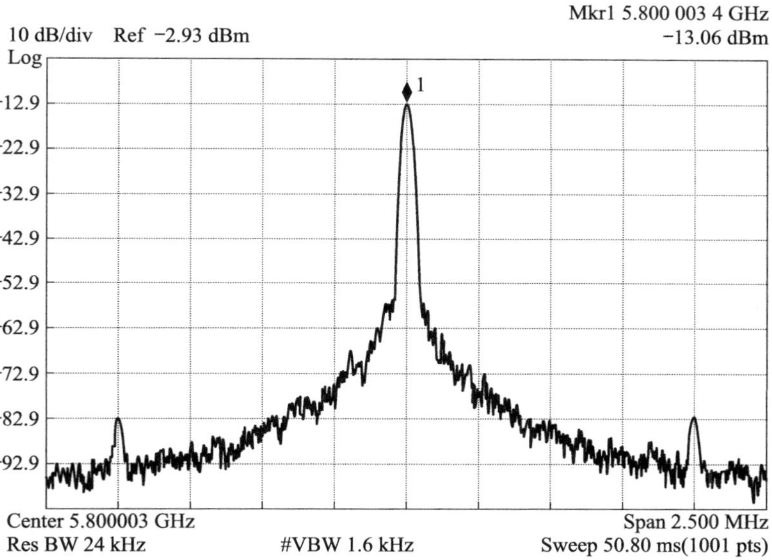

图 4－97　输出 5.8 GHz 杂散测试曲线

2）设置精密电源输出电压和限流，启动电源，为电路供电；

3）设置信号发生器，在参考输入端口施加频率为 f、幅度为 a 的参考输入信号，搭配片外环路滤波器和压控振荡器构成锁相环频率合成器；

4）通过 PC 的上位机程序和寄存器配置板，配置电路寄存器，使射频分频比为 N，参考分频比为 R；

5）使用频谱分析仪在射频输出端口监测输出信号的频率、幅度；

6）通过上位机程序和寄存器配置板，改变电路射频分频比为 N_1，参考分频比为 R_1；

7）使用示波器监测 VCO 调谐电压的突变过程，测试调谐电压的变化时间即为频率切换时间；

8）结果判断：若最终射频输出信号的频率等于 $N_1 \cdot f/R_1$，幅度正常，且调谐电压的变化时间满足指标要求，则该频率切换时间

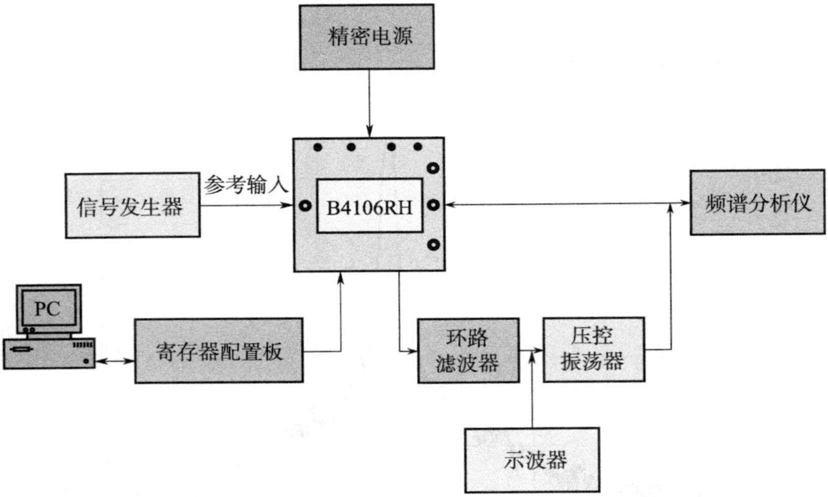

图 4-98 频率切换时间测试示意图

测试通过；

9）B4106RH 型锁相环频率合成器频率切换时间测试曲线如图 4-99 所示。

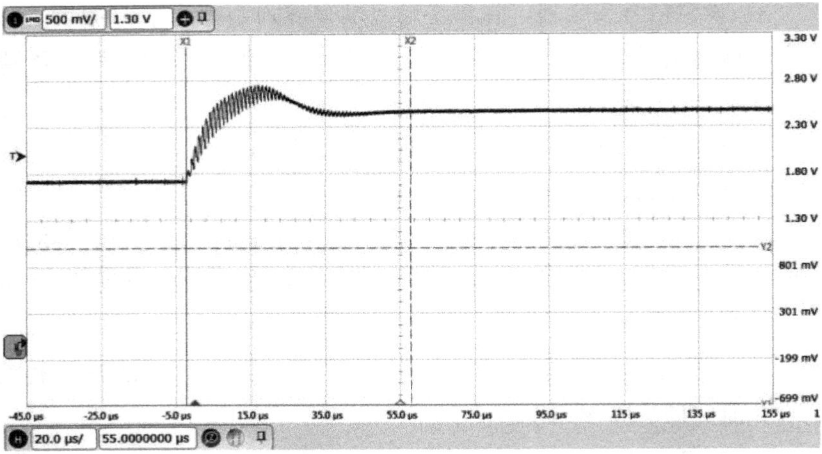

图 4-99 频率切换时间测试曲线

4.3.8　二维 AMR 磁敏传感器芯片

4.3.8.1　产品概述

二维各向异性磁电阻（AMR）磁敏传感器芯片是一种测量二维方向上弱磁场大小的磁敏传感器，其设计目的是用于测量 Gs 量级的弱磁场，如地球磁场。该产品原理是基于 AMR 效应，内部含有两个惠斯通桥结构，每个惠斯通桥可以测量一维方向上的弱磁场大小，所测磁场范围为－6～＋6 Gs。芯片内部的敏感单元是 AMR 磁阻薄膜和 Barber 电极。为了获得较好的 AMR 效应，在磁阻薄膜材料的选择上，目前广泛应用的是 NiFe 坡莫合金；而 Barber 电极材料通常采用的是 Al。磁阻薄膜的制备方法是通过磁控溅射工艺，将 NiFe 靶材溅射到晶圆基底上面，形成 nm 量级厚度薄膜，然后通过电子束蒸发的方法制备 Barber 电极。

二维 AMR 磁敏传感器芯片具有体积小巧、可靠性高、灵敏度高、线性度好、适合量产的优势。因其出色的性能，可广泛用于车辆检测、罗盘定向导航、无损评估、地磁探测等方面。另外该芯片在武器装备中也有着重要应用，例如在基于地磁导航技术的武器系统中，其内部地磁敏感元件就是二维 AMR 磁敏传感器芯片。因此二维 AMR 磁敏传感器芯片无论在军用、民用领域，皆有着极大的应用价值。

4.3.8.2　测试指标体系

二维 AMR 磁敏传感器芯片测试指标体系的核心是不同工况下表征弱磁场的准确度，包括以下 5 项：磁场范围、灵敏度、线性度、重复性误差、工作温度范围，见表 4－10。

表 4-10　二维 AMR 磁敏传感器芯片测试指标体系

参数项	参数定义	测试意义
磁场范围	即磁场测量范围，指在标称工作电压下、规定温度范围内，在保证线性度、灵敏度、重复性误差等性能指标的前提下，所能够测量磁场大小的区间	表征芯片可有效工作的磁场范围
灵敏度	在磁场测量范围内，输出变化量与相应输入变化量的比值	表征芯片的单位磁场输入变化引起的输出电压变化量
线性度	指器件在规定的工作电压下，传感器输出电压相对于参比直线的最大偏差，用满量程输出的百分比来表示。本书中参比直线为最小二乘直线	表征芯片在正常工作状态下，输出电压符合理想直线的程度
重复性误差	在一段短的时间间隔内，在相同的工作条件下，外加磁场从同一方向做满量程变化，多次趋近并到达同一磁场大小时芯片输出电压的分散程度	表征对于同一磁场输入量，芯片输出量的分散程度
工作温度范围	器件能正常工作的最高温度和最低温度	表征芯片适应不同温度工况的能力

4.3.8.3　流程和方法

二维 AMR 磁敏传感器芯片通常采用 AMR 磁敏传感器参数测试系统完成各项参数的测试，该系统包含直流电压源、直流恒流源、高精度电压表、亥姆霍兹线圈，如图 4-100 所示。

步骤 1　亥姆霍兹线圈校准。

采用经过计量的高斯计标定亥姆霍兹线圈中心磁场大小与线圈输入电流的线性关系。

步骤 2　磁场范围。

将亥姆霍兹线圈中心磁场从 8 Oe 减小到 0 Oe，然后改变电流方向，将磁场增加到 −8 Oe，记录芯片输出曲线。通过最小二乘法求得线性拟合直线，计算拟合数据点和实际测得数据点的相对变化百

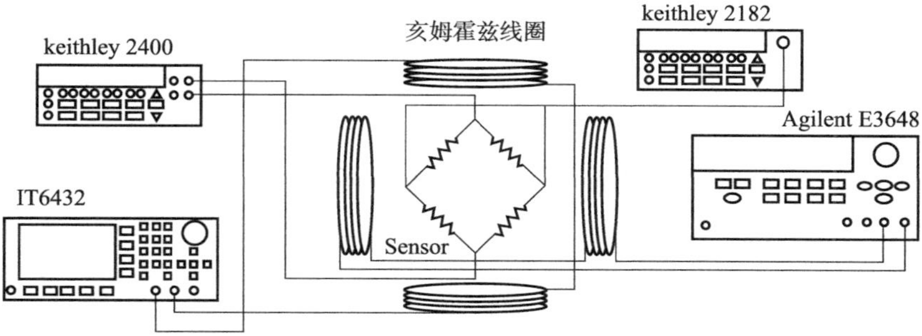

图 4-100 AMR 磁敏传感器参数测试系统

分比。获得相对变化百分比小于 5% 的磁场最大值 H_{max} 和最小值 H_{min}，磁场范围即为 $H_{max} \sim H_{min}$。

步骤 3 灵敏度。

芯片标称外加电压为 U。将磁场从 6 Oe 渐渐减少到 0 Oe，然后改变磁场方向，将磁场渐渐增加到 −6 Oe，记录输出电压曲线，电压单位为 mV。传感器的输出电压变化量 ΔU 和磁场的变化量 $\Delta H = 12$ Oe 之比为：$k = \Delta U/12$，则灵敏度 S 为：$S = k/U$。

步骤 4 线性度。

将外加磁场从 6 Oe 渐渐减少到 0 Oe，然后改变电流方向，将外加磁场渐渐增加到 −6 Oe，记录输出曲线。采用最小二乘法求得输出曲线的拟合直线，计算拟合数据点和测试点电压的相对变化。获得变化的最大值与满量程输出的比值即为磁场芯片的线性度，如图 4-101 所示。计算公式为

$$\gamma_L = (\Delta Y_{L\max}/Y_{FS}) \times 100\% \qquad (4-16)$$

式中 $\Delta Y_{L\max}$ ——传感器的实际特性曲线对最小二乘拟合直线的最大偏差；

Y_{FS} ——满量程输出。

步骤 5 重复性误差 ξ_R。

采用典型供电电压对传感器供电，传感器外加磁场范围为 ±2 Oe，磁场变化步长为 0.2 Oe，1 个正行程和 1 个反行程计为 1

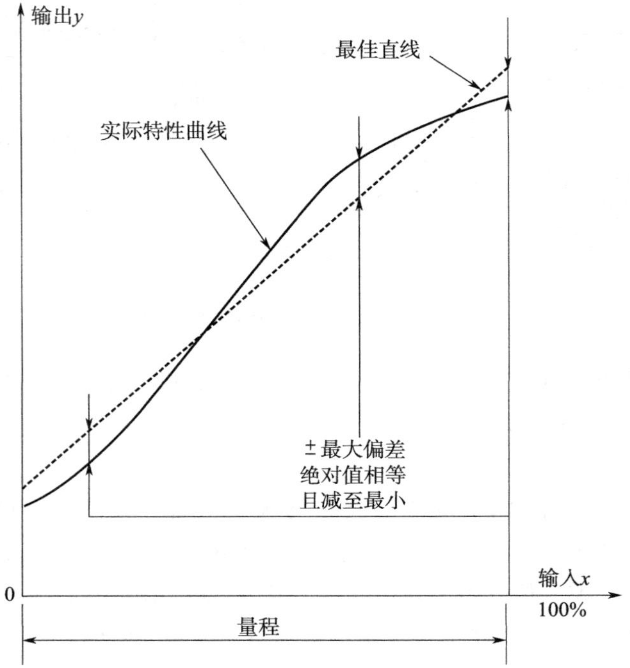

图 4-101　线性度计算示意图

次循环，测试 10 个循环。传感器在某校准点处的重复性可计算为校准点处的一组测量值的样本标准偏差在一定置信度下的极限值，并以其满量程输出的百分比来表示，而传感器的重复性则取为各校准点处重复性的最大者。计算公式为

$$\xi_R = (cS_{\max}/Y_{FS}) \times 100\% \tag{4-17}$$

式中　c——包含因子，测试 3 个循环，采用 t − 分布，$c = t_{0.95} = 4.303$（保证 95%的置信度）；

$S_{\max}$——样本数据标准差；

Y_{FS}——满量程输出。

步骤 6　工作温度范围。

将芯片放入高低温试验箱中，采用典型供电电压对传感器供电，

外加磁场大于 5 Oe。设定温度 T_{Min}，逐渐增加磁场，获得芯片输出电压。将高低温试验箱内温度升高至 T_{Max}，重复上述测试步骤。在需要考察的芯片工作温度范围（$T_{Min} \sim T_{Max}$），任意选取一个温度 T，做同样测试。在这些条件下，芯片均有与磁场正相关的呈线性关系的电压输出，则芯片的工作温度范围为 $T_{Min} \sim T_{Max}$。

4.3.9　测试实例

采用 AMR 磁敏传感器参数测试系统对某款二维 AMR 磁敏传感器芯片进行测试，整理测试数据并绘制磁场范围、灵敏度、线性度、重复性误差、工作温度范围的测试结果曲线。

（1）磁场范围（图 4-102）

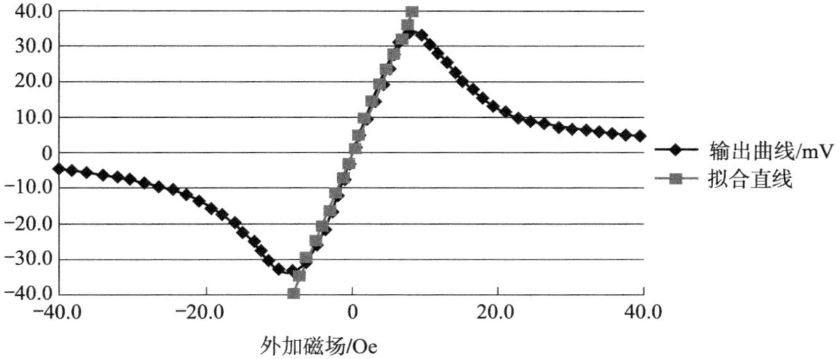

图 4-102　磁场范围测试曲线

外加磁场范围：−40～40 Oe；

芯片供电电压：5 V；

参数确定计算步骤：

1）磁场传感器芯片的最大输出电压为：34.1 mV，对应磁场为：8.6 Oe；

2）磁场传感器芯片的最小输出电压为：−34.1 mV，对应磁场为：−8.4 Oe；

3）最小二乘法拟合，得到直线方程：$y=4.8516x-0.6947$；

4）计算相对变化＝（输出电压－拟合电压）/输出电压最大值×100%；

5）查找相对变化绝对值小于20%的范围为±8.2 Oe，即芯片磁场范围为－8.2～＋8.2 Oe。

（2）灵敏度（图4－103）

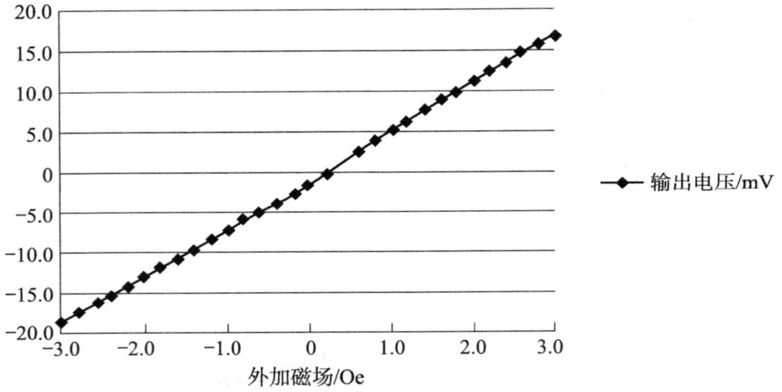

图4－103　灵敏度测试曲线

外加磁场范围：－3～3 Oe；

芯片供电电压：5 V；

参数确定计算步骤：

1）磁场变化量 Δh ＝6 Oe，输出电压的变化量 ΔU ＝35.672 666 mV；

2）计算 $S=\dfrac{\Delta U}{U\Delta h}=1.19\ \mathrm{mV/(V\cdot Oe)}$。

（3）线性度（图4－104）

外加磁场范围：－3～3 Oe；

芯片供电电压：5 V；

参数确定计算步骤：

1）根据国家标准GB/T 18459—2001《传感器主要静态性能指标计算方法》和测试数据，计算得到最佳拟合直线方程为：$y=$

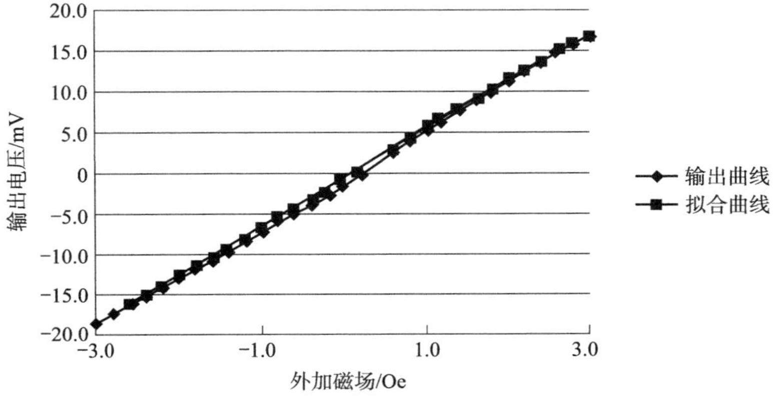

图 4-104 线性度测试曲线

6.74x−1.5；

2) 输出电压相对最佳拟合直线变化的最大值 $\Delta YL_{\max}$ = 0.69 mV；

3) 满量程输出 Y_{FS} = 40.42 mV；

4) 计算 $\gamma_L = \Delta YL_{\max}/Y_{FS} \times 100\% = 1.72\%$。

(4) 重复性误差（图 4-105）

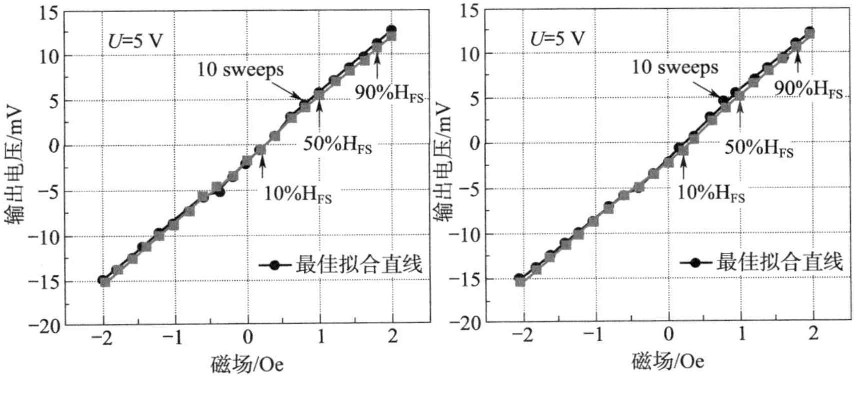

图 4-105 重复性测试曲线

外加磁场范围：−2～2 Oe；

芯片供电电压：5 V；

参数确定计算步骤：

1）磁场分别为 0.2 Oe（10%H_{FS}）、1 Oe（50%H_{FS}）、1.8 Oe（90%H_{FS}）时，标准偏差 S_{max} 分别为：

$S_{max}(H=0.2\ \mathrm{Oe})=0.003\,82$

$S_{max}(H=1\ \mathrm{Oe})=0.001\,56$

$S_{max}(H=1.8\ \mathrm{Oe})=0.002\,0$

2）最大标准偏差 $S_{max}=0.003\,8$；

3）拟合直线方程为 $y=6.899\,67x-1.781\,58$；

4）满量程输出 $Y_{FS}=27.598\,8$；

5）计算 $\zeta R=S_{max}/Y_{FS}\times100\%=0.014\%$，即重复性为 0.014%。

（5）工作温度范围（图 4－106）

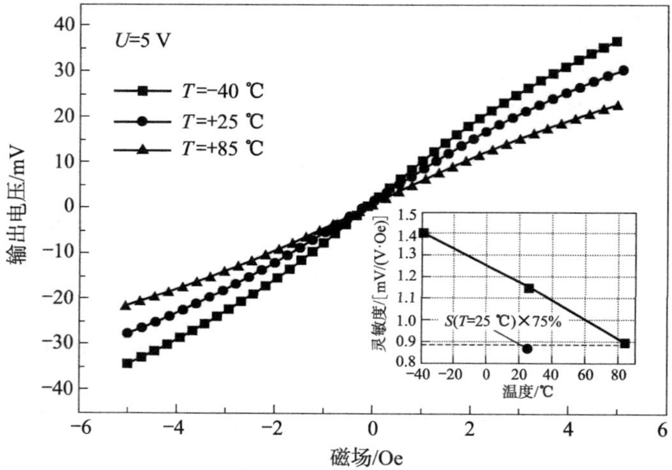

图 4－106　芯片不同温度下输出曲线

外加磁场范围：−5～5 Oe；

芯片供电电压：5 V；

计算过程如下：

三个温度下的灵敏度分别为：

$S(T=-40\ ℃)=1.41\ \mathrm{mV/(V\cdot Oe)}$；

$S(T=+25\ ℃)=1.16\ \mathrm{mV/(V\cdot Oe)}$；

$S(T=+85\ ℃)=0.89\ \mathrm{mV/(V\cdot Oe)}$；

取 $T=+25$ ℃的灵敏度的 75%：0.87 mV/（V·Oe），比较与其他两个温度－40 ℃和＋85 ℃的相对大小，得到芯片的工作温度范围为－40～＋85 ℃。

4.4　存储器与微型计算机

4.4.1　存储器

4.4.1.1　产品概述

作为电子系统的基础性构成部件，半导体存储器的发展历程贯穿着集成电路行业发展的全程。如今，存储器市场已成为半导体行业中市值最大的板块。广义而言，根据工作原理的不同，存储器主要分为掉电后信息会丢失的易失性存储器和掉电后信息不丢失的非易失性存储器两大类。

易失性存储器主要由随机存储器（RANDOM ACCESS MEMORY，RAM）构成，这种类型的存储器信息的写入或读出是可根据需要随时执行操作的。静态随机存储器的集成度低，功耗较大，成本也相对较高，但是它的存取数据速度非常快，经常用于系统数据的高速缓存。动态随机存储器由于其具有比较大的容量，存取速度快，功耗低，成本低，适合大容量系统数据的缓存。由于 DRAM 读写速度快兼具成本优势，是目前计算机结构中内存储器的主流产品，已发展出 DDR2/3/4 和 GDDR3/4/5/6 等多代产品。

非易失性存储器可在断电之后依然长期保持数据的有效性，包括 PROM、EPROM、EEPROM 和 Flash 等类型，其中闪存 Flash 已成为非易失性存储器的最主流产品。根据存储阵列结构的不同，

Flash 又分为 NOR Flash 和 NAND Flash 两大类。NOR Flash 的存储单元采用并行结构，可以直接访问内部任意地址的数据，其特点是容量小、读取速度快、可靠性高，有足够的地址引脚对数据直接进行寻址操作，因此通常用于小容量系统程序的存储和运行。NAND Flash 的存储单元采用串行的结构，存储单元的读写是以页和块为单位进行的，一页包含若干字节的存储单元，一个存储块包含若干页。这种结构最大的优点是在容量上可以做得很大，因此 NAND Flash 的成本较低，有利于大容量数据的存储，适用于需要高数据存储密度的设备。

4.4.1.2　测试指标体系

无论什么类型的存储器，其结构都可以归纳为由存储阵列、地址译码电路、驱动电路、读出放大器等主要模块组成。存储器的测试指标体系的核心是测试覆盖率指标，通常又可以归纳为三个类型：存储单元阵列测试、地址译码测试和读写电路测试。

(1) 存储单元阵列测试

固定型故障（Stuck - at Faults，SAF）：存储单元中的值固定为 0（Stuck - at - 0，SA0）或者固定为 1（Stuck - at - 1，SA1），即外界对其进行写操作时，存储器不会做出相应操作。固定型故障可以通过写入 0 再读出 0，然后写入 1 再读出 1 来检测存储单元是否存在故障，当然，先写入 1 读出 1，再写入 0 读出 0 也可以实现这类故障的检测。

跳变故障（Transition Faults，TF）：存储单元中的值无法从 0 跳变到 1 或者无法从 1 跳变到 0。跳变故障可以通过写入 1 到 0 的跳变再读出 0，然后写入 0 到 1 的跳变再读出 1 来进行检测。

单元串扰故障：单元间干扰、相邻单元短路、漏电、杂散电容或相邻单元间互相干扰、存取数据不稳定。

数据保持故障：存储单元的信息过早丢失。

(2) 地址译码测试

地址译码故障（Address Decoder Faults，ADF）：这种故障主

要发生在地址译码逻辑中，地址与存储单元是一一对应的，一旦地址译码逻辑发生故障，将会出现以下四种情况中的一种或者多种：1）对于给定的地址，不存在相对应的存储单元；2）对于一个存储单元，没有相对应的物理地址；3）对于给定的地址，可以访问多个固定的存储单元；4）对于一个存储单元，可以通过多个地址访问。

耦合故障（Coupling Faults，CF）：一个存储单元的值发生变化，导致另一个存储单元的值发生变化。耦合故障可以分为以下几种类型：1）反相耦合故障（Coupling Fault inversion，CFin）：耦合单元做与存储单元相反的状态变化；2）等幂耦合故障（Coupling Fault idempotent，CFid）：某个存储单元的值发生跳变时，耦合单元的值变为特定值（0 或者 1）；3）状态耦合故障（Coupling Fault state，CFst）：某个存储单元的某个特定状态引起耦合单元跳变为某一状态（0 或者 1）；4）桥接故障（Bridging Faults，BF）：这类故障主要是由两个单元或多个单元之间的短路或者桥接引起的，通常由一个特定的值激活。桥接故障还要分为两类：一类是“或桥连故障（OBF）”，类似于“或逻辑”；另一类是“与桥连故障（ABF）”，类似于“与逻辑”；5）动态耦合故障（Dynamic Coupling Fault，CFdyn）。耦合故障可以通过对所有存储单元先进行升序写操作和读操作，然后再降序对所有存储单元进行写操作和读操作的方法进行故障检测。

（3）读写电路测试

写入故障：当写驱动器或读出放大器出现开路或短路时，数据写不到选中的单元中去，读的是固定输出。

读写串扰：物理上相邻的读写数据线，在读出放大器、写驱动器电路的相互干扰下会造成邻近行列的读写错误。

读写恢复错误：读后恢复时间过长，即读出放大器读完一串相同数据以后，不能立即读出与之相反的数据。写后恢复时间过长，当读周期前有写周期时，读取数据的时间变长。

4.4.1.3 流程和方法

存储器芯片拥有庞大的市场。随着存储器产品制造工艺的进步，存储容量和速度的大幅提高，其测试挑战也越来越大，需要运用更加高效的测试方法来有效降低测试成本，进而降低存储器产品的成本。常见的存储器的测试解决方案有以下几种：

（1）利用测试机台完成存储器测试

目前业内主流应用的测试机台包括爱德万、泰瑞达等测试设备制造公司的集成电路自动测试仪（ATE）。购买高端的测试机台可以满足复杂度不断提升的存储器芯片高覆盖率、高效率的测试要求。ATE 设备可以将存储器的测试算法图形翻译成实际信号施加到存储器上，并自动判断存储器的输出响应是否正确。业内常见的存储器测试算法种类繁多，例如奇偶校验图形检测法、棋盘格检测法、March 算法检测法等。有针对性地选择测试效率高且覆盖率高的测试算法可以有效缩短测试时间。

（2）设计内建自测试电路来完成存储器测试

设计内建自测试电路完成存储器的测试，虽然牺牲了一定的芯片面积，但是该方法对测试设备的要求不高，省去了购买高端昂贵的 ATE 的成本。其次，外部测试的能力进步总是落后于工艺的进步，但内建自测试电路的测试能力会随着工艺的进步而增强，而且可以利用系统时钟使存储器进入“全速”测试，从而覆盖更多的生成缺陷，也减少了测试时间和成本。最后，内建自测试电路开发费用低、使用简单，因此，内建自测试已成为大部分存储器都会采用的测试方案。

（3）利用系统软件完成存储器测试

基于软件的测试方式是将测试程序写入微处理器程序中，通过微处理器来测试存储器。利用嵌入式软件测试的好处在于不需要对硬件设计做出修改，而且测试算法的修改和实现可以通过修改软件程序来完成。然而，软件测试的方法也存在很多不足。首先，软件中测试程序算法的编写和修改需要耗费较大人力物力；其次，它只能对存储器的部分性能进行测试，测试范围有限。

上述存储器的测试解决方案基本不会单独存在，行业内主流的存储器测试方法依然是将测试机台、内建自测试电路和基于软件的测试三者结合起来，综合各种方法的优势来实现存储器的大批量生产测试。

4.4.1.4　测试实例

以一款典型的宇航用 NOR 型 Flash 存储器的测试为例说明存储器测试解决方案的设计与实现。该 NOR 型 Flash 存储阵列的基本结构如图 4－107 所示，由于 Flash 存储器特殊的制造工艺，在生产的过程中可能产生各种各样的缺陷。根据该产品基本结构及存储原理分析，主要存在如下一些 Flash 故障类型，表 4－11 分析了各种故障不同的失效形式与现象。

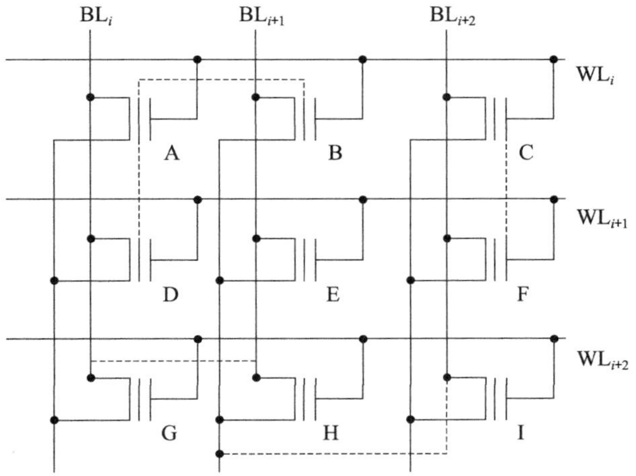

图 4－107　NOR Flash 存储阵列基本结构

表 4－11　不同失效形式与现象列表

失效形式	问题单元位置	发现失效的操作	问题单元的表现
GPD	同一字线上的单元	program－>read	被误写(1－>0)

续表

失效形式	问题单元位置	发现失效的操作	问题单元的表现
GED	同一字线上的单元	program－＞read	被误擦(0－＞1)
DPD	同一位线上的单元	program－＞read all words	被误写(1－＞0)
DED	同一位线上的单元	program－＞read all words	被误擦(0－＞1)
RD	本单元	read－＞read	被误写(0－＞1)
OE	本单元	erase－＞program－＞read	固定为 1
BF(FG－FG)	相邻单元	program in bit －＞read	某几个单元始终保持相同的逻辑值
BF(CG－CG)	相邻单元	program－＞read all	
BF(other)	相邻单元	Program/erase－＞read all	固定为 0 或固定为 1

注：GPD：字线编程扰动故障；GED：字线擦除扰动故障；DPD：位线编程扰动故障；DED：位线擦除扰动故障；RD：读扰动故障；OE：过擦除扰动故障；BF：桥接故障。

（1）测试算法设计

目前针对 Flash 缺陷测试的典型算法主要有 Flash－March、March－FT 和 Cocktail－March 算法。不同的算法针对的故障类型不同，算法的复杂度和测试覆盖率不同。表4－12 中的 F 表示擦，N 表示全部存储空间，P 表示编程，R 表示读，m 表示位宽。从表中可以看到 Flash－March 与 March－FT 算法的复杂度相似，而 March－FT 算法的测试更全面，Cocktail－March 算法的复杂度最大，而且会随着位宽测试时间变得更长，但此方法的测试覆盖率最全。

针对该芯片对故障覆盖率的要求及测试成本情况，采取 Cocktail－March 算法进行 Flash 测试，这样既提高了故障覆盖率，又降低了测试复杂度。

表 4-12　三种算法覆盖率与复杂度简表

	算法列表	Flash-March	March-FT	Cocktail-March
	算法复杂度	2F+2NP+4NR	2F+2NP+6NR	2F+2NP+6NR+(2F+2NP+2NR)log(m)
失效覆盖能力	GPD	全部	全部	全部
	GED	全部	全部	全部
	DPD	全部	全部	全部
	DED	全部	全部	全部
	RD	不能	全部	全部
	OE	全部	全部	全部
	BF(FG-FG)	部分	部分	全部
	BF(CG-CG)	全部	全部	全部
	BF(other)	全部	全部	全部

以该 FLASH 存储器读取位宽 32 位为例，最终实现的算法如下：

公式 1：(f);地址递增（r0000 _ 0000，wFFFF _ FFFF，rFFFF _ FFFF）；地址递增 r（FFFF _ FFFF）；

公式 2：(f);地址递减（r0000 _ 0000，wFFFF _ FFFF，rFFFF _ FFFF）；地址递增 r（FFFF _ FFFF）；

公式 3：(f);地址递增（w3333 _ 3333）；地址递增（r3333 _ 3333）；

公式 4：(f);地址递增（wCCCC _ CCCC）；地址递增（rCCCC _ CCCC）；

公式 5：(f);地址递增（w5555 _ 5555）；地址递增（r5555 _ 5555）；

公式 6：(f);地址递增（wAAAA _ AAAA）；地址递增（rAAAA _ AAAA）；

公式 7：(f);地址递增（w0F0F _ 0F0F）；地址递增（r0F0F _ 0F0F）；

公式 8：(f);地址递增（wF0F0 _ F0F0）；地址递增（rF0F0 _

F0F0)。

(2) 内建自测试设计

在存储器芯片中设计内建自测试电路，可以将上述测试算法和测试向量固化在芯片电路结构当中，这样可以提高芯片的筛选和测试效率，提高测试向量的可观测性和可控性，达到更高的故障覆盖率和更短的测试向量集。该芯片总共设计了 3 个内建自测试模块，以实现测试算法集成。

内建自测试模块 1 如图 4－108 所示。

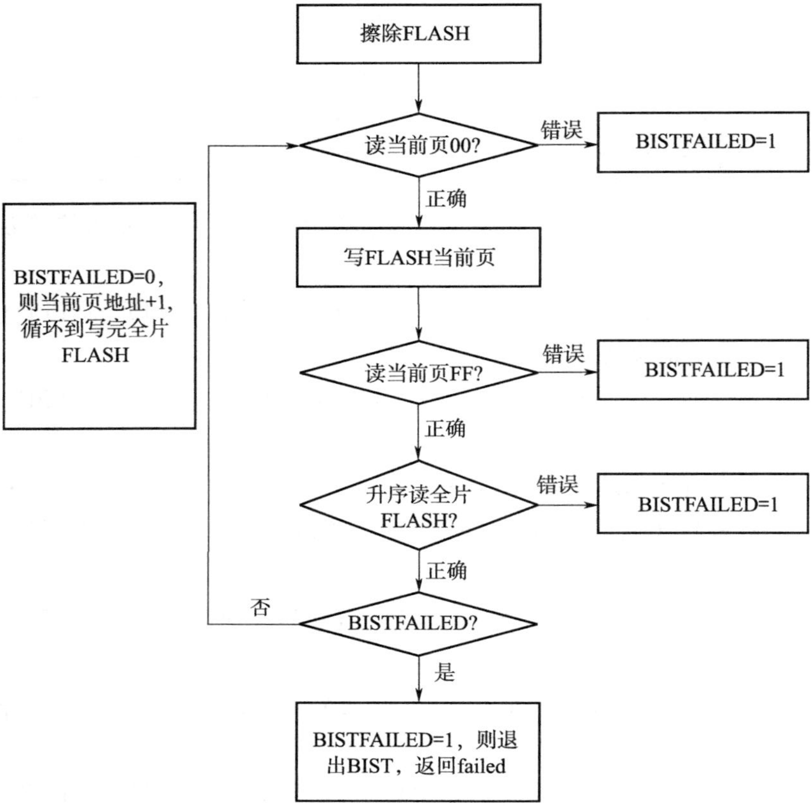

图 4－108　内建自测试模块 1

擦除 FLASH 后，存储单元中存储的数据应该是“0”，所以在擦除后需先读当前页，看是否全为“0”，可以检测出擦除失效故障；写 FLASH 当前页“1”，然后读出数据，看是否为“1”，可以检测出写失效故障；按升序的方式进行上述操作，可以检测出当前页进行写操作时对当前页后页的写栅极干扰、写漏极干扰等失效故障。

内建自测试模块 2 如图 4－109 所示。

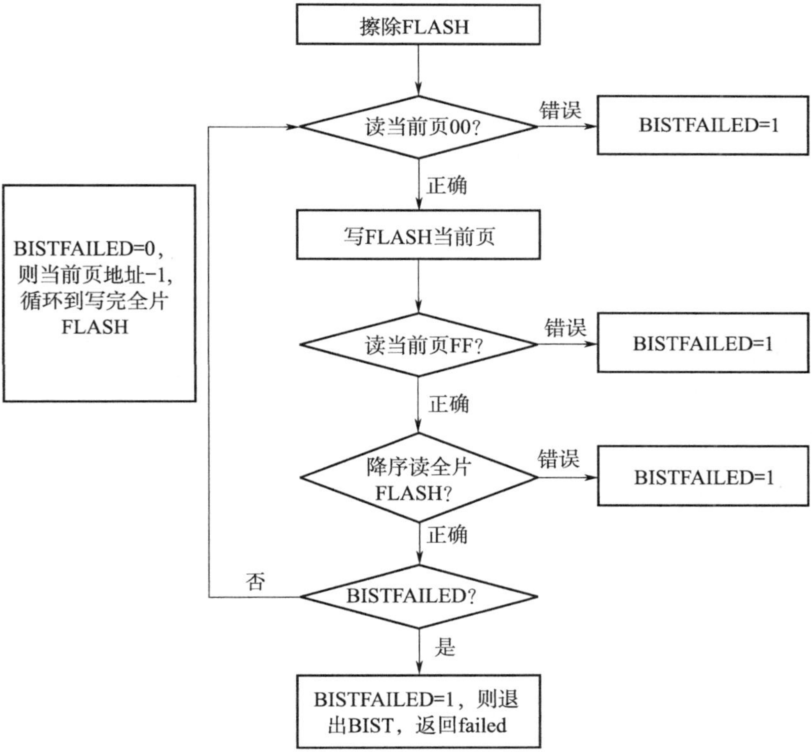

图 4－109　内建自测试模块 2

此模块的作用和模块 1 的作用相同，不同之处在于检测按照降序的方式操作，作用是检测出当前页进行写操作时对当前页前页的写栅极干扰、写漏极干扰等失效故障。

内建自测试模块 3 如图 4 - 110 所示。

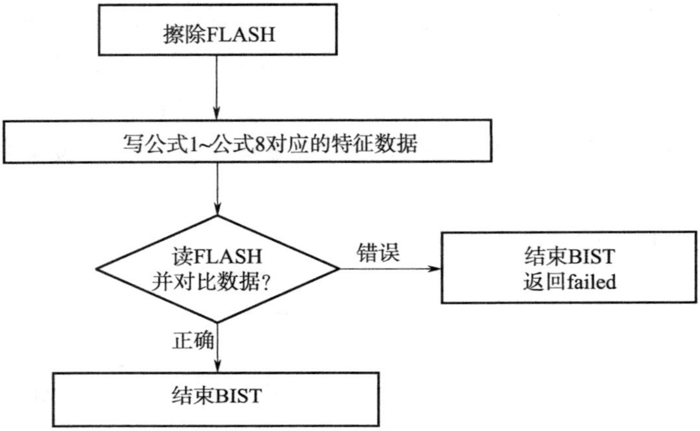

图 4 - 110　内建自测试模块 3

内建自测试模块 3 的码字组合可以验证相邻位线写栅极和擦栅极干扰的失效故障，还可以检测出两类桥接失效故障（一类是本单元的某一极与本单元的另一极发生短路桥接造成的桥接失效；另一类是本单元的某一极与相邻单元的某一极发生短路而造成的失效）和字间桥接失效故障。

4.4.2　微处理器

4.4.2.1　产品概述

在微机中，CPU 被集成在一片超大规模集成电路芯片上，称为微处理器（MPU），是构成微机的核心部件，也可以说是微机的心脏。它起到控制整个微型计算机工作的作用，产生控制信号对相应的部件进行控制，并执行相应的操作。

微处理器的功能结构主要包括：运算器、控制器、寄存器三部分。运算器的主要功能是进行算术运算和逻辑运算。控制器是整个微机系统的指挥中心，其主要作用是控制程序的执行，包括对指令进行译码、寄存，并按指令要求完成所规定的操作，即指令控制、时序控制和操作控制。寄存器用来存放操作数、中间数据及结果数据。

BM3803FMGRH 是基于 SPARC V8 体系结构的 32 位抗辐射加固微处理器，可用于嵌入式实时计算机系统，具备满足各种航天应用的功能及性能，与存储器及相关的外围电路相连即可构成完整的单板计算机系统。

BM3803FMGRH 电路内部包含整数处理单元 IU（包括 5 级流水线、硬件乘法器和除法器、独立的指令和数据 Cache 等），浮点处理器单元 FPU，中断控制器，带有跟踪缓冲存储的硬件调试单元 DSU，定时器，GPIO，看门狗，串口，支持 PROM、SRAM、SDRAM 和 I/O 映射空间访问的存储器控制器，具有可实现 PCI 主桥（Host bridge）和从桥（Guest bridge）功能的 PCI 控制器。其功能结构图如图 4－111 所示。

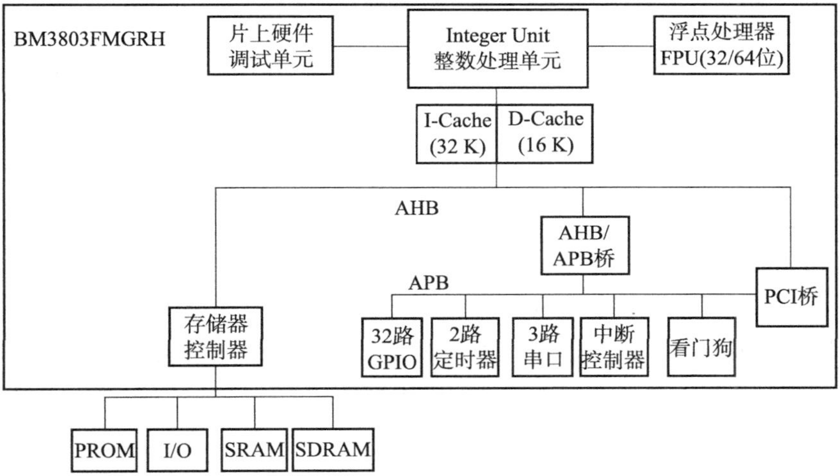

图 4－111　BM3803FMGRH 结构图

4.4.2.2　测试指标体系

为保证产品应用可靠，针对本产品建立了完整的测试技术平台，可对产品进行故障覆盖率、功能覆盖率以及电参数的测试。按照产品特性进行的测试，包括结构测试、功能测试、电参数测试。

故障覆盖率测试是通过 DFT 的 SCAN、MBIST、JTAG，在正常电源电压，高温、常温和低温下以 10 MHz 进行的。测试结果表明，故障覆盖率大于 95%，满足设计目标要求。主要测试指标有：

（1）SCAN 测试

测试仪通过加载 SCAN 测试向量，对芯片内部的组合逻辑电路和时序逻辑电路进行全扫描测试，通过比对实际输出与向量输出来判断测试是否通过，确定被测管芯的内部逻辑电路高温、常温和低温条件下是否存在工艺缺陷。BM3803FMGRH SCAN 测试对内部逻辑的测试覆盖率达到 96.24%，故障覆盖率达到 95.91%。测试与故障覆盖率计算方法如下：

测试覆盖率公式如下

$$\text{Test Coverage}=\frac{\text{DT}+(\text{PT}\times\text{PT\_credit})}{\text{All\_Faults}-\text{UD}-(\text{AN}\times\text{AU\_credit})}\times 100 \tag{4-18}$$

故障覆盖率公式如下

$$\text{Fault Coverage}=\frac{\text{DT}+(\text{PT}\times\text{PT\_credit})}{\text{All\_Faults}}\times 100 \tag{4-19}$$

（2）MBIST 测试

测试仪通过加载 MBIST 测试向量，对芯片内嵌的存储器进行自测试，通过自测试标志来判断测试是否通过，确定被测管芯的内嵌存储器高温、常温和低温条件下是否存在工艺缺陷。通过 MBIST 测试对内部存储器的故障覆盖率可以达到 100%。

（3）JTAG 测试

测试仪通过加载 JTAG 测试向量，对芯片的引脚连接进行测试。通过比对实际输出与向量输出来判断测试是否通过，确定被测管芯的引脚连接在高温、常温和低温条件下是否存在工艺缺陷。通过 JTAG 测试对芯片引脚的故障覆盖率可以达到 100%。

（4）功能与电参数测试

根据 BM3803FMGRH 功能模块，先针对每个模块功能进行测试，然后对 BM3803FMGRH 整体功能进行测试。

4.4.2.3　流程和方法

（1）测试流程

在分析 BM3803FMGRH 产品结构特点，以及电路测试难点基础上，制定产品测试流程，根据故障模型开发出产品测试程序。测试流程固化为 9 道工序：输入漏电测试、输出漏电测试、静态功耗测试、动态功耗测试、功能测试、拉偏功能测试、输入高/低电平测试、输出高/低电平测试、交流参数测试。9 道工序要全部通过测试才能合格，其流程如图 4－112 所示。

（2）测试方法

①微处理器的扫描测试设计

电路的可测性设计有两个最基本的概念，即可控制性和可观测性。可控制性表示通过电路初始化输入端控制电路内部节点逻辑状态的难易程度，如果电路内部节点可被驱动为任何值，则称该节点是可控的。可观测性表示通过控制输入变量，将电路内部节点的故障传播到输出端，以便对其进行观察的难易程度。

扫描测试方法是 DFT 技术中非常重要的一项方法，该方法通过在设计过程中，将所有时序元件（例如触发器）替换为扫描时序元件，并将所有的扫描时序元件在测试时连接为一条“扫描链”，使原本难以测试的时序电路在测试时表现出容易测试的组合逻辑的特性，并且更方便使用电子设计自动化（Electronic Design Automation，EDA）工具完成结构化的自动测试向量生成（Automatic Test Pattern Generation，ATPG）。通过在普通的数字时序电路中插入扫描链并且使用 ATPG 工具产生测试向量，不仅大幅度缩减了测试开发的时间和人力，而且生成的结构化测试向量能够针对特定的故障类型（例如固定故障，Stuck－at fault）达到极高的故障覆盖率，可达 95％甚至 98％以上。这是传统的测试向量开发远远无法达到的。

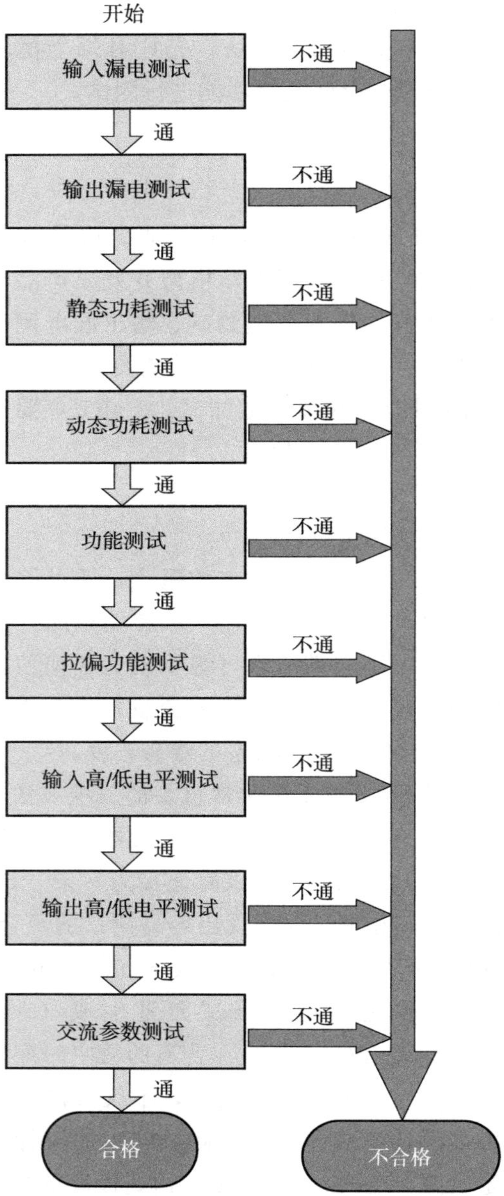
开始
输入漏电测试
通
输出漏电测试
通
静态功耗测试
通
动态功耗测试
通
功能测试
通
拉偏功能测试
通
输入高/低电平测试
通
输出高/低电平测试
通
交流参数测试
通
合格
不通
不合格

图 4-112　测试流程图

内部扫描设计的主要任务就是增加内部状态的可控制性和可观测性。对于集成电路而言，其做法是将内部时序存储逻辑单元链接成移位寄存器形式，从而可将输入信号通过移位输入内部存储逻辑单元，以满足可控制性要求。同样，以移位方式将内部状态输出，以满足可观测性要求。采用扫描路径设计的芯片在测试方式下工作时，内部构成一个长的移位寄存器。

如图4-113所示，首先扫描测试寄存器宏单元映射到扫描测试电路目标工艺的工艺库，即db库和自动测试向量生成库dft库中；其次对原始网表进行可测性设计更改，主要包括引脚复用的修改、测试时钟、测试复位及增加测试使能端口等；第三，采用包含扫描寄存器单元的db库进行逻辑综合，此时所有的时序逻辑单元均已替换为带扫描输入端的时序逻辑单元，得到扫描链插入后的扫描测试电路网表；第四，利用包含扫描测试寄存器宏单元的db库完成布局布线、形式验证、时序分析、功能仿真和时序仿真；第五，利用

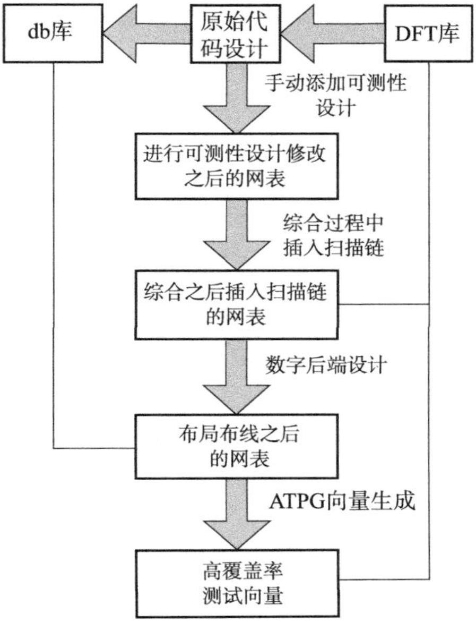

图4-113　扫描测试设计流程

ATPG 工具和 dft 库针对包含扫描测试锁存器宏单元的扫描测试电路，产生最终的结构化 ATPG 测试向量，用于高故障覆盖率的扫描测试。

在整个设计过程中，首先需要增加一些测试引脚，包括测试控制信号、复位信号、时钟信号及扫描输入输出信号。在外部封装引脚受限的情况下，可只增加一个测试控制信号 testmode，其余信号采用引脚复用的形式，此时需要对原始网表进行复用修改，修改不能影响电路正常的功能。

在完成网表修改后，可以通过外部全局扫描控制信号控制被测电路处于功能态还是测试态。在测试态下，需要保证扫描寄存器的功能完全可控，在功能态下需要保证扫描测试单元不改变正常功能。

如图 4－114 所示是一个扫描设计的电路实例。该实例由 4 个扫描触发器和一些组合逻辑构成。扫描功能由扫描使能信号 SE 控制（高电平为扫描移位），正常工作状态下 SE 必须接地。扫描测试激励由 SI 引脚输入，扫描测试响应由 SO 引脚输出。

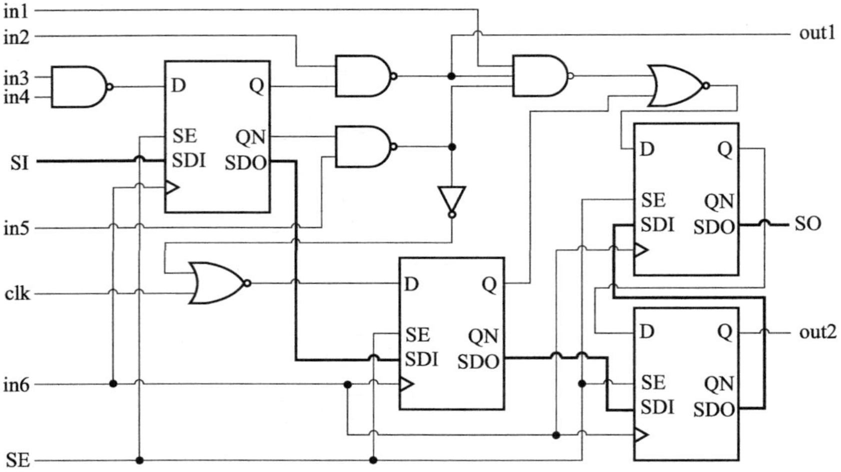

图 4－114 扫描设计电路结构例图

如图 4－115 所示是扫描设计电路的测试时序图。图中“N”表示扫描链上的触发器个数。每组扫描测试图形包括“$2N$”次扫描移位操作和一个时钟的测试响应采样操作。相邻两组扫描测试图形的移位输入和移位输出操作可以同时进行。

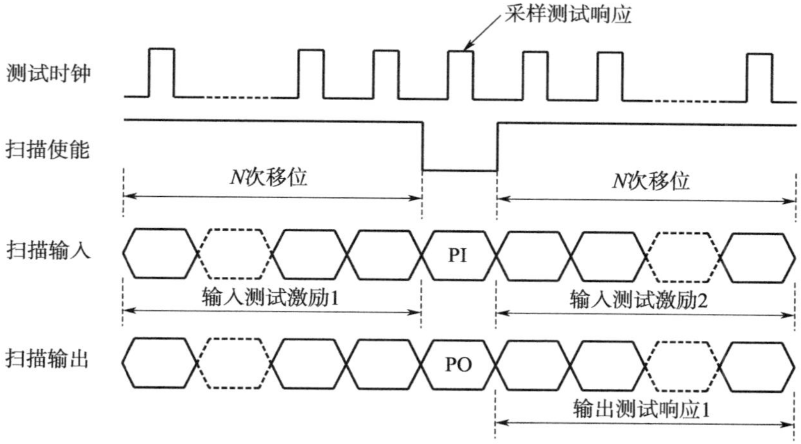

图 4－115　扫描设计电路的测试时序

② SoC 器件自动测试矢量生成（Automation Test Pattern Generation，ATPG）

ATPG 采用故障模型，通过分析芯片的结构生成测试向量进行结构测试，筛选出不合格的芯片。通常 ATPG 工具和扫描测试工具配合使用，可以同时完成测试矢量的生成和故障仿真。

首先是故障类型的选择。ATPG 可以处理的故障类型不仅是阻塞型故障，还有延时故障和路径延时故障等。一旦所有需要检测的故障类型被列举，ATPG 将对这些故障进行合理的排序，可能是按字母顺序、按层次结构或者随机排序。

在确定了故障类型后，ATPG 将决定如何对这类故障进行检测，并且需要考虑施加激励向量的测试点，需要计算所有会影响目标节点的可控制点。此类算法包括 PODEM、D 算法等。

最后是寻找传出路径，可以说这是向量生成中最困难的，需要花很多时间去寻找故障的观测点传播。因为通常一个故障拥有很多的可观测点，一些工具一般会找到最近的那一个。不同目标节点的传输路径可能会造成重叠和冲突，当然这在扫描结构中是不会出现的。

支持产生 ATPG 的工具有 Mentor 的 Fastscan 和 Synopsys 的 TetraMAX（图 4－116 和图 4－117）。

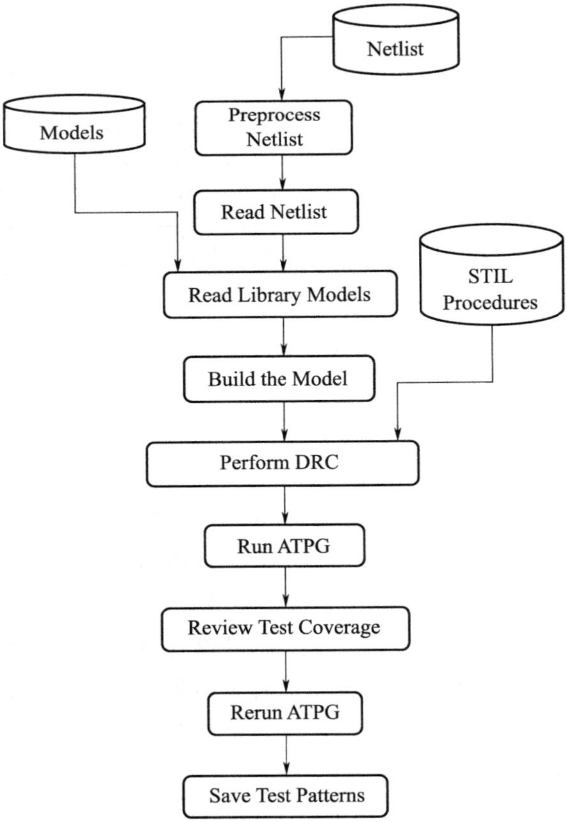

图 4－116　TetraMAX 工具 ATPG 向量生成流程

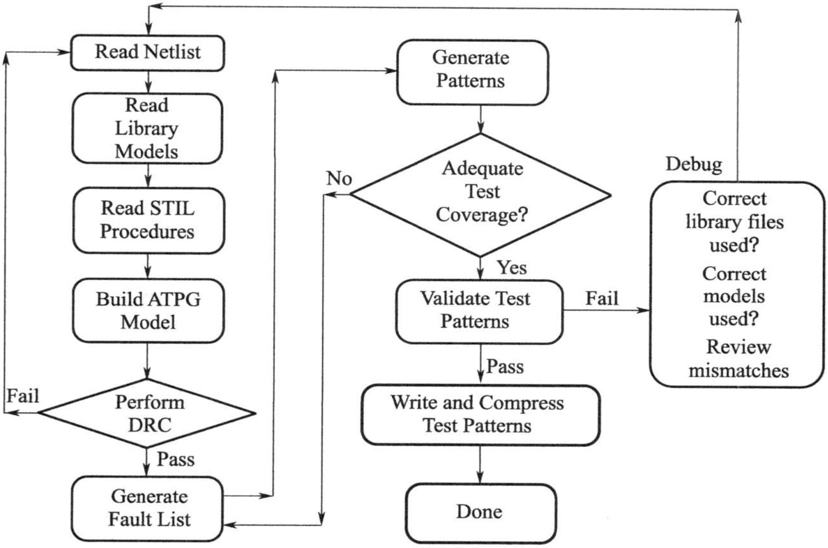

图 4-117　TetraMAX 工具 ATPG 设计流程

4.4.2.4　测试实例

(1) DFT 方案

根据电路的特点，DFT 方案设计为：

1) 内部模拟电路，如 PLL、模拟开关、ADC 等，设计专用测试模式，将其控制信号通过引脚复用的方式引出，对其功能和性能参数进行测试，实现可测性设计。

2) 片内有多块嵌入式存储器，供给 SPARC V8 微处理器 cache、调试单元和 PCI 总线单元使用，测试方法采用存储器内建自测试（Memory Built-in Self Test，MBIST）。尽管存储器个数较多，但只有单端口读写（single）、双端口双端读写（dual）、寄存器堆（regfile）三种类型，且 SoC 芯片外部引脚数量较多，可以复用功能引脚进行 MBIST 测试。

3) SoC 中的组合逻辑和寄存器基于扫描链技术，采用 ATPG 工具自动生成向量进行测试。

4）SoC 的输入/输出引脚提供了对外联系的接口，是整个系统的重要组成部分，将对引脚采用 JTAG 边界扫描测试设计，实现对引脚的测试。

（2）DFT 方案的实现

①测试控制

SoC 芯片有四种工作模式：正常工作模式、模拟电路测试模式、MBIST 测试模式、SCAN 测试模式。工作模式由模式选择位 Tmode _ 0 和 Tmode _ 1 确定，模式选择见表 4 - 13。正常工作模式下，可进行功能测试；模拟电路测试模式下，能够对 PLL、模拟开关、DAC 数模转换器的性能进行测试；在 MBIST 测试模式下可以测试内部存储器；在 SCAN 测试模式下可以对内部的组合逻辑与寄存器进行测试。不同的工作模式确保了 SoC 内部所有电路均可测试。其余测试控制信号与芯片引脚进行复用，通过模式选择位 Tmode _ 0 和 Tmode _ 1 译码产生的信号来控制引脚的复用。SCAN 测试和 MBIST 测试分别设计了独立测试时钟，使内部逻辑电路和 MBIST 测试电路及存储器不会同时工作，可有效降低测试功耗。

表 4 - 13　工作模式选择

Tmode_0	Tmode_1	工作模式
0	0	正常工作模式
0	1	SCAN 测试模式
1	0	MBIST 测试模式
1	1	模拟电路测试模式

②模拟电路测试

数模混合电路在 SoC 设计中大量存在，本例 SoC 中就有 PLL、模拟开关、DAC 数模转换器等模拟电路。由于模拟电路的模块不能使用 ATPG 工具产生测试向量进行测试，因此需要设计专门的测试结构对这些模块的功能和性能进行测试。

以 ADC 数模转换器为例，该 SoC 中的 ADC 数模转换器采用逐次逼近结构，由逐次逼近逻辑、比较器、子 DAC 等几部分构成，如

图 4－118 所示。ADC 数模转换器采用一个逐次逼近转换技术，通过输入采样保持电路把采到的模拟信号转换为 12 位的数字信号，并具有高速（1M SPS）和低速（200K SPS）两种转换模式。

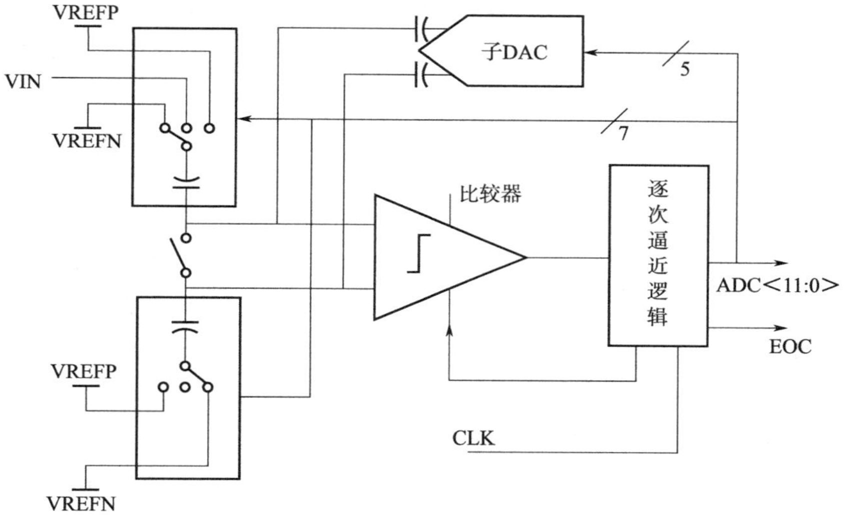

图 4－118　ADC 数模转换器结构图

针对该电路中的 ADC 数模转换器，测试的性能参数包括信噪比 SNR、总谐波失真比 THD、线性误差 INL、微分线性误差 DNL 等，将 ADC 数模转换器的控制引脚和数字输出引脚全部复用到外部引脚，并通过测试模式控制，实现 ADC 数模转换器完全可测。ADC 模拟电压输入范围是 0～3.3 V，采用 10 kHz 正弦波和斜波作为输入，对 ADC 数模转换器的参数进行测试，通过 ATE 施加测试激励，分别测试高速和低速转换模式下 ADC 数模转换器的性能参数是否满足要求。

PLL 和模拟开关采用同样的设计方法，实现功能和性能测试。

③存储器内建自测试 MBIST

现在的 SoC 芯片中，嵌入式存储器有时可占到一半以上的面积，而本例中的 SoC 内嵌存储器有数十个，占芯片总面积的 43%，由此可见存储器测试的重要性。依靠外部设备对嵌入式存储器的测试越来越困难，为解决此问题，内建自测试方法通过在芯片内部集成少量的逻辑电路实现对嵌入式存储器的测试。另外，在存储器测试中既要达到较高的故障覆盖率，以便精确地检测出故障芯片，还要考虑增加的测试电路所引起的功耗、面积和时序开销是否在可接受的范围内。

存储器的故障类型可分为 Stuck - at - fault，Transition fault，Address Decoder Faults 和 Coupling 等；针对这些故障模型，需要采用不同的算法，如 March C+算法用于 Stuck - at - fault，Transition fault，Address Decoder Faults 等，Checkerboard 算法主要用来探测 Coupling。设计 MBIST 电路对存储器进行测试，需要选择合适的测试算法，从而达到较高的故障覆盖率。目前用于 MBIST 的算法非常多，大部分 SoC 设计采用 March C+算法结合 Checkerboard 算法，测试覆盖率能够达到 99%。该 SoC 也将采用此方法。

在该 SoC 中，根据三种内嵌存储器类型设计了三种 MBIST 控制器，分别测试三类内嵌存储器。由于芯片引脚多，MBIST 测试模式的控制信号与其他功能引脚进行复用，见表 4 - 14。同时为了节约测试成本，提高测试效率，内嵌存储器并行自测试，测试时间由地址位宽最大的存储器决定。对自测试进行仿真，波形如图 4 - 119 所示，regfile 存储器已自测试完成。

表 4 - 14　MBIST 控制信号与功能引脚复用表

MBIST 控制引脚	功能引脚	MBIST 控制引脚	功能引脚
start_single	dsuen	reset_regfile	resetn
start_dual	dsurx	end_single	ramsn[0]
start_regfile	dsubre	fail_single	ramsn[1]
clk_single	clk	end_dual	ramsn[2]
clk_dual	clk	fail_dual	ramsn[3]

续表

MBIST 控制引脚	功能引脚	MBIST 控制引脚	功能引脚
clk_regfile	clk	end_regfile	ramsn[4]
reset_single	resetn	fail_regfile	read
reset_dual	resetn		

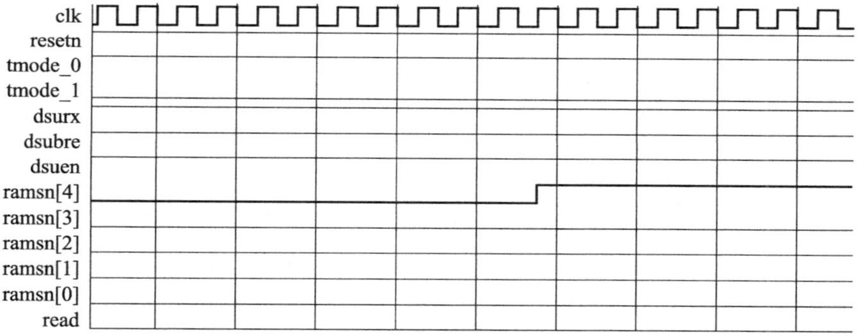

图 4-119　MBIST 仿真波形

④SCAN 测试

对于 SoC 中的组合逻辑电路和寄存器等内部电路（包括功能和测试电路）设计基于扫描链的可测性结构，然后再使用 ATPG 工具产生测试向量。那些已经测试过的特殊模块，如存储器和 PLL、DAC 等电路在 ATPG 过程中被设置为黑盒子（black box），将不对这些模块产生测试向量。这些黑盒子模块会把扫描链断开，并且使得测试覆盖不到黑盒子模块输入前和输出后的一些电路节点，将降低测试覆盖率。因此，必须对黑盒子模块的输入输出加上一些冗余逻辑电路，通过测试控制信号，使扫描链绕过黑盒子模块，形成连续的扫描链，这样不仅能够提高测试覆盖率，而且不会影响电路的正常功能。

该 SoC 中有数万个寄存器，如果采用单条扫描链实现，测试时间长，测试效率太低。考虑到芯片引脚较多，设计了多条并行扫描链，每条链上的触发器个数不超过2 000个，扫描链的输入输出控制信号与功能引脚进行复用。该芯片采用0.18 μm工艺实现，故障模型以粘贴故障为主，采用Synopsys的TetraMAX工具自动生成测试向量，TetraMAX报告的测试覆盖率为95%以上。

⑤边界扫描

边界扫描技术是JTAG（联合测试行动小组）最初为解决PCB印制电路板上芯片与芯片之间的互联测试而提出的解决方案，1990年被IEEE组织采纳成为IEEE 1149.1标准。采用边界扫描技术能够完成芯片内部逻辑的测试和调试、PCB板上的芯片互联测试、SoC的内部模块功能测试与互联测试等功能。由于该SoC设计了专门的调试接口，JTAG边界扫描链不需要完成SoC内部逻辑的测试与调试功能，且不需要控制其他的测试模式工作，因此JTAG边界扫描链只需负责测试完成SoC芯片引脚是否短路、开路和连接出错，TAP（Test Access Port）测试进程控制器也可以设计得更加简单。

（3）结论

最终该SoC芯片面积为82 mm^2，DFT设计的面积开销约为0.9%；组合逻辑和触发器测试覆盖率为95%以上，存储器采用的MBIST覆盖率为99%，PLL、模拟开关、ADC等模拟电路的测试覆盖率为100%；SoC总的测试覆盖率为97.75%，满足了设计要求。SoC回片测试后对圆片进行中测，根据MBIST测试和SCAN测试结果剔除了存在工艺缺陷的芯片，其余芯片封装后进行测试，功能与参数均满足设计要求。实践证明，SoC中采用的DFT设计方法合理有效，快速剔除了存在故障的芯片，提高了封装成品率，降低了SoC成本。

4.4.3 微控制器

微控制器是将微型计算机的主要部分集成在一个芯片上的单芯片微型计算机，微控制器诞生于20世纪70年代中期，经过不断发展，其成本越来越低，而性能越来越强大，这使其应用无处不在，遍及各个领域。例如电机控制、条码阅读器/扫描器、消费类电子、游戏设备、电话、HVAC、楼宇安全与门禁控制、工业控制与自动化和白色家电等。

微控制器可从不同方面进行分类：根据数据总线宽度可以分为 8 位、16 位和 32 位机；根据存储器结构可分为 Harvard 结构和 Von Neumann 结构；根据内嵌程序存储器的类别可分为 OTP、掩膜、EPROM/EEPROM 和闪存 FLASH；根据指令结构又可以分为 CISC（Complex Instruction Set Computer）和 RISC（Reduced Instruction Set Computer）微控制器。目前流行的微控制器的一些示例是 8051，AVR、PIC 系列微控制器。

BM3105MB 是集成 SPARC V8 处理器及多种外设接口的高可靠片上系统。实现将多个功能模块集成在单一芯片上，如图 4－120 所示，包括带浮点处理的高性能处理器、外部存储器控制器、片内大容量存储器、UART、SPI、定时器、看门狗、ADC、通用 I/O、PWM 输出等，适合测试和控制领域应用，有效实现电气系统的集成化、小型化、轻量化、智能化以及低功耗。

该电路在结构性测试方面，主要包括针对存储器的 MBIST，针对 logic 单元的内部全扫描设计和 JTAG 边界扫描。

针对设计中的存储器类型，MBIST 具体实现过程中将存储器分类，针对每类存储器分别建立对应的 bist _ controller.，每类存储器自测试控制器分别由其输出 start 类型控制信号，控制开始测试，由其 fail 和 end 类型信号输出表示当前该类存储器的测试结果。

针对 logic 单元的内部进行全扫描设计，首先旁路内部的存储器接口，保证所有触发器可测和绝大多数的组合逻辑可测，原则上要求每条扫描链上的触发器个数控制在 2 000 个左右，以节省芯片测试时间，确保芯片测试覆盖率高于 95%。

JTAG 设计，可以只针对引脚做边界扫描，而不去控制其余的 DFT 功能。主要由边界扫描单元、TAP 控制器、指令寄存器、旁路

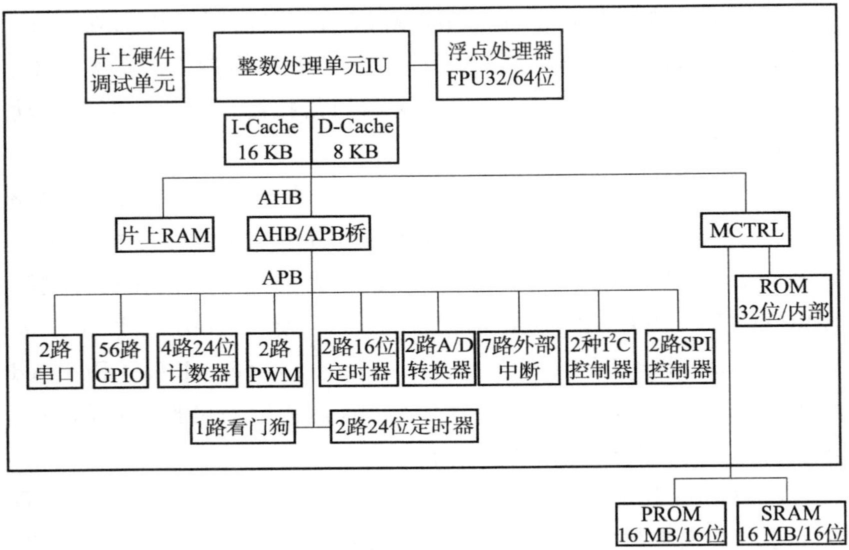

图 4-120　芯片结构框图

寄存器组成，主要承担板级测试、系统级测试以及芯片测试的功能。执行板级测试的 IEEE 1149.1 协议定义强制指令，可测性流程及方法可以参照微处理器章节。

4.4.4 可编程逻辑器件（FPGA）

4.4.4.1 FPGA 内部关键模块功能测试

（1）CLB 模块功能测试

如图 4-121 所示，在超大规模 FPGA 中，CLB 内部的查找表和触发器的数量增长至 4 个，SLICE 的数目由 4 个缩减至 2 个，并划分为 SLICEL 和 SLICEM 两种类型，呈交叉状排列。其内部由三类基本器件组成：D 触发器、多路开关（MUX）和查找表。配置过程中，在一个 CLB 中的 SLICEM 全部被配置成分布式内存或移位寄存器时，可保留足够的布线资源，不会对同一 CLB 中的 SLICEL 与其他 CLB 中的 SLICE 共同构成的复杂逻辑造成影响。此种 CLB 结构，更易于与其他模块进行数据交互，灵活实现各种功能。在对此模块进行测试时，为了提升测试覆盖率，需全面考虑模块中可能出现的各种组合结构。

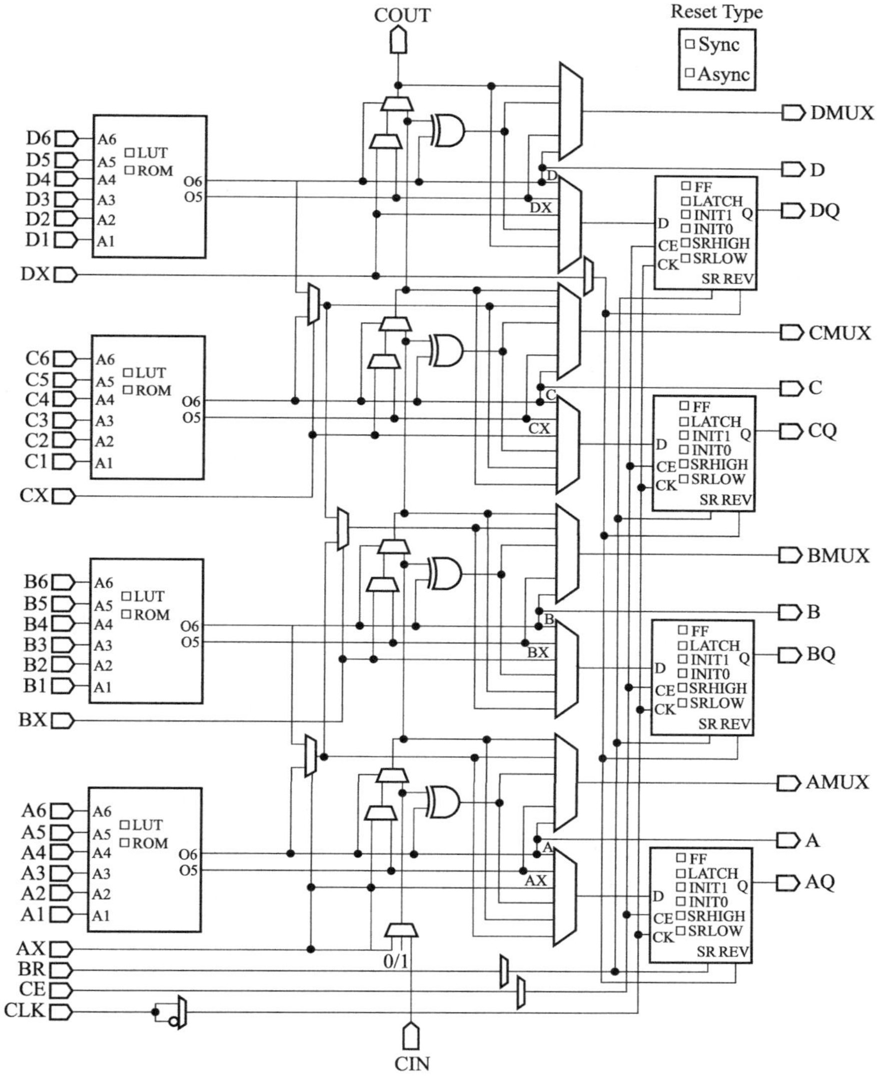

图 4 - 121　超大规模 FPGA 的 CLB 内部结构

测试 CLB 模块最简单的方法是通过编程把每一个 CLB 的输入/输出和 FPGA 的 IOB 连接起来，直接对每个 CLB 内的逻辑电路进行测试。当然，对每个 CLB 来说，要通过若干次编程才能完成完整的测试。例如：在查找表 LUT 进行多次编程时，对表中的每一个单元至少要有一次被编成 0 状态，一次被编成 1 状态；对于多路开关，每一个数据输入端至少要被选中一次并施加 0、1 各一次；D 触发器的上沿触发、下沿触发以及使能端的功能，也都至少要有一次编程用来检查。

这一方法的主要问题是 FPGA 器件中的 IOB 不够多，每次编程只能测试一部分 CLB。为了减少编程次数，考虑到可编程逻辑器件结构的特殊性，即逻辑资源通常都是由几种重复的单元构成的阵列，基于这种具有规则的结构，可认为，FPGA 适合使用阵列检测方法，可采用成熟的阵列方法来测试 CLB 模块。

对于 $m \times m$ 的 CLB 矩阵的测试而言，测试向量设计面临的问题主要是如何实现对整个矩阵的控制和观测。可将 CLB 连接成一个一维矩阵，矩阵的长度和数目仅受可用 I/O 端口的限制。在实际应用中，最简便的方法如图 4-122 所示：将 $m \times m$（3×3）的 CLB 矩阵分布成 m（3）个一维阵列，每个阵列包含有 m（3）个 CLB。利用这种方案，m 个一维的阵列可以并行进行测试。

实际上，由 m 个 CLB 堆叠构成的一维阵列可以被视为一个重复的电路：每个 CLB 从上一个 CLB 接受一个本地输入（用黄或绿色箭头表示），并且为下一个 CLB 产生一个本地输出（用黄或绿色箭头表示）。最左边的本地输入（用黄色箭头表示）是可控的输入，最右边的本地输出（用黄色箭头表示）是可观的输出。此外，FPGA 器件中的每一个 CLB 所接受的一系列可控的基本输入（用黑色箭头表示）都是公共的。采用以上的测试矩阵方法，并借鉴之前的成熟测试向量，如查找表的测试方法仍然可采用同或、异或两种配置进行测试；分布式 RAM 仍然可采用 March C+算法等，并按照矩阵测试向量的开发要求，实现对 CLB 模块的测试。

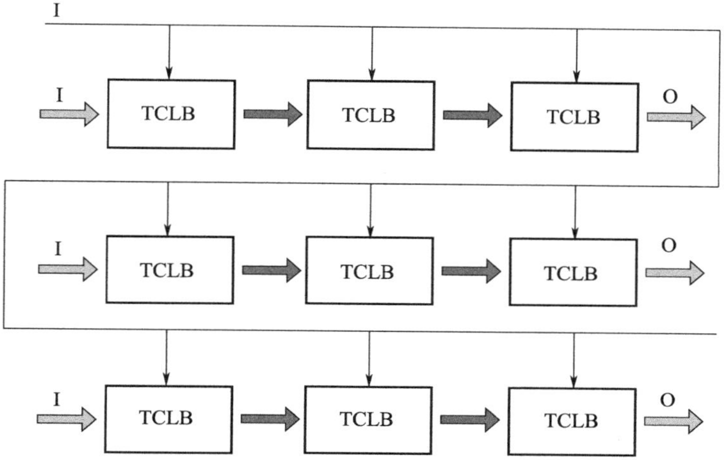

图 4-122　将 3×3 的 CLB 矩阵分布成 3 个一维阵列（见彩插）

（2）IOB 模块功能测试

超大规模 FPGA 中包含两个 IOB、两个 ILOGIC、两个 OLOGIC。其支持多种单端和差分信号标准，并引入了数字控制阻抗技术，在印制电路板设计过程中可灵活调整阻抗匹配，减少高速信号的反射和振荡，满足板级信号完整性要求。如图 4-123 所示为超大规模 FPGA IO 结构示意图。

针对 IOB 的测试，需要重点研究以下四方面内容：

1）内部逻辑功能测试；

2）输入串并转换、输出串并转换逻辑功能测试；

3）单端、差分 I/O 标准测试；

4）数字控制阻抗（DCI）测试。

IOB 内部逻辑功能测试主要包括时序单元、三态门、多路器、上下拉/保持等四类功能的测试。

时序单元测试主要是通过构建外部测试结构向待测时序单元施加激励，引起触发器（锁存器）的翻转、复位，某些时序单元的翻转可以直接观测，如输入部分的触发器（锁存器）、输出部分的触发

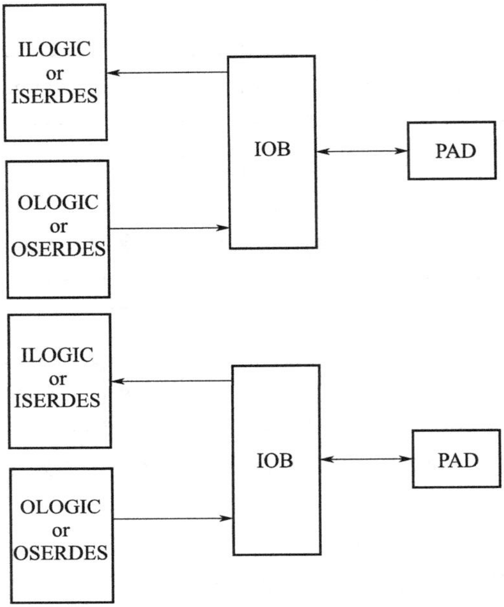

图 4-123　超大规模 FPGA IO 结构示意图

器（锁存器）；而某些时序单元的翻转，如三态控制触发器（锁存器），只能通过三态门的输出进行观测。构造时序单元测试的激励输入路径和响应输出路径是测试时序单元的关键，FPGA 边界扫描链结构为 IOB 的测试提供了便利，IOB 测试也将以边界扫描链为基本结构，实现 100%的测试覆盖率。三态门和上、下拉/保持是内部逻辑功能测试的重要内容，由于在功能上具有较强的联系，此两部分功能测试需同时进行。由于三态门的开启和关断都需要一定的时间，所以向量设计过程中必须保留时间余量。目前对于多路器的测试，通常采用遍历所有路径的方法，多路器的测试向量可以分解到其他模块的测试中，以期用最少的配置实现全部路径测试，这也正是层次化的系统级测试方案的体现。图 4-124 给出了 IOB 内部逻辑功能测试方案。

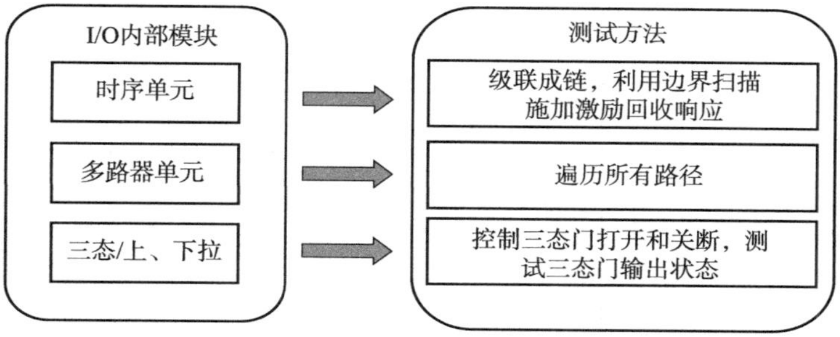

图 4-124　IOB 内部逻辑功能测试方案

超大规模 FPGA 的 ISERDES 和 OSERDES 是专用的串并、并串转换器，具有实现高速源同步应用的特定时钟控制与逻辑功能。此功能模块的测试难点主要是多模块间发送接收的同步切换。因此，针对此模块提出了如下测试方案：将所测试的多个 ISERDES 模块和 OSERDES 通过一个选择模块进行连接，每个 ISERDES 的串并转换输出端作为选择模块的输入端与其相接，选择模块的输出端连接至 OSERDES 的输入端，其中，在输出端需连接时钟同步触发器对数据进行采样同步，以保证数据间传输的稳定性，并通过对信号选择端的控制，实现多个 ISERDES 和 OSERDES 间的同步切换转换，ISERDES 和 OSERDES 测试结构如图 4-125 所示。

超大规模 FPGA 的 I/O 电平协议标准包括单端和差分。其中，各种单端协议（如 LVTTL、LVCMOS、HSTL、SSTL 等协议）的测试方已具备了成熟的技术基础。在对差分协议的测试中，需在成对的差分引脚间外接串联或并联特定阻值的电阻，阻值和端接方法随着差分协议的改变而不同，测试板需提供继电器控制其电阻网络的切换，所以在对差分对测试时，测试板的设计必须考虑外接电阻和继电器的端接配合问题，以满足测试要求。IOB 差分协议测试结构如图 4-126 所示，测试仪通过适配板上的继电器控制接入的电阻，阻值可由电阻阵列并联或者串联进行自动化调整，极大方便了差分信号的测试。

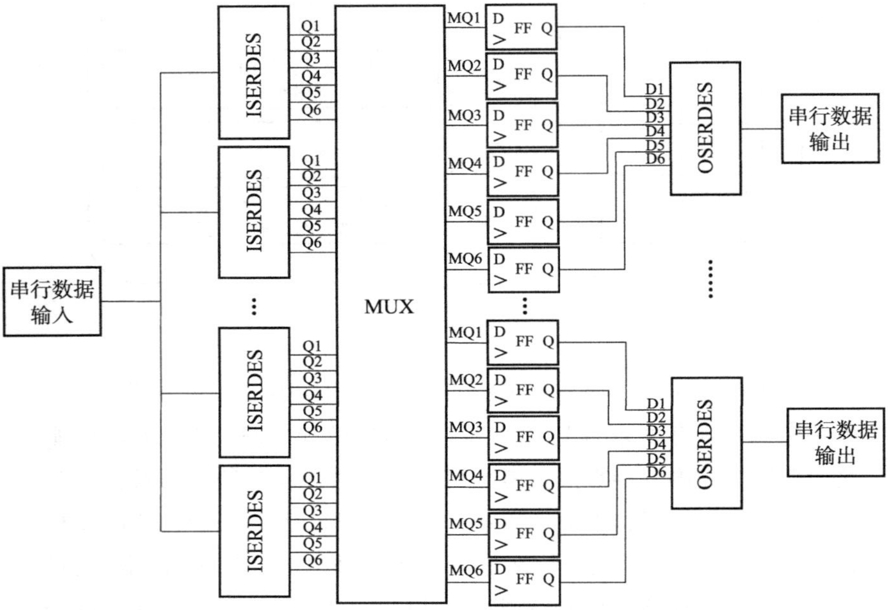

图 4-125 ISERDES 和 OSERDES 测试结构

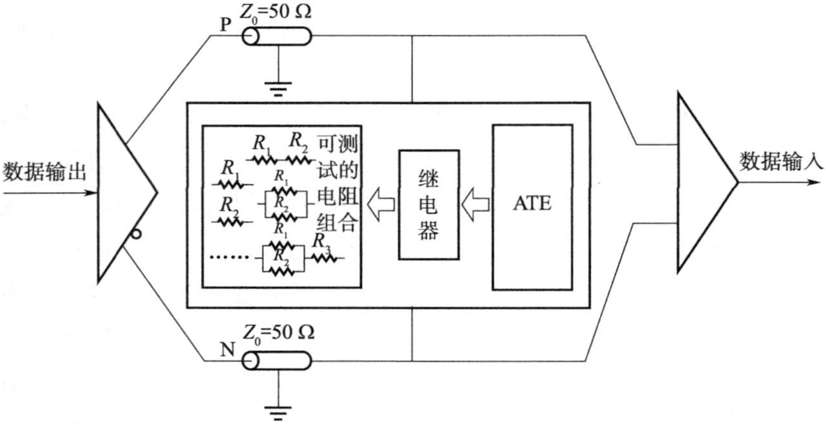

图 4-126 差分对测试方案

超大规模 FPGA 的 IOB 具备数字可控阻抗匹配的能力，数字可控阻抗 DCI 的测试原理主要是测量测试端口的电流值或者电压值。但由于协议较多，不同协议的端口所对应的端接方式不同，因此，测试的难点是在不同协议下，实现端接方式的自动切换，依据测试仪发送的切换命令，通过在引脚上使用可编程器件，改变端接方式，实现数字化控制的端接切换系统，测试系统结构如图 4-127 所示。

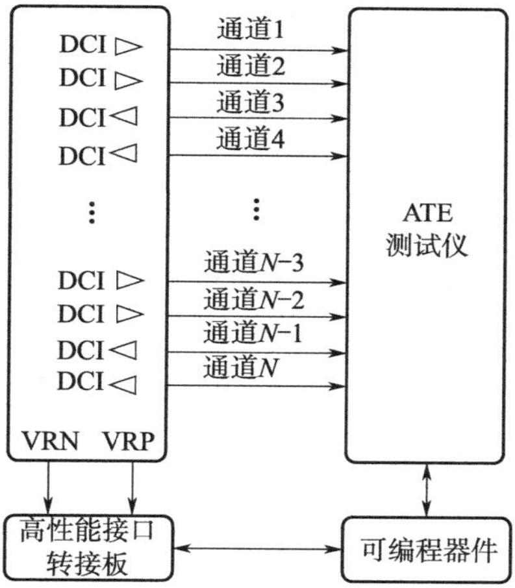

图 4-127　数字可控阻抗匹配参考电阻测试方案

(3) BRAM 模块功能测试

超大规模 FPGA 的内嵌 Block RAM 存储容量扩展到 36 Kbit。并且可以配置成两个独立的 18 Kbit RAM 或一个 36 Kbit RAM。每个36 Kbit Block RAM 可配置成一个 64 K×1、32 K×1、16 K×2、8 K×4、4 K×9、2 K×18 或 1 K×36 存储器。每个 18 Kbit Block RAM 可配置成一个 16 K×1、8 K×2、4 K×4、2 K×9 或 1 K×18 存储器。在测试中，需要根据 Block RAM 的特征和功能进行测试。

Block RAM 可以进行双端口操作，其结构具有两个独立的数据、地址和控制线，对于每个端口都可以独立地进行操作，所以对 Block RAM 的测试，除了需要考虑 4 种（SAF—固定故障、TF—变迁故障、AF—地址故障和 SOF—恒定开路故障）典型故障模型外，还需要考虑 CFs 耦合故障、多种连接故障以及双端口 RAM 中特有的端口关联故障（PRF），以实现对内嵌双端口 Block RAM 的全功能测试。

因此可将内嵌 Block RAM 按照工作模式分成单端口故障（1PFs）和双端口故障（2PFs）两种分别进行研究。根据涉及存储单元的个数，每种情况下的故障模型又可分成两类：涉及一个存储单元的故障模型（PF1s）和涉及两个存储单元的故障模型（PF2s）。

内嵌双端口 Block RAM 的单端口故障主要是指对两个端口进行独立操作时发生的故障。单端口故障（1PFs）主要考虑一些强故障（Strong Fault）类型，其中涉及一个存储单元的故障模型（1PF1s）包括：SAF、TF、读破坏故障（RDF）、伪读破坏故障（DRDF）、错误读故障（IRF）、随机读故障（RRF）、数据保留故障（DRF）、无法访问故障（NAF）以及不确定状态故障（USF）。涉及两个存储单元的故障模型（1PF2s）包括：DRF、NAF、USF、干扰耦合故障（CFds）、状态耦合故障（CFst）、错误读耦合故障（CFir）、变迁耦合故障（CFtr）、随机读耦合故障（CFrr）、读破坏耦合故障（CFrd）以及伪读破坏性耦合故障（CFdrd）。其故障模型测试分类如图 4－128 所示。

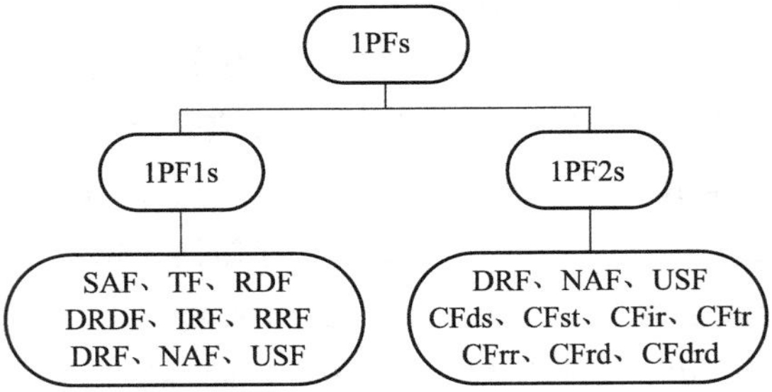

图 4－128　单端口故障测试分类

当对内嵌 Block RAM 的两个端口同时进行测试时，需要考虑双端口故障（2PFs）的问题。双端口故障也可分成两类：涉及一个存储单元的故障模型（2PF1s）和涉及两个存储单元的故障模型（2PF2s）。其中 2PF2s 又可以分成三类：2PF2a、2PF2v 和 2PF2av。详细双端口故障测试分类如图 4－129 所示。

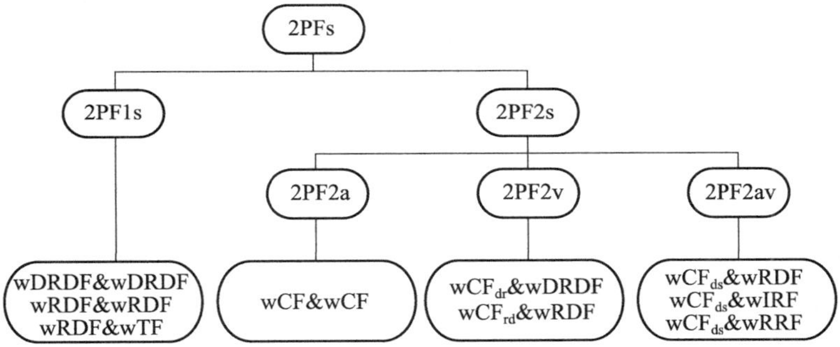

图 4－129　双端口故障测试分类

其次，在向量设计过程中，需要进行 3 种读写模式（写优先、读优先、无变化）下的测试，以检验时序关序是否符合模式要求。最后，测试向量的设计时，还需对存储器块之间的专用级联能力进行考察，相关的专用级联资源只能通过 Block RAM 的功能测试得到验证。

如图 4－130 所示，Block RAM 测试结构主要由 BIST 控制模块、多路选择器和所测试的 BRAM 组成。BIST 控制模块通过多路选择器 MUX 实现 Block RAM 的级联测试或者单片测试。BIST 控制模块内部包含测试向量生成器和数据比较器。其中测试向量还可进行参数化设置，根据不同算法选择进行 BIST 结构调整，进而生成相应的状态机，由状态机实现相应算法的激励和响应分析。

（4）DSP 硬核模块功能测试

超大规模 FPGA 内嵌有浮点 DSP 硬核，实现浮点运算不再需要消耗 FPGA 的普通逻辑资源，从而有效降低了逻辑资源消耗。在大计算量应用中，与 CPU 和 GPU 相比，DSP 硬核模块的功耗优势明

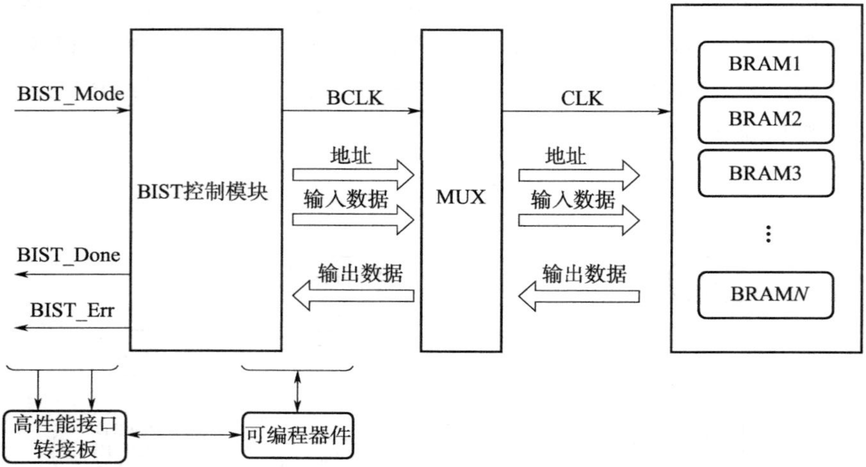

图 4-130 超大规模 FPGA 内部 Block RAM 的测试方案

显。DSP 硬核模块的 FPGA，可满足武器装备中日益高涨的大计算量应用的需求，如高性能计算（HPC）、雷达、图像处理等。

以 Virtex5 为例，其浮点运算 DSP48E 硬核的架构如图 4-131 所示，其基本单元包括一个二进制补码乘法器，后级为一个带符号扩展的加法器，该加法器可以通过模式编程切换为减法器或者累加器。乘法器输入两个二进制补码的操作数，产生一个二进制补码结果。乘法器是 DSP 硬核的核心功能。此外，DSP 硬核还能实现乘累加、加法、减法、移位寄存器、宽位逻辑比较、宽位多路器、逻辑运算、字符检测、宽位计数器等功能。

DSP 硬核功能测试方案如图 4-132 所示，采用内建自测试结构，通过 TPG 模块给 DSP 输入不同的操作码、模式码以及操作数，DSP 的输出通过 ORA 模块进行两两比较。

针对 DSP 硬核功能的多样性，测试激励采用分治法覆盖 DSP 硬核的全部功能：

①输入端逻辑

如图 4-133 所示，输入端逻辑的测试主要包括 A、B 端多路器，

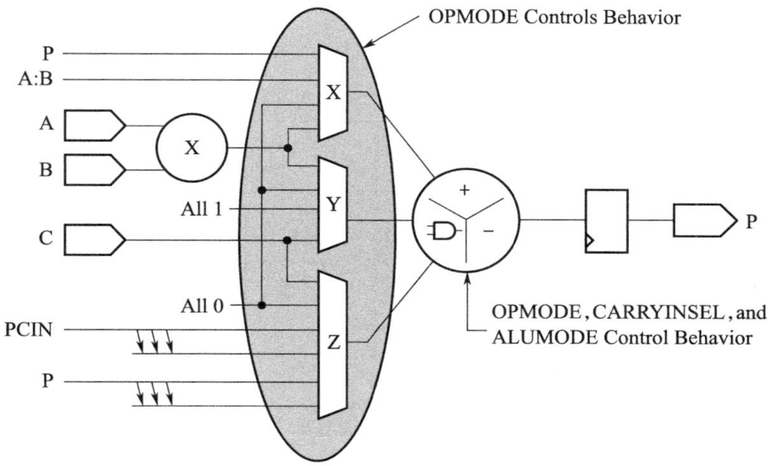

图 4-131　DSP48E 硬核架构

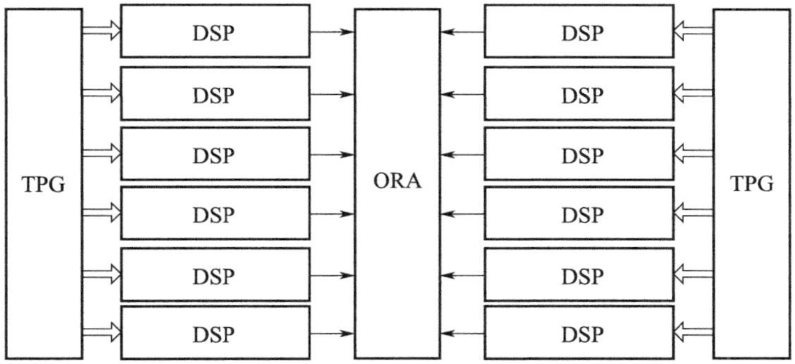

图 4-132　DSP 硬核功能测试方案

输入端寄存器，进位链反馈多路器。输入逻辑的数据路径有多种走向，一是旁路乘法器直接输入下一级 DSP 进行级联，二是成为运算逻辑的操作数，三是输入到乘法器，成为乘数和被乘数。测试激励需要涵盖以上三个数据路径。

②操作数模式选择、运算模式选择、进位选择

如图 4-134 所示，操作数模式选择、运算模式选择、进位选择

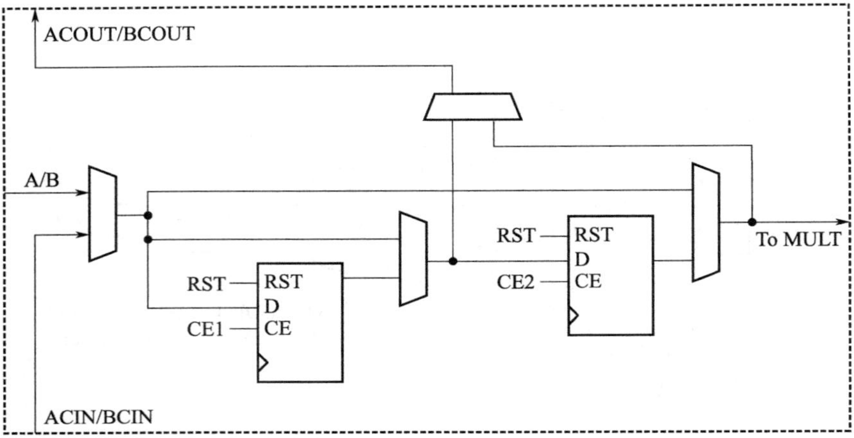

图 4－133　A、B 输入端逻辑

的功能测试主要包括操作数分配网络，特殊操作数的处理，符号位的产生模块，溢出处理。其中操作数模式选择端主要控制了标号为“X”“Y”“Z”的多路器的选通和多路器位宽的选择。运算模式选择控制了运算逻辑的功能选择，包括加、减和各种逻辑，例如 ALUMODE＝0000，运算逻辑执行加法，结果为 $Z+(X+Y+\mathrm{CIN})$，ALUMODE＝0011，运算逻辑执行减法，结果为 $Z-(X+Y+\mathrm{CIN})$，ALUMODE＝0001，可以实现 $-Z+(X+Y+\mathrm{CIN})-1$，ALUMODE 为 0010，可实现 $-(Z+X+Y+\mathrm{CIN})-1$。进位选择的功能测试，需要覆盖 3 条路径，即本级进位、本级带流水的进位以及上一级的进位。

③二进制补码乘法器测试

DSP 硬核的核心模块是如图 4－135 所示的二进制补码乘法器模块，$M\times N$ 的乘法可以看成先形成 N 项每项 M 位的部分积，然后将这些部分积适当移位后求和，产生一个 $M\times N$ 的结果 P。二进制乘法的逻辑与“AND”逻辑运算是等效的，因此部分积的产生可由乘数和被乘数的适当位做逻辑与构成。然后，所有部分积的每一列必须加起来，产生的进位都要传递到下一列去。乘法器模块的测试难

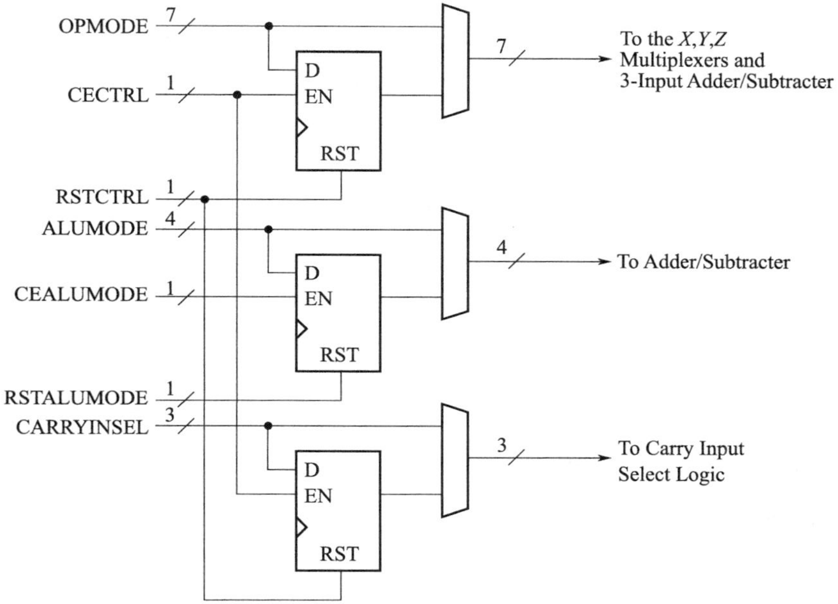

图 4-134　模式控制逻辑

点是，乘数和被乘数的位宽都比较大，导致穷举每个乘数的结果需要的向量深度十分庞大，难以形成工程化的测试向量。本书对乘法器结构进行解析，将其划分为布斯编码模块、华莱士树型结构和加法器阵列，然后将乘法器的测试问题转换为如何覆盖上述结构的所有单元，逆向推导出具有高覆盖率的测试激励。

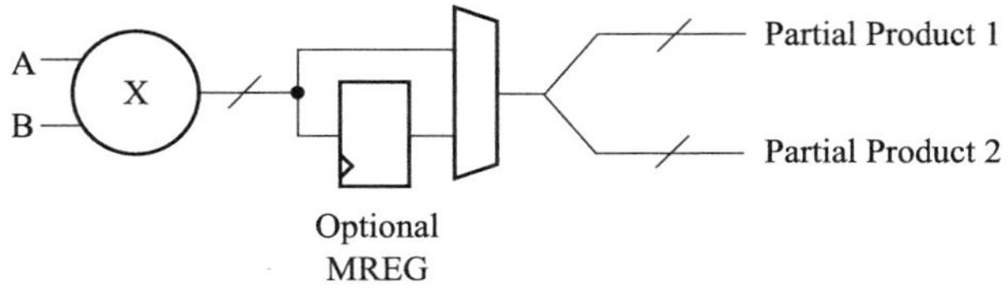

图 4-135　乘法器模块示意图

④逻辑运算和比较模块

逻辑运算和比较模块（图 4－136）是 DSP 测试中另外一个比较复杂的结构，可以将结构单元的功能进一步分解为小的测试点，逐步进行测试。逻辑运算和比较模块的主要功能包括：

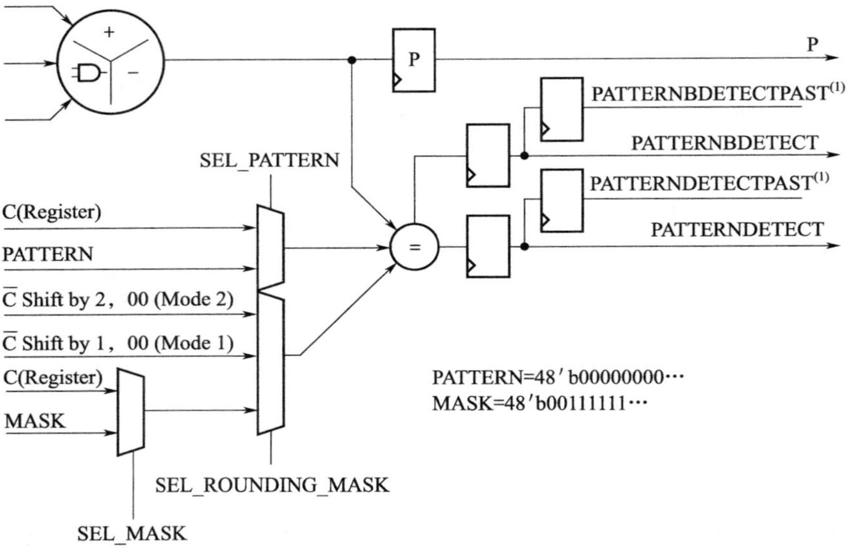

图 4－136　逻辑运算和比较模块示意图

1）逻辑运算功能；

2）加法/减法；

3）带 mask 的码型检测；

4）C 端与 A×B 结果的动态对比；

5）乘法器结果的上溢和下溢；

6）计数器单元；

7）桶式移位寄存器；

8）信号复制功能；

9）内部反向功能。

该模块的测试点较为分散，且实现单个子功能需要的向量复杂度较高，例如带 mask 的码型检测功能，对 TPG 模块的要求较高，需要通过状态机产生大量的子状态，模拟各个子功能的完整运算流程。同时，加法器/减法器的测试难点与乘法器类似，在操作数位宽较大的情况下，穷举测试导致向量深度太大。因此，同样采取从电路结构逆向推导的方法，压缩激励中操作数的数量。

4.4.4.2　FPGA 关键参数测试

（1）静态内核电源电流、静态端口电源电流、静态辅助电源电流

电源电流是标识器件功耗的参数，属于 FPGA 的关键参数，目前选取的测试方案为：对被测器件的各路电源加电并配置码流后，使器件处于非工作状态，通过测试仪的电源测量模块，检测内核电源、端口电源、辅助电源的电流值，静态电源电流一般需要在三温和三压环境下进行测试。

（2）动态内核电源电流、动态端口电源电流、动态辅助电源电流

动态电源电流的测试方法和静态电源电流的方法类似，先给被测器件的各路电源加电，配置上具有特定动态功能的码流，之后给器件的时钟端施加典型频率的时钟信号，使器件处于工作状态，在测试过程中使用测试仪测量各电源模块的动态电源电流。

（3）输入端漏电流、三态端漏电流

漏电流也是 FPGA 测试中的关键测试，漏电流测试划分为输入高漏电、输入低漏电、参考端输入漏电、带上拉的输入漏电、带下拉的输入漏电、三态端的漏电。这些漏电流标定了 FPGA 在与其他芯片配合使用时器件的负载特性。对漏电流的测试目前选取的方案为：

1）将用户 IO 配置为输入状态，向此 IO 施加高电平，通过测试仪测试输入高电平漏电，向此 IO 施加低电平，可测试输入低电平漏电。

2）将用户 IO 配置为带上拉状态的输入端，向该 IO 施加低电

平，测试带上拉的输入漏电。将 FPGA 的 IO 配置为带下拉状态的输入端，向该 IO 施加高电平，测试带下拉的输入漏电。

3）将用户 IO 配置为需要使用参考电平的协议，并给参考电平引脚施加高电平，测试参考电平引脚的漏电流。

4）将用户 IO 配置为三态输出，或配置为不使用且浮空的状态，向该引脚施加高电平，测试三态端的漏电流。

（4）内核电压降、端口电压降

为了考量 FPGA 在电源波动情况下的可靠性，需要进行内核电压降和端口电压降的测试。在测试内核电压降时，首先正常上电，选择一个功能向量，配置 FPGA，然后将内核电压降低到规定值，再恢复到正常电压，测试功能向量。若功能测试通过，则表明内核电压降满足设计指标。同理，在测试端口电压降时，首先正常上电，选择一个功能向量，配置 FPGA 器件，然后将端口电压降低至规定值，再恢复至正常电压，测试功能向量。若功能通过，则表明内核电压降满足设计指标，内核电压降和端口电压降的测试过程很容易受到电压过冲的影响，需要注意保持电压平稳下降。受到硬件条件的限制，测试仪只能采取阶梯化的降压方式，应在合理的降压幅度范围内进行。

（5）输入高电平、输入低电平

输入高电平和输入低电平的测试分为单端协议和差分协议。

对于单端协议，输入高电平的测试方法是将 FPGA 的 IO 引脚配置为单端输入，施加测试规范中规定的最低高电平，判断功能是否正确。同理，测试输入低电平时，将 FPGA 的 IO 引脚配置为单端输入，施加规范中规定的最高低电平，判断功能是否正确。为了达到测试的可靠性，输入高低电平的测试应当分别在最高工作电压以及最低工作电压下进行测试。

在差分协议方面，输入高电平的测试需要将一对差分引脚配置为输入，通过差分输入两端的电压差构建出逻辑高电平，判断功能是否正确。不同的差分协议有不同的端接要求，测试系统需要根据具体要求调整电阻的串并联关系以及电阻值。

（6）输出高电平、输出低电平

由于 FPGA 的 IO 具备可编程的特点，可以被配置为多种电平协议，其输出电平的测试一直是消耗测试资源最多的测试项目。输出电平的测试分为单端协议和差分协议，其中单端协议中又分为有参考电平的协议以及无参考电平的协议。

有参考电平的协议主要用于较高频率下，实现低摆幅电平输出。对具有参考端的协议输出端测试时，将 FPGA 中相应的 IO bank 配置为特定的单端协议，并遵循测试规范中的电源电压条件。与输入电平的测试不同，输出端的测试判据不是判断具体功能是否正确，而是检测在特定的输出负载电流下，输出电平的数值是否符合要求，不同的协议，规定的范围不同，例如 HSTL 协议的输出低电平最大值规定为 0.4 V，输出高电平最小值规定为 $V_{cco}-0.4$ V，SSTL3 I 协议的输出低电平最大值规定为 $V_{REF}-0.6$ V、输出高电平最小值规定为 $V_{REF}+0.6$ V。在进行单端协议的输出电平测试时，需要通过测试仪器给输出端施加规定的负载电流，检测输出端输出电压的数值是否符合规范的要求。例如，在 LVTTL 协议测试时，需要测试在 2～12 mA 输出负载电流下的输出电平，一般在测试中直接选择最大的电流负载，模拟最恶劣的条件。

对差分协议输出电平的测试，在测试代码开发阶段，通过约束选择相应的差分协议，测试仪对输出端的具体电平进行采样，然后计算获得共模电压、差模电压，并与规范中的规定值进行比较判断。对于差分输出端的每个引脚，同样需要检测输出高电平和输出低电平，测试方法与单端协议的测试完全相同。

（7）电容参数

电容参数测试方法如下：FPGA 电路断电后，通过电容测试仪对 FPGA 的 IO 引脚进行测试；正表笔接 IO 引脚，负表笔接地，电容测试仪设置为 1 MHz。由于电容测试设备的特性，电容测试无法在通电状态下进行，如加电测试会使电容测试设备的电桥进入不平衡状态（实测显示“UNBAL”），该情况下无法测试到有效电容值；电容测试时若表笔触碰位置发生变化，则每次测到的电容值可能出现较大偏差。因此，为了确保电容测试的精确性，要求对每个引脚进行3次采样测试，对测试结果取平均值。

（8）Pin-to-Pin的时间参数

Pin-to-Pin的时间参数是指能够通过输入输出引脚检测的时间参数。Pin-to-Pin的时间参数测试方法：首先根据参数测试的要求开发测试结构，如带DCM的触发器、不带DCM的触发器等；然后通过测试仪设置被采样信号和采样信号有效的相对延迟，该延迟即前者相对后者的建立时间。根据测试规范设定建立时间后，对向量功能进行测试，若通过，则说明当前建立时间能够满足要求。对于保持时间，通过测试仪设置被采样信号与采样信号的延迟，该延迟即前者相对后者的保持时间。在设定保持时间后，测试向量功能，若通过，则说明当前保持时间能够满足要求。

4.5 接口集成电路

4.5.1 模数（A/D）转换器

4.5.1.1 产品概述

把经过与标准量（或参考量）比较处理后的模拟量转换成以二进制数值表示的离散信号的转换器，简称ADC或模数（A/D）转换器。

通常情况下，模数转换器电路的测试框图如图4-137所示。

测试系统主要由模拟信号发生源、时钟源、模拟电源、数字电源、参考电平、数字信号采样及分析系统等部分构成。

ADC的模拟参数可以大致分为静态参数和动态参数两类，静态参数衡量了ADC采集直流信号时的性能，其中有偏移误差、增益误差、差分非线性误差（DNL）和积分非线性误差（INL）。而动态参数衡量了ADC采集交流信号时的性能，其中有信噪比（SNR）、信

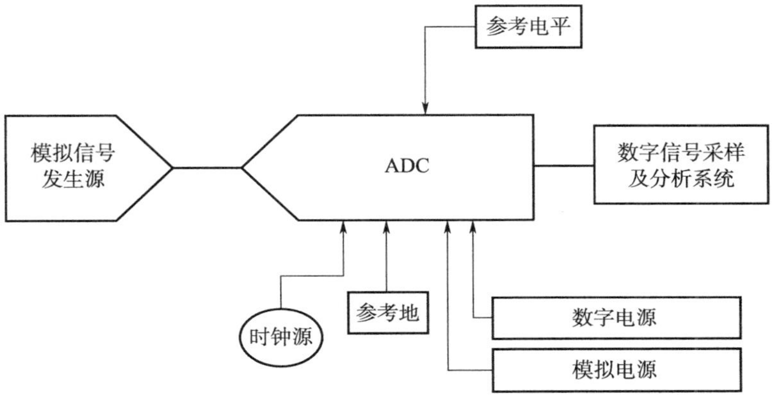

图 4 - 137　模数转换器测试框图

纳比（SINAD）、谐波噪声（HARMONIC）、无杂散动态范围（SFDR）、双音交调、带宽等。

4.5.1.2　测试指标体系

（1）静态特性参数

参数定义：

①微分非线性误差（Differential Non Linearity，DNL）

微分非线性误差为相邻输出码所对应的输入电压之差的实际值与 1LSB 间偏差的最大值，一般也转换为 LSB 或%FS 单位。表示为

$$DNL_i = (V_i[\text{measure}] - V_i - 1[\text{measure}]) - LSB \quad (4-20)$$

$$DNL = \max(DNL_i / LSB) \text{ 或 } DNL = \max(DNL_i / VFSR) \quad (4-21)$$

②积分非线性误差（Integral Non Linearity，INL）

INL 是所有 DNL 代数和的积累效应，是 A/D 实际转换曲线与理想转换曲线之间的最大偏差。转换曲线指转换起点与转换终点的连线。

③分辨率

分辨率是转换器最基本，也是最重要的参数之一。A/D 转换器的分辨率是指转换器能够分辨最小的量化信号的能力。对于二进制的 N 位分辨率的 A/D 转换器，它能分辨的最小量化信号或量化电平的能力为 2^N 位。例如，对于一个 16 位的 A/D，它能分辨的最小量化电平的能力达 $2^{16}=65\,536$ 位。

④失调误差

失调误差是 ADC 转换特性曲线规定码值转换电平与理想值的偏差。

⑤增益误差

增益误差是转换器实际满量程输入范围和理想满量程输入范围之间的偏差。

测试步骤：

静态参数 DNL 是测试实际转换特性曲线的码宽与理想码宽 1VLSB 间的最大偏差。测试按下列程序进行：

1）在规定的环境温度下，将被测 A/D 转换器接入测试系统中；

2）施加规定的电源电压和参考电压；

3）按照定义测量码值 k 的码值转换电平 $T[k]$，码值 $k+1$ 的码值转换电平 $T[k+1]$，计算 k 码的码宽电压 $W[k]$

$$W[k]=T[k+1]-T[k] \tag{4-22}$$

4）按照步骤 3）分别测试所有码（或根据转换器结构通过测量特定的码值子集计算出所有码）的码宽电压；

5）记 4）项计算出的 ADC 所有码宽电压的绝对值最大者 $W[k]\text{max}$；

6）由式（4-23）计算出 DNL，单位为%FSR

$$\text{DNL}=[(W[k]\text{max}-\text{VLSB})/\text{VFSR}]\times 100 \tag{4-23}$$

式中 DNL——微分非线性误差，%FSR；

VLSB——1 个 LSB 电压，V；

$W[k]\max$——ADC 绝对值最大码宽电压，V；

VFSR——满幅度电压范围，V。

或按照式（4－24）求出 DNL，单位为 LSB

$$\mathrm{DNL}=(W[k]\max-\mathrm{VLSB})/\mathrm{VLSB} \qquad (4-24)$$

式中　DNL——微分非线性误差，LSB；

VLSB——1 个 LSB 电压，V；

$W[k]\max$——ADC 绝对值最大码宽电压，V。

积分非线性 INL 测试实际转换特性曲线与最佳拟合直线间的最大偏差，测试程序如下：

1）在规定的环境温度下，将被测 A/D 转换器接入测试系统中；

2）施加规定的电源电压和参考电压；

3）按照定义测试所有码值（或根据转换器结构通过测量特定的码值子集计算出所有码）的码值转换电平 $T[k]$；

4）按规定的数学方法确定码值转换电平最佳拟合直线（如最小二乘法/端点直线法等），得到测量转换电平在拟合直线上所对应的点 $T'[k]$；

5）将 3）项的数据与 4）项的数据相比较，得到 $T[k]$ 减去 $T'[k]$ 结果中的绝对值最大值 $\Delta V_{\max}$；

6）由式（4－25）计算出 INL，单位为%FSR

$$\mathrm{INL}=(\Delta V_{\max}-\mathrm{VLSB})/\mathrm{VFSR}\times 100 \qquad (4-25)$$

式中　INL——积分非线性，%FSR；

VLSB——1 个 LSB 电压，V；

$\Delta V_{\max}$——ADC 实际码值转换电平和拟合直线上该点所对应值之差，V；

VFSR——满幅度电压范围，V。

或按照式（4－26）求出 INL，单位为 LSB

$$\mathrm{INL}=\Delta V_{\max}/\mathrm{VLSB} \qquad (4-26)$$

式中　INL——积分非线性，LSB；

VLSB——1 个 LSB 电压，V；

ΔV_{max}——ADC 实际码值转换电平和拟合直线上该点所对应值之差，V。

对于 A/D 转换器静态参数的测试，当 A/D 转换器精度很高时，要比较 A/D 转换器的每一个输出数码及其相应的输入电压值，带来的问题是测试量会随着精度的提高而增加，测试时间也会相应延长，因此高精度 A/D 静态参数测试方法研究集中在如何减少测试时间和提高测试效率上。我们采用了输入斜波和电压平均相结合的办法来测试 A/D 转换器静态参数。就是在 A/D 转换器输入端施加一个低频率的“斜波”信号，即对应输出从全 0 码到全 1 码（或从全 1 码到全 0 码），重复施加一定次数的某个输入电压后，再重复施加相同次数的下一个输入电压，最终形成一个有均匀“宽度”的台阶数据信号；然后设置高精度数字化仪表的采样速率与 A/D 转换速率相等，运行向量，使数字化仪表采集 A/D 每一个输出数码；最后将数字化仪表存储的数字量按权重叠加，得到“斜波台阶”电压数据，以输入的斜波信号与输出码叠加的“斜波台阶”电压数据对应，得到一条测试输入输出转换曲线，并由此计算出 A/D 的各个静态参数。

A/D 静态参数一般是在很低的信号频率（一般是直流）下进行测量的。我们现在采用的这种测试方法可以通过控制 A/D 的采样速率和输入斜波上升（或下降）时间来控制输入信号的频率，它的测试精度可以通过输入斜波的重复次数来控制，该方法的测试时间和测试精度都能够得到有效的控制。

（2）动态特性参数

参数定义：

①信噪比（SNR）

信噪比指输出信号功率与噪声功率之比。其中信号指基波分量的有效值，噪声指奈奎斯特频率以下的噪声功率的总有效值，且不包含谐波功率及直流分量，SNR 的单位为 dB 或 dBFS。

$$\mathrm{SNR}=10\lg\frac{P_S}{P_n} \tag{4-27}$$

式中　P_S ——信号功率；

P_n ——噪声功率。

②总谐波失真（THD）

总谐波失真是非线性失真的一种，它是指信号中包含的全部谐波功率与基波功率的比值，一般以 dB 表示。

$$\text{THD} = 10\lg \frac{\sum_{K=2}^{+\infty} P_K}{P_1} \tag{4-28}$$

式中　P_S ——信号功率；

P_K —— K 次谐波功率，一般计算 10～20 次谐波就已足够。

③信号与噪声谐波失真比（SINAD）

信号与噪声谐波失真比为信号功率与奈奎斯特频率以下的全部噪声功率和谐波功率（不包括直流分量）之比，SINAD 的单位为 dB 或 dBFS。

$$\text{SINAD} = 10\lg \frac{P_S}{P_n + \sum_{K=2}^{\infty} P_K} \tag{4-29}$$

式中　P_S ——信号功率；

P_n ——噪声功率；

P_K —— K 次谐波功率。

④无杂散动态范围（SFDR）

无杂散动态范围是信号基波功率与最大谐波功率之比，以 dB 为单位。对于正弦波信号，最大谐波为三次谐波功率。通常表示为

$$\text{SFDR} = 10 \cdot \lg \frac{P_S}{P_X} \tag{4-30}$$

式中　P_S ——信号功率；

P_X ——最大谐波功率，单位一般为 dB 或 dBFS。

⑤有效位（Effective Number of Bit，ENOB）

有效位用于表征 A/D 的动态精度或动态分辨率，其值与 SNDR 直接相关，即

$$ENOB=\frac{SNDR-1.76}{6.02} \tag{4-31}$$

⑥带宽

带宽与采样率不同，指 ADC 可以通过的最大信号频率，由奈奎斯特定律可知，采样率要大于信号频率的两倍才有可能还原信号的信息，所以早先的 ADC 通常采样率比带宽更高，因为高于采样率的信号即使能采样，也没有意义。现代 ADC 增加了同步时钟，允许用户通过多片同款 ADC 进行等效采样，使得高于采样率的信号也能被正确采样并还原，因此现代 ADC 的带宽比采样率更高。

带宽的测试方法是寻找－3 dB 点，经过时域的采样和 FFT 后，无论输入信号频率如何，频谱上总会有一条功率等于原始信号功率的谱线，这条谱线的功率远大于其他信号。因此从 DC 开始，不断提高输入信号的频率，观察这条谱线的功率，直到功率衰减到相对于 DC 时的－3 dB，此时的输入信号频率即为被测 ADC 的带宽。

测试流程：

信噪比（SNR）是测试信号分量功率与噪声分量功率之比，以 dB 表示；信噪失真比（SINAD）是测试信号分量功率与噪声分量功率及谐波分量功率的和之比，以 dB 表示；总谐波失真比（THD）是测试谐波分量功率与信号分量功率之比，以 dB 表示；无杂散动态范围（SFDR）是测试信号分量功率与最大杂波分量功率之比，以 dB 表示；有效位（ENOB）是测试 ADC 实际有效位数。测试按下列程序进行：

1）在规定的环境温度下，将被测 A/D 转换器接入测试系统中；

2）施加规定的电源电压和参考电压；

3）信号源施加规定幅度和频率 f_s 的模拟信号；

4）施加规定频率 f_{CLK} 的采样时钟；

5）待 ADC 工作稳定后，采集合适数量的 ADC 输出转换数据；

6）对采集的数据进行 FFT 运算，得到经 ADC 转换后的数据功率谱，分别按定义计算出基波信号分量 P1、谐波信号分量功率 PD、噪声分量功率 PN、最大杂波分量功率 PS；

7）由以下公式进行计算：

$$\left.\begin{array}{l}\mathrm{SNR}=10\log(\mathrm{P1}/\mathrm{PN})\\ \mathrm{SINAD}=10\log[\mathrm{P1}/(\mathrm{PN}+\mathrm{PD})]\\ \mathrm{THD}=10\log(\mathrm{PD}/\mathrm{P1})\\ \mathrm{SFDR}=10\log(\mathrm{P1}/\mathrm{PS})\\ \mathrm{ENOB}=(\mathrm{SINAD}-1.76)/6.02\end{array}\right\}\quad(4-32)$$

式中　SNR——信噪比，dB；

SINAD——信噪失真比，dB；

THD——总谐波失真比，dB；

SFDR——无杂散动态范围，dB；

ENOB——有效位，bit。

A/D 转换器的频域测试主要是采用 DSP 方法，其中 FFT 频谱分析法是进行 A/D 转换器动态参数分析的主要手段。采用 FFT 频谱分析法可以快速地计算出信噪比、总谐波失真比、无杂散动态范围、信噪失真比、有效位等参数。

在动态参数测试中，在 A/D 输入端施加一满量程正弦信号，使输出为一组数字码，对输出的数字码按权重叠加后进行 FFT 频谱分析，分离其中的信号、直流、谐波、杂散波和噪声成分。这种方法给测试提出了两个方面的要求：一是输入信号要纯净，不带噪声干扰，与被测器件相比，输入信号的性能要更高，输入信号本身的非线性不足以影响测试结果；二是采样要精准。由此，测试方法的研究也集中在这两方面。

FFT 算法是线性运算，输出信号的频域表现是输入信号的频域和被测器件的频域表现的叠加效应。因此测试理论上要求，对 A/D 转换器输出进行数据采集的数字化仪表的精度，应该要高于被测 A/D 转换器精度至少 2 位以上，从而保障系统引入的误差对于被测器件可以忽略不计。但对于高精度的 A/D 测试，测试设备的性能与被测器件相当，直接采用 FFT 得到的测试结果将产生较大误差，因此，区分测试系统和器件本身的误差，并通过一些硬件和算法去除不理想因素就十分必要了。

FFT 算法中假设进行分析处理的离散时间序列可以精确地在整个时域进行周期延拓，所有包含该离散时间序列的信号为周期函数，时间序列长度为信号的整数倍周期，即满足相干采样，采样频率 F_s、信号频率 F_t、采样点数 N 和采样周期数 M 有如下的关系式

$$\frac{F_t}{F_s}=\frac{M}{N} \tag{4-33}$$

式中，M 和 N 互为质数，N 取 2 的幂次方。

如果 FFT 对数据的截断使得时间序列长度不是信号的整数倍，信号频率就会被分散到两旁的频率点上，产生了频谱泄漏。由于相干采样测试可以避免频谱泄漏，测试高精度 A/D 转换器时普遍采用相干采样。相干采样要求信号和采样或转换时钟之间必须完全同步，从而满足相干采样数据为整周期的要求。

4.5.1.3 测试实例

(1) 12 位 1.6 GSPS B12D1600 测试系统

测试 B12D1600 的静态和动态参数的系统配置如图 4-138 所示。12 位 1.6 GSPS A/D 转换器测试系统的硬件配置由以下几部分组成：

①多通道程控电源

分别为内核和驱动部分电路提供独立的供电电源。

②高速高精度信号发生器

为 12 位 1.6 GSPS A/D 转换器提供系统时钟以及输入信号。

③示波器

检测芯片各个通道输出端信号的幅值、中心电平等参数。

④A/D 转换器评估板

专门针对 12 位 1.6 GSPS A/D 转换器设计开发的测试评估板。

⑤带通滤波器

在对某些特定频率的输入信号进行处理时，滤除掉信号中不必要的各次谐波。

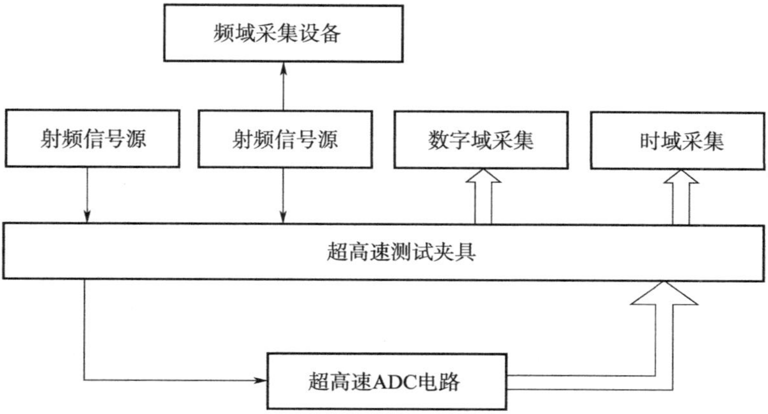

图 4－138　超高速 A/D 转换器参数测试示意图

⑥逻辑分析仪

采集输出数据并与 PC 建立连接，进行数据的交互处理。

模拟信号源用来作为系统的模拟信号输入、数据采集和时钟输入，一台程控电压源用来给评估板提供电源，另一台给芯片提供电源，并且可通过上位机远程控制改变电压进行扫压测试。

B12D1600 的软件测试环境和操作界面图是基于 VB 语言环境开发的测试程序。选择 VB 语言进行程序开发也是因为它的可视化编程界面，可大大节省编程时间。

超高速 A/D 转换器 B12D1600 的上位机测试软件在测试算法方面集成了包括功率谱分析、码密度统计等用于静态参数和动态参数测试的算法；在仪器控制方面，集成了包括 LAN、GPIB、LXI、RS232 等常用的仪器控制软件包。软件采用模块化设计，可以方便地选择需要测试的参数，随时增加需要的测试模块，通过自动化的程序控制，实现参数测试的高速性、准确性和稳定性。

（2）B12D1600 测试板

图 4－139 所示为 12 位 1.6 GSPS A/D 转换器 B12D1600 测试系统的评估板实物图，可以用来评估 B12D1600 的动态性能。主要包

括模拟信号输入部分、时钟信号输入部分、ADC 测试座、电源部分和 ADC 输出部分。其中，模拟信号输入和时钟信号输入都是由外部仪器输入，其输入信号类型可以为单端信号，然后由评估板上的巴伦转换为差分信号输入到 ADC 中去，也可以由外部仪器直接输入差分信号到 ADC 中。ADC 的输出端连接逻辑分析仪，通过逻辑分析仪来采集并存储输出数据。

图 4－139　12 位 1.6 GSPS A/D 转换器的测试评估板

B12D1600 的自动测试系统板，通过和其他测试仪器互连可以全面评估 B12D1600 的性能，包括动态特性、静态特性、温度特性等。通过上位机控制板子上的继电器来不断切换信号可达到测试各种参数的目的。与评估板相类似的是，板子的左边为模拟信号和时钟信号输入端，右边为 ADC 输出端，依然连接逻辑分析仪，采集和存储输出数据（图 4－140）。

由于转换器采样率达到了 1.6 GSPS，因此其测试接口板的设计要充分运用高速电路设计方法进行设计和调试。转换器测试接口板的开发采用 Cadence 的 Allegro 设计软件，在设计中对差分走线阻

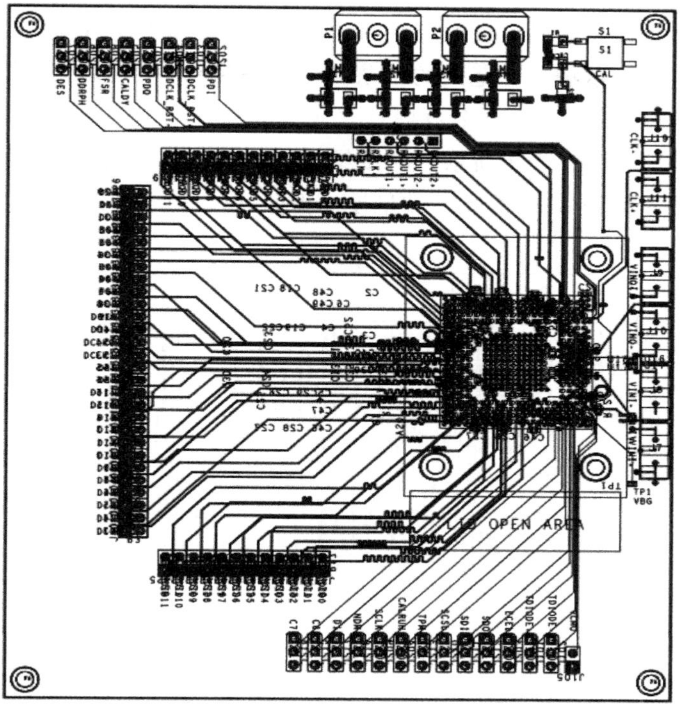

图 4-140　B12D1600 的测试板 PCB 图

抗、信号传输延时匹配、电源完整性、数字模拟信号分割等方面进行全面的考虑和约束，设计的测试接口板各项性能指标满足抗辐照 12 位 1.6 GSPS A/D 转换器的测试需求。

在自动测试板的 PCB 图设计中重点注意电路板的信号完整性问题，着重考虑高速输入信号的抗干扰设计和 ADC 输出信号的等长处理。

(3) 测试结果

利用 B12D1600 测试板对 B12D1600 进行了详细测试，最终得出以下测试结果。

静态参数测试：

①差分非线性误差（DNL）

按照电参数确认表相应的测试要求对六只电路样片进行 DNL 测试，输入超过满量程范围的正弦波信号，频率为 1 MHz。使用逻辑分析仪采集 1 000 000 个数据点并通过数据处理，得到的 DNL 结果（典型）如图 4－141 所示。测试结果显示，转换器电路样片的 DNL 最大绝对值为 0.39 LSB，满足设计指标（≤±1.0 LSB）的要求。

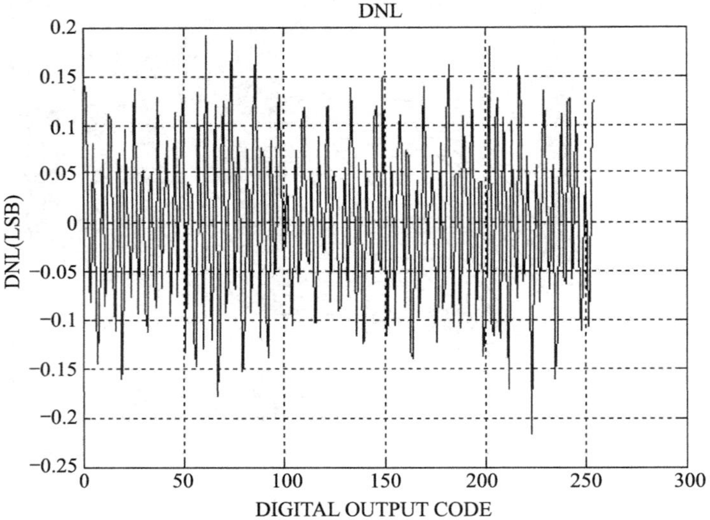

图 4－141　转换器样片 DNL 测试结果

②积分非线性误差（INL）

按照电参数确认表相应的测试要求，对六只电路样片进行 INL 测试，输入超过满量程范围的正弦波信号，频率为 1 MHz，使用逻辑分析仪采集 1 000 000 个点并通过数据处理，得到的 INL 结果如图 4－142 所示。测试结果显示，6 只转换器电路样片的 INL 最大绝对值为 3.9 LSB，满足设计指标（≤±6.0 LSB）的要求。

动态参数测试：［常温（25 ℃）下动态性能］

按照电参数确认表相应的测试要求，在常温条件下对电路样片进行动态参数测试，输入正弦波信号的频率为 748 MHz（图 4－

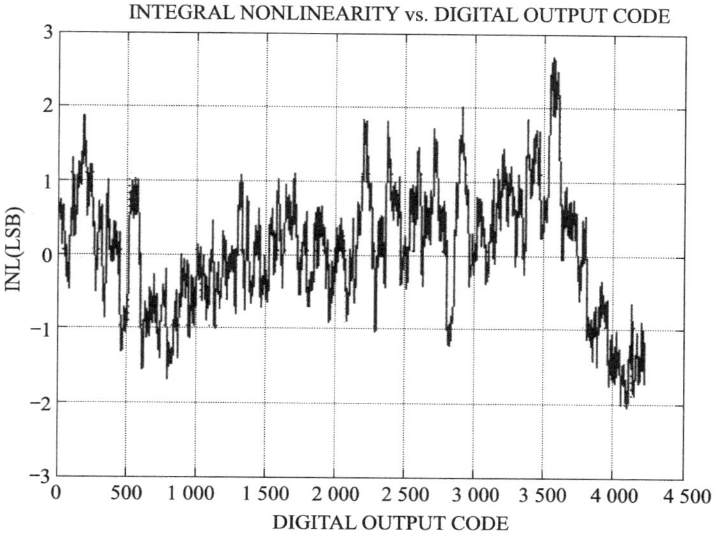

图 4－142　转换器样片 INL 测试结果

143)，使用逻辑分析仪采集 65 536 个数据点并通过数据处理，得到的动态性能参数结果见表 4－15。

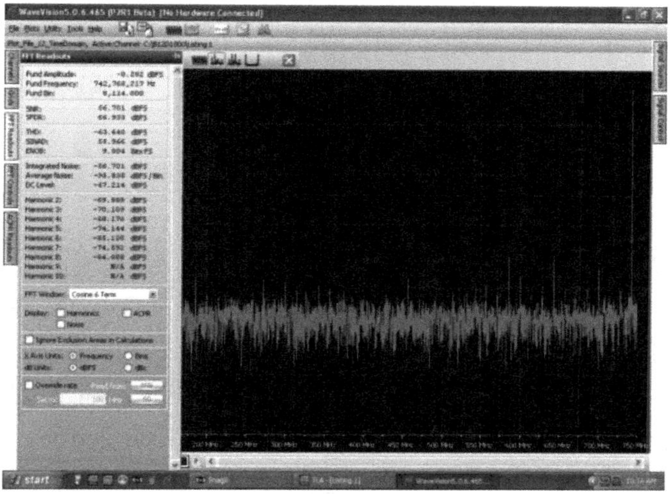

图 4－143　输入频率为 748 MHz 下的频谱分析结果

表 4-15　常温条件下动态性能参数测试结果

参数	符号	条件	典型值	单位
有效位	ENOB	f_{IN}=748 MHz, V_{IN}=FSR−0.5 dB	9.004	bit
信噪失真比	SINAD	f_{IN}=748 MHz, V_{IN}=FSR−0.5 dB	55.966	dB
信噪比	SNR	f_{IN}=748 MHz, V_{IN}=FSR−0.5 dB	56.701	dB
总谐波失真比	THD	f_{IN}=748 MHz, V_{IN}=FSR−0.5 dB	−63.640	dB
无杂散动态范围	SFDR	f_{IN}=748 MHz, V_{IN}=FSR−0.5 dB	66.933	dB

4.5.2　数模（D/A）转换器

4.5.2.1　测试指标体系

（1）静态特性参数

静态参数 DNL 是测试相邻两输入数字值对应的模拟输出电压之差的实际值与理想的 1 LSB 间的最大偏差。测试按下列程序进行：

1）在规定的环境温度下，将被测 DAC 接入被测系统中施加规定的电源电压和参考电压，若 DAC 为电流输出型，加规定负载；

2）在数字输入端施加规定的逻辑电平（全“0”码），测量输出电压 V_0；

3）在数字输入端施加规定的逻辑电平（全“1”码），测量输出电压 V_1；

4）由公式（4-34）计算被测 DAC 1 个 LSB 电压理想值。

$$V_{LSB}=(V_1-V_0)/2^N \tag{4-34}$$

式中　N ——DAC 位数。

5）在数字输入端施加全“0”到全“1”的逻辑电平，在模拟输出端分别测得每个数码对应的电压；

6）计算 DAC 所有数码中两相邻数码对应的模拟输出电压之差，取其绝对值的最大者 V_{Jmax}；

$$DNL=\frac{V_{Jmax}-V_{LSB}}{V_{LSB}} \tag{4-35}$$

积分非线性 INL 可测试实际转换特性曲线与规定拟合直线间的最大偏差。测试程序如下：

1）在规定的环境温度下，将被测 DAC 接入被测系统中；

2）施加规定的电源电压和参考电压，若 DAC 为电流输出型，加规定负载；

3）在数字输入端施加全“0”到全“1”的逻辑电平，在模拟输出端分别测得每个数码对应的电压；

4）根据得到的模拟电压值数据，按规定的数学拟合方法（如最小二乘法、端点直线法等）确定最佳拟合直线；

5）将实际测量的每个码值所对应的模拟输出电压和拟合直线上该码值所对应的电压值相减，取其绝对值的最大者 ΔV

$$\mathrm{INL}=\frac{\Delta V_{\mathrm{OMAX}}-V_{\mathrm{LSB}}}{V_{\mathrm{FSR}}}\times 100 \tag{4-36}$$

（2）动态特性参数

参数定义：

①无杂散动态范围（SFDR）

SFDR 是指在 DAC 输出功率谱上或在奈奎斯特频率带宽内得到的载波频率的最大功率值与最大失真成分的功率值之比，即

$$\mathrm{SFDR}=10\lg\frac{P_S}{P_X} \tag{4-37}$$

②信噪比（SNR）

信噪比是指信号在 DAC 输出功率频谱中有效成分的功率与噪声成分功率的比值，可以表示为

$$\mathrm{SNR}=10\lg\frac{P_S}{P_n} \tag{4-38}$$

③总谐波失真比（THD）

总谐波失真比是建立在奈奎斯特频率带宽内，用百分比来表示输出信号和输入信号多出的额外谐波成分的比值，可以定义为

$$\mathrm{THD} = 10\lg \frac{\sum_{K=2}^{+\infty} P_K}{P_1} \tag{4-39}$$

④信噪失真比（SNDR）

信噪失真比是指输出信号功率与噪声功率和谐波信号功率之和的比值，可以表示为

$$\mathrm{SNDR} = 10\lg \frac{P_S}{P_1 + \sum_{K=2}^{+\infty} P_K} \tag{4-40}$$

4.5.2.2 测试实例

B9739 的输入数据端采用 LVDS 电平，芯片内部进行了数据位扩展和双沿采样模式，输入的数据码频率降频到 600 MHz，输出模拟信号频率从 100 MHz 到 950 MHz。目前的自动测试机台（ATE）的码流速率仍然无法达到要求，且 ATE 数字化仪的输入带宽也无法进行 500 MHz 以上的模拟信号测试。在 ATE 设备速率存在局限性的情况下，采用台式设备开发超高速 D/A 转换器的动态和静态参数的测试系统，实现了超高速 D/A 转换器的测试评估。

超高速 D/A 转换器 B9739 的动态参数和静态参数测试由于输出级的耦合方式和频率范围不同，采用两套不同的测试方法。B9739 是一款在基带模式下工作频率范围从直流到 1.25 Hz，混合模式下工作频率从 1.5 GHz 到 3.0 GHz 的数模转换芯片。

B9739 包含一系列可编程的寄存器，用来配置和监测一些内部参数。B9739 的串口电路如图 4－144 所示。基于 LabView 编写的 SPI 读写软件可以方便地将需要配置寄存器的配置值转换成 SPI 数据模式，同时该软件可以方便地通过返回值判断配置是否成功。

DAC 的测试方法是在输入端加数字激励信号，在模拟输出端测试其输出性能的指标。一款数模转换芯片的功能和性能主要从动态参数和静态参数两方面来考量。

对于从 300 MHz 到 3.35 GHz 速率的 8～14 bit DAC 测试，可

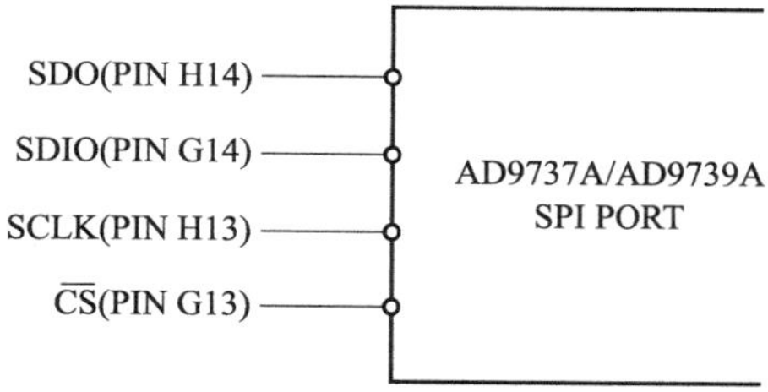

图 4 - 144　B9739 的串口电路

以使用如下配置：并行误码仪、万用表、示波器、频谱仪、电源、DAC 测试软件等。

根据不同的测试精度、频率、采样率需求，这个配置需要做相应变化。测试中 DAC 测试板、时钟变换电路、滤波器、电缆等附件未包含在内。

用码流发生器发出数值从 0 到 (2^n-1) 再到 0 的三角波，在软件中找到数值从 0 到 (2^n-1) 的阶梯波，每增加一个数值，采集每个数字输入值对应的真实模拟输出量后就可以计算得到 INL、DNL 等信息。

对于动态参数的测试，是预先在码流发生器里放入一组正弦波的数字波形，然后送给 DAC 转换成真正的模拟正弦波信号，用频谱分析仪对波形的谐波失真、杂散、噪声等做分析。动态参数的测试仪器是频谱分析仪，对于仪器的要求需要有比较高的频率、幅度、测量精度、低的本底噪声和足够的动态范围。测试软件可以帮助完成仪器设置和参数分析。

(1) 14 位 2.5 GSPS B9739 动态参数测试系统

如图 4 - 145 所示为 B9739 动态性能测试系统示意图。B9739 动态性能测试系统由硬件部分和软件部分组成，硬件部分包括 B9739 测试板、ADI 公司的码流发生器、时钟源、直流电源和频谱分析仪。其中直流电源为测试板提供工作电压，时钟源为测试板提供采样时钟信号，ADI 公司的码流发生器为测试板提供正弦测试信号，测试软件远程控制频谱分析仪得到动态测试结果。

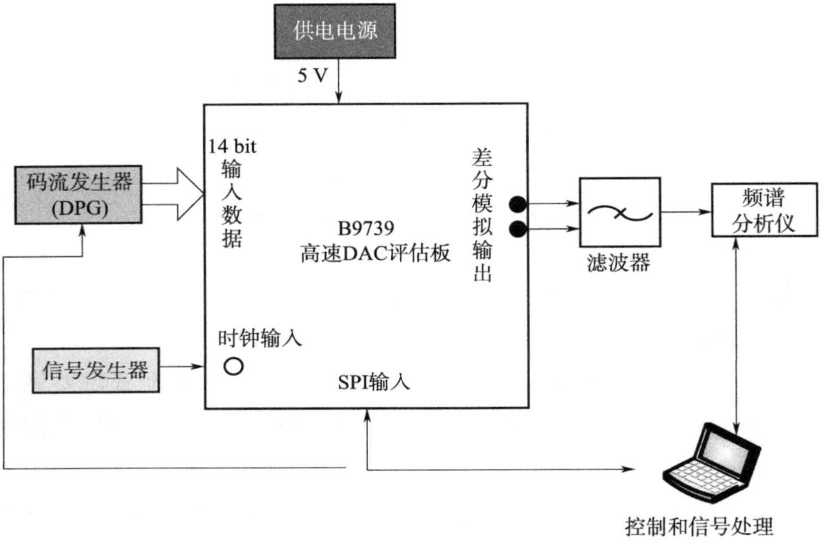

图 4-145　B9739 动态性能测试系统示意图

①硬件连接及设置

电源设置：5 V 直流电源。

时钟信号设置：根据需要设置采样时钟信号频率。设备采用罗德与施瓦茨公司的 R&S SMA，该时钟源可以产生 9 kHz 到 6 GHz 的时钟信号，满足本测试中最大 2.4 GHz 时钟信号的需求。

ADI 码流发生器设置：用配套的软件 DPG3 对信号发生器进行设置，使其产生测试所需要的正弦波。如图 4-146 所示，设置 Data Rata 和 Desired Frequency 的值，DAC Resolution 设置为 14，Data Vector 从下拉菜单中选择。设置完成后下载、运行即可产生所需的正弦波。

测试不同采样频率和信号频率下 DAC 的动态参数值，需要相应地改变时钟信号设置和码流发生器配套软件 DPG3 中 Data Rata 和 Desired Frequency 的设置。

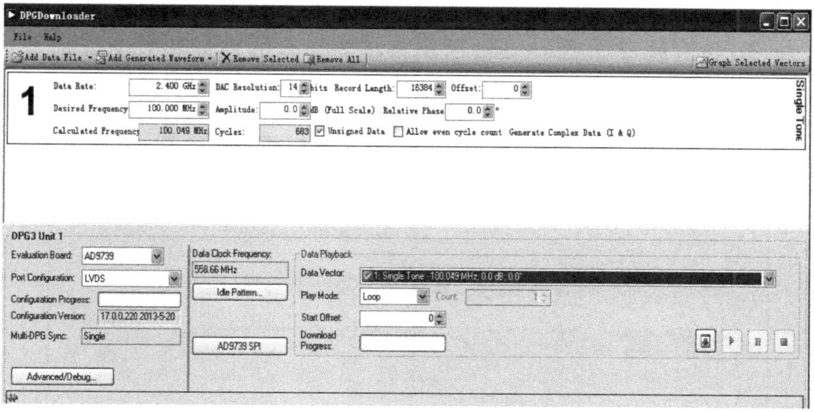

图 4－146　DPG3 配置图

测试电路板：接收码流发生器的数字正弦信号作为数模转换器 B9739 的输入，模拟输出连接到频谱分析仪做动态分析。

图 4－147 所示为 B9739 动态参数测试系统。

图 4－147　B9739 动态参数测试系统

②动态测试系统软件设计

B9739 动态性能测试系统中会用到的软件包括 DPG3、SPI 读写软件和 DAC 动态参数测试软件。DPG3 用来配置 ADI 码流发生器，SPI 读写软件用来初始化芯片 B9739。在开始测试前，必须对芯片进行初始化配置，来保证测试结果的准确性。B9739 动态性能测试软件通过远程控制频谱分析仪自动完成动态性能分析并记录结果。

SPI 读写程序如图 4 - 148 所示，将要写入的地址和数据分别写入第一、第二个文本框，点击 WRITE/READ 按钮，即可得到返回数据。

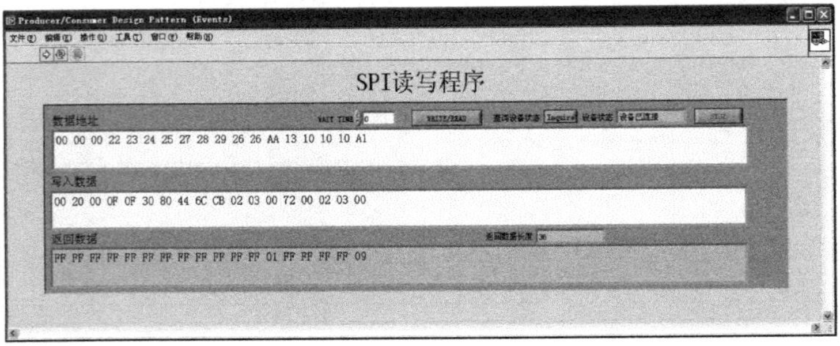

图 4 - 148　SPI 读写程序

DAC 动态参数测试软件可远程操作频谱分析仪完成动态性能测试。软件中 clock _ frequency 为采样时钟频率，signal _ frequency 为信号频率，设置完成后点击基波测试及开始基波测试过程，点击谐波测试及开始谐波测试过程。指示灯亮起表明 SFDR 计算完毕。图 4 - 149 为动态参数的计算过程，其中 2～5 次谐波的计算过程相同。图 4 - 150 为谐波的计算过程，采用逐次缩小寻找频率范围、增大扫描精度的方式来更精确地计算出谐波的频率和功率值。

(2) 14 位 2.5 GSPS B9739 静态参数测试系统

B9739 静态参数测试系统由硬件和软件两部分组成。硬件部分包括 B9739 测试板、ADI 公司的码流发生器、信号发生器、直流电源和高速数字采集板 PXI5922。其中直流电源为测试板提供工作电压，信号发生器提供码流发生器的时钟信号和高速数字采集板的同步信号。ADI 公司的码流发生器为测试板提供三角波信号，测试软件初始化芯片后通过控制 PXI5922 采集 DAC 的模拟输出信号并通过计算得到其静态参数。图 4 - 151 所示为 B9739 静态参数测试系统示意图。

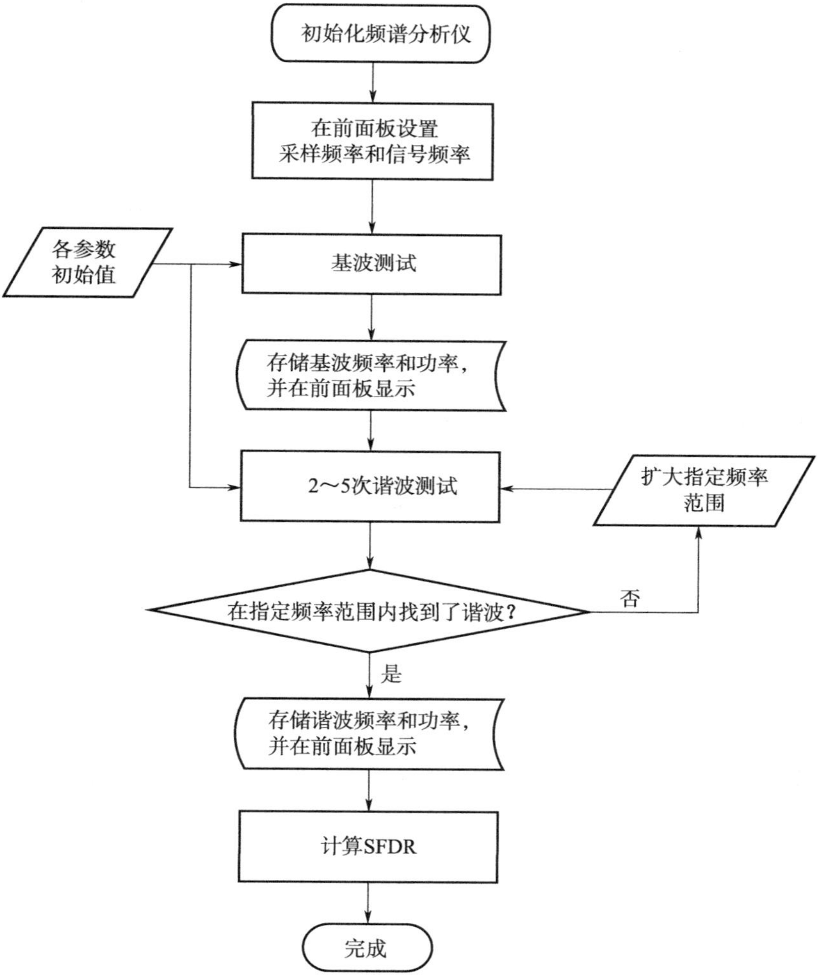

图 4-149　动态参数计算框图

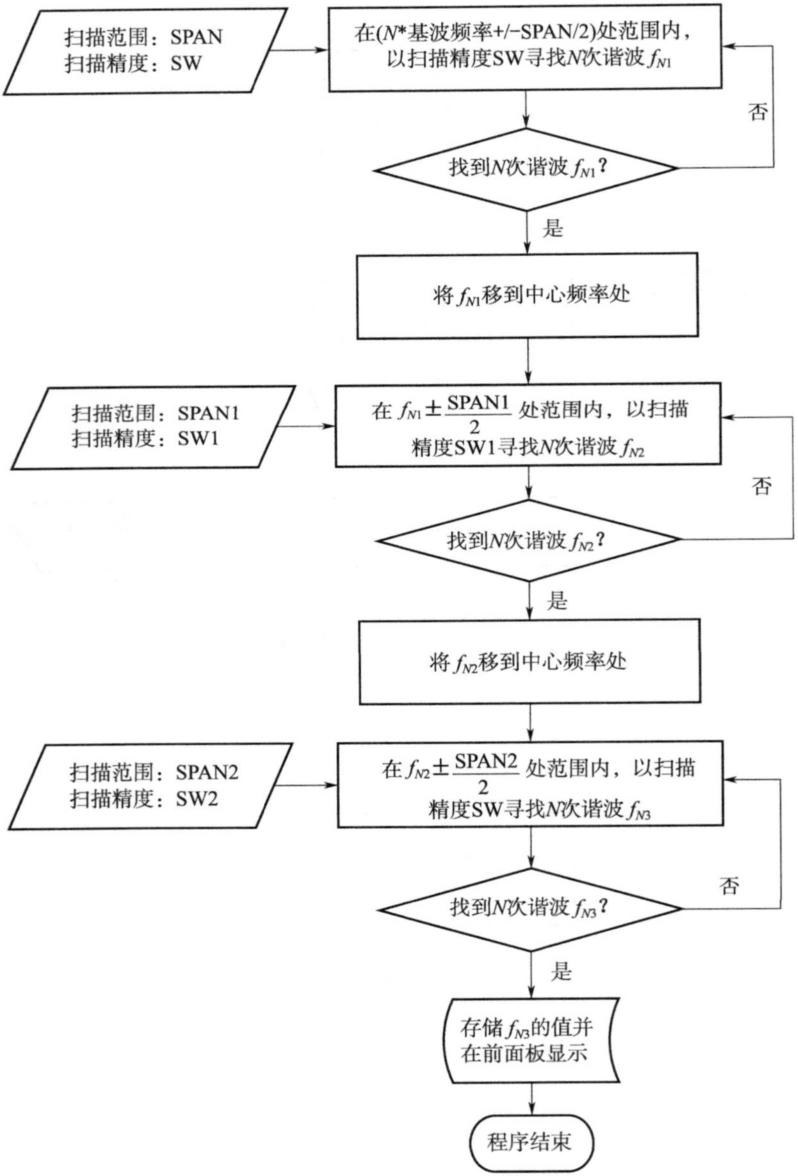

图 4－150　谐波计算框图

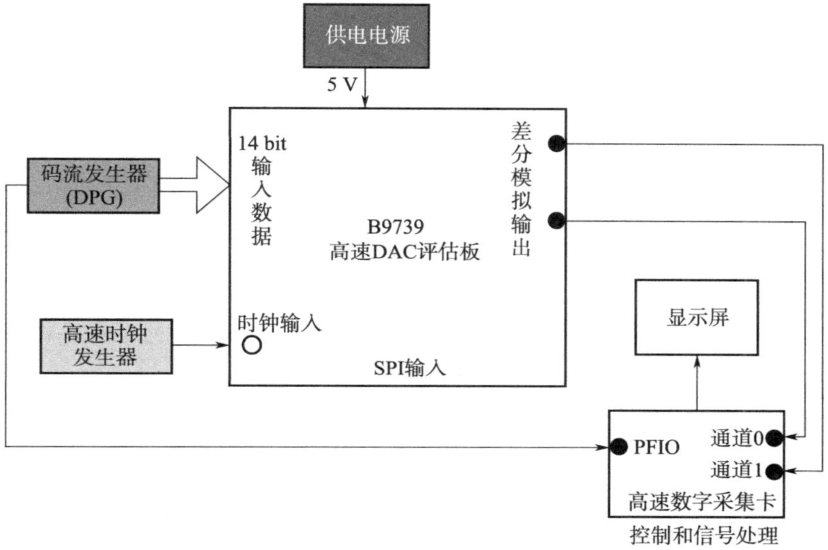

图 4-151　B9739 静态参数测试系统示意图

①硬件连接及配置

B9739 硬件部分组成及连接关系如图 4-152 所示，由 B9739 评估板、码流发生器、高速时钟发生器、直流电源、高速数字采集板 PXI5922 和 PC 组成。

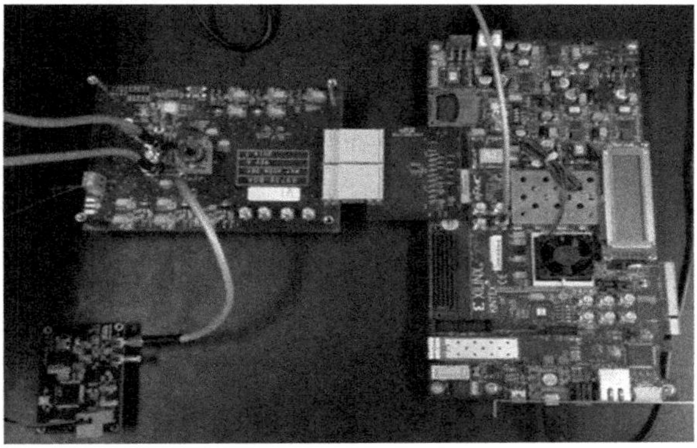

图 4-152　B9739 评估系统硬件连接实物图

电源：

测试板需要 5 V 直流电源。

测试板：

评估板在 5 V 直流电源下工作，接收码流发生器的数据作为 DAC 的输入信号，两路输出模拟信号分别连接到数字高速数据采集卡 PXI5922 的数据输入端。

码流发生器：

利用赛灵思公司的 KINTEX KC705 开发板，设计如图 4 - 153 所示的电路模块。模块的输入端 rst 作为电路的复位信号，在高电平时所有寄存器恢复初始设置。差分时钟信号 dac _ clk _ in _ n \ dac _ clk _ in _ p 作为输入时钟信号，dac _ clk _ out _ n \ dac _ clk _ out _ p 是其同步输出时钟，clk _ reg 作为 PXI5922 高速数据采集卡采集数据的同步采样时钟。dac _ clk _ in 接 1.6 GHz 时钟信号，clk _ reg 为 dac _ clk _ in 分频后信号，频率为 2 kHz。时序关系如图 4 - 154 所示。dac _ data _ out _ a [13：0] 和 dac _ data _ out _ b [13：0] 为两路相同的输出信号。图 4 - 155 所示为起始值为 8192 的周期三角波信号。

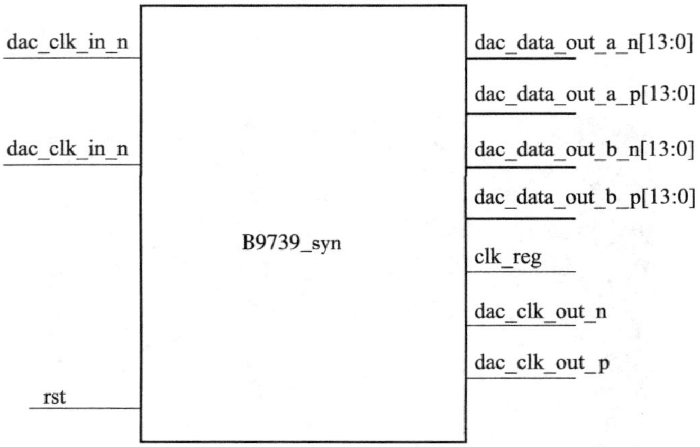

图 4 - 153　B9739 测试码流硬件结构图

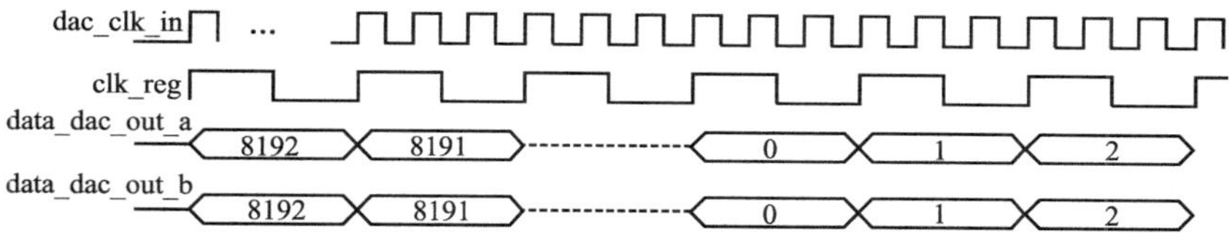

图 4 - 154　B9739 测试码流时序图

图 4 - 155　静态参数测试码流波形图

NI 高速数据采集板卡 PXI5922：

NI PXI - 5922 是分辨率可变的双通道示波器/数字化仪，拥有目前市场上最高的分辨率和最高动态范围。PXI 5922 与 labview 软件结合使用，在同步信号 clk _ reg 控制下，采集 DAC B9739 的模拟输出信号，作为计算静态参数 INL 和 DNL 的数据。

②静态性能测试系统软件设计

B9739 静态性能测试系统中会用到的软件包括 SPI 读写软件和 DAC 静态参数测试软件。SPI 读写软件用来初始化芯片 B9739。在开始测试前，必须对芯片进行初始化配置，以保证测试结果的准确性。DAC 静态参数测试软件控制 PXI5922 高速数字采集卡采集信号并计算得出静态参数结果。

SPI 读写软件：

B9739 上电之后，需要通过 SPI 接口对其进行初始化配置。

图 4 - 156 所示为 SPI 初始化步骤，其中软件复位是可选的，因为 B9739 既有内部 POR 电路，又有 RESET 引脚。同步控制也是可选的，因为只有两个以上的器件才需要同步。如果需要同步，要确保器件之间 DCI _ DEL 的值足够匹配。MU 控制器需要在数据接收

控制器有效之前有效，因为DCO输出信号是由MU控制器电路驱动的。等待周期与fDATA周期相关。

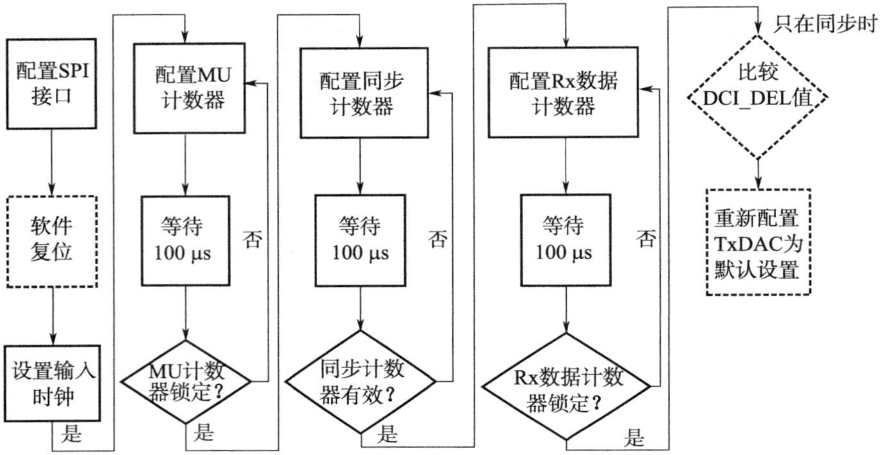

图 4-156 SPI初始化步骤

初始化数据地址为00 00 00 22 23 24 25 27 28 29 26 26 AA 13 10 10 10 A1，数据为00 20 00 0F 0F 30 80 44 6C CB 02 03 00 72 00 02 03 00，根据返回值可以判断初始化是否完成。各寄存器地址和数据见表4-16。

表 4-16 SPI初始化寄存器设置

步骤	地址(十六进制)	写入值	内容
1	0X00	0X00	配置4线SPI为MSB模式
2	0X00	0X20	软件重置为SPI默认值
3	0X00	0X00	清除复位位
4	0X22	0X0F	设置输入DACCLK_P和DACCLK_N为共模模式
5	0X23	0X0F	

续表

步骤	地址(十六进制)	写入值	内容
6	0X24	0X30	配置 MU 控制器
7	0X25	0X80	
8	0X27	0X44	
9	0X28	0X6C	
10	0X29	0XCB	
11	0X26	0X02	
12	0X26	0X03	
13	0XAA		读寄存器 0X2A 的返回值,确保 DLL 已经锁定
14	0X13	0X72	设置 FINE_DEL_SKEW 值为 2
15	0X10	0X00	在 Rx 控制器有效之前,其数据无效
16	0X10	0X02	Loop 及 IRQ 期间,Rx 控制器数据有效
17	0X10	0X03	Search 和 track 模式下,Rx 控制器数据有效
18	0XA1		读寄存器 0X21 的返回值,确定其与 0X09 的值相同,以保证 DLL 循环锁定

参数测试之前，一定要用 SPI 读写软件对芯片进行初始化，以保证测试结果准确真实。软件界面如图 4－157 所示。

图 4－157　SPI 读写程序界面

静态参数测试上位机软件：

labview 开发的上位机软件控制 PXI5922 高速数字采集卡与 clk _ trig 外部触发时钟同步采集码流发生器产生的数字三角波信号。上位机程序首先对高速数据采集卡进行初始化，设置采样方式为单端采样，触发方式为外部触发。设置触发延时为 15 μs，即在接收到外部触发信号 15 μs 后开始采集数据，这样可以避免由于数据不稳定造成的误差。设置采样点数为 24 575，这样可以采集到如图 4 - 158 所示的数据。利用 24 575 次 For 循环来完成数据采样，每次循环采集 100 个数据并取其平均值作为每次的采样值。取全部 24 575 个采样值的后 16 384 个采样值，即将 0 到 16 383 的上升斜波作为计算 INL/DNL 的数据，最后计算 INL/DNL，并在图形界面显示。软件界面如图 4 - 159 所示。静态参数计算流程如图 4 - 160 所示。采用斜波作为测试信号得到的静态测试结果如图 4 - 161 所示。

图 4 - 158　PXI5922 高速数据采集卡采集到的数据

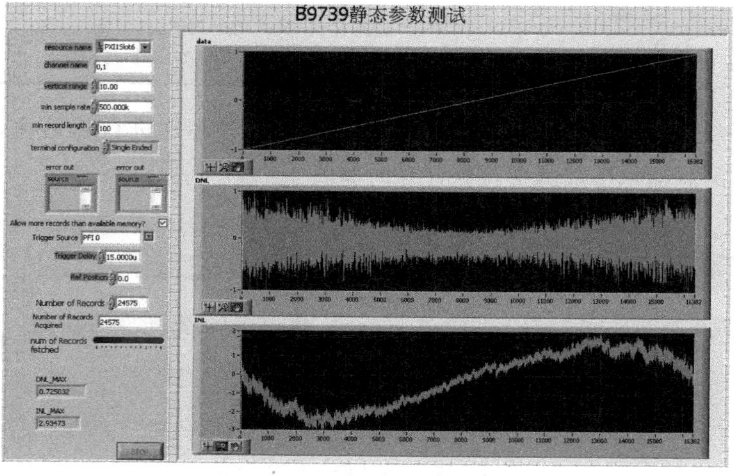

图 4 - 159　采用三角波测试静态参数的结果

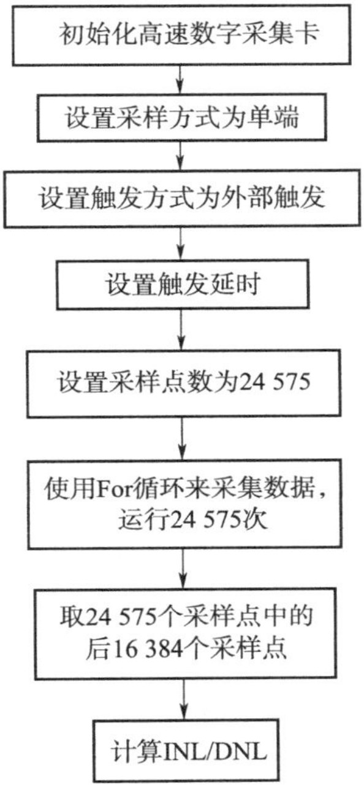

图 4-160　静态参数计算流程图

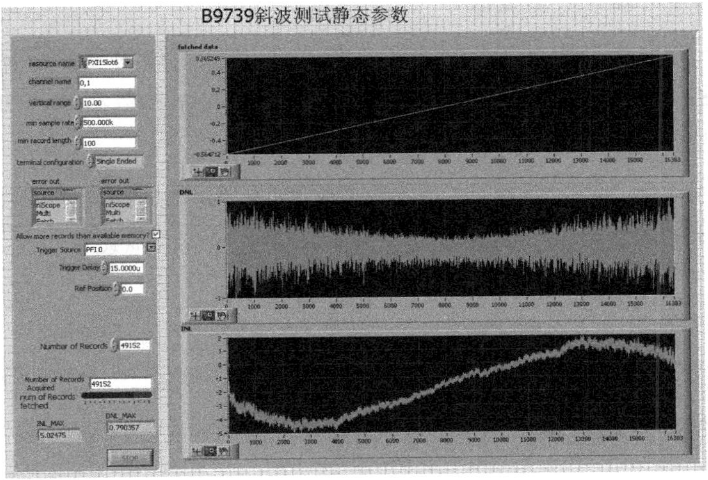

图 4-161　采用斜波作为测试信号得到的静态测试结果

4.5.3 低电压差分信号电路

4.5.3.1 产品概述

低电压差分信号电路泛指采用了 LVDS（Low Voltage Differential Signaling，LVDS）传输技术的电路，属于众多接口电路系列的一种，按功能涵盖 LVDS 驱动器、LVDS 接收器、LVDS 中继器等，用于实现 CMOS/TTL 等电平信号与 LVDS 电平信号之间的转换。

LVDS 传输技术最早由美国国家半导体公司提出，美国国家标准协会联合电信工业联盟、电子工业联盟于 1996 年共同制定 ANSI/TIA/EIA－644 标准，美国国家半导体、德州仪器、意法半导体等公司相继推出了多款 LVDS 系列产品。LVDS 接口电路相比 RS－422、PECL、LVPECL、HSTL 等接口电路具有高速、低功耗、抗干扰能力强、使用简便等特点，非常适用于高速、中短距离点对点、点对多点传输的应用场景，可有效提升电子系统载荷能力，在航天领域被广泛应用。

4.5.3.2 测试指标体系

LVDS 电路测试指标体系的核心是 LVDS 端口的参数指标，根据指标类型可归纳为 4 类：直流参数测试、交流参数测试、功能测试、功耗测试，见表 4－17。

表 4－17　LVDS 电路测试指标体系

参数项	参数定义	测试意义
直流参数测试		
输出差模电压	LVDS 驱动器输出差分电平	判断是否满足 LVDS 标准要求
输出差模电压	LVDS 驱动器输出共模电平	判断是否满足 LVDS 标准要求
差分阈值电压	LVDS 接收器可识别的差分阈值电压	判断是否满足 LVDS 标准要求

续表

参数项	参数定义	测试意义
共模电压范围	LVDS 接收器可识别的输入共模电压范围	判断是否满足 LVDS 标准要求
端口冷备份漏电流	电路电源接地，LVDS 端口接最高电平时的端口漏电流	航天电子系统中通常针对器件进行冷备份的设计，为保证 LVDS 端口到电源的良好隔离，防止主备份系统间通过共用端口对电源产生潜通电压，需保证电源浮空或接地时器件端口对电源高阻
输出三态漏电流	LVDS 驱动器使能关闭，分别测试 LVDS 端口接电源电压和地时的端口漏电流	表征 LVDS 驱动器电路在电源上电、使能关闭状态下的端口阻抗特性
交流参数测试		
传输延迟	输入信号到输出信号传输延迟，如 t_{PLH}（上升沿的传输延迟）和 t_{PHL}（下降沿传输延迟）	表征信号经电路传输后的时延信息
差分延迟偏差	t_{PHL} 与 t_{PLH} 的延迟差	表征信号经电路传输后的占空比失真情况
通道间偏差	电路中多个 LVDS 发送或接收通道之间的最大时延差	表征电路多通道间的时延一致性
功能测试		
传输速率	电路可支持的传输速率范围	表征电路的传输带宽，通常采用时钟信号、伪随机数据信号作为检测信号进行功能验证
失效保护功能	差分输入端口在浮空、端接、短路三种工况下，LVDS 接收器需维持恒定高电平输出	具备该功能的 LVDS 接收器可为后级提供稳定不翻转的输入信号，保证后级电路不会误响应，同时也可辅助链路失效的故障排查
功耗测试		
动态功耗	通过测试动态电源电流来确定动态功耗	表征器件在传输动态信号时的功耗
待机功耗	通过测试待机电源电流来确定动态功耗	表征器件在使能关闭模式下的待机功耗

4.5.3.3 流程和方法

LVDS 接口电路测试解决方案通常采用高精度分立仪表完成量产前电路性能评估，采用集成电路自动测试仪（ATE）设备完成量产测试。

（1）搭建分立仪表测试系统来完成 LVDS 测试

基于信号发生器、示波器等分立仪表测试系统来完成 LVDS 电路测试，该方法通常作为前期对电路功能及性能的测试评估。依靠该测试系统可快速完成对 LVDS 接口电路功能及关键参数的测试。最为常用的测试方法是采用高速示波器中的余晖模式进行眼图测试，可直观获取信号质量，更为详细的各类型抖动参数可采用示波器内置抖动分析软件进行计算，用于准确评估 LVDS 信号传输质量。该系统搭建简单、易于操作，可用于批量生产前对电路性能的快速评估。

（2）利用测试机台完成 LVDS 接口电路测试

目前业内主流应用的测试机台包括爱德万、泰瑞达等测试设备制造公司的集成电路自动测试仪（ATE），购买高端的测试机台可以满足高速 LVDS 的测试要求。ATE 设备可支持高精度电流参数测试，保证漏电参数精确测试；设备可在线编辑产生多路测试信号码型施加给 LVDS 电路，内置 TDR 时延校准算法，可校准至待测器件测试点位置，保证输出信号时延一致性；设备支持高速高精度采样，可满足高速信号逻辑判断和时序参数测试精确性。ATE 设备的高效、精确、测试环境稳定等优势，使之成为主流的测试方法，可实现大批量生产测试。

4.5.3.4 测试实例

采用 ATE 设备和示波器对某款 LVDS 接收器进行测试，整理测试数据并绘制传输延时、延时偏差、动态功耗、输出抖动等关键特性和关键参数的特征曲线。

（1）传输延时与温度、电压变化关系

传输延时特性曲线如图 4－162、图 4－163 所示，LVDS 接收器的 t_{PHL} 和 t_{PLH} 随温度的增加而小幅上升，时延对电源电压不敏感。

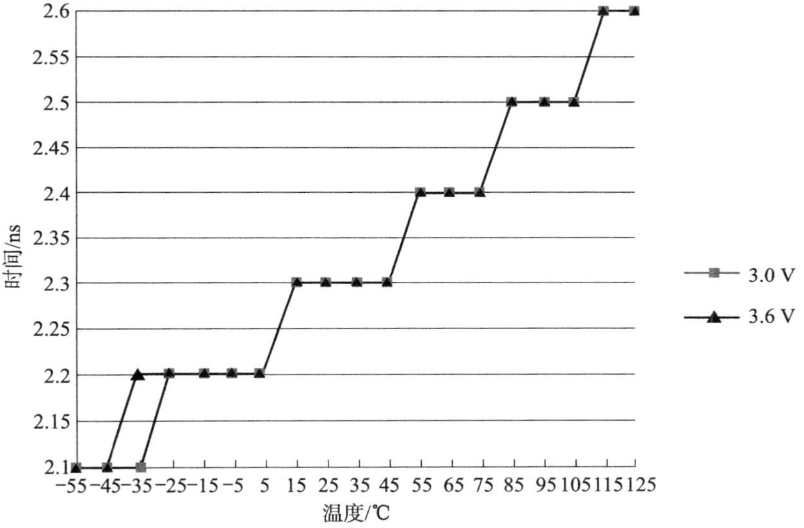

图 4－162　不同电源电压下 t_{PHL} 参数与温度变化曲线（见彩插）

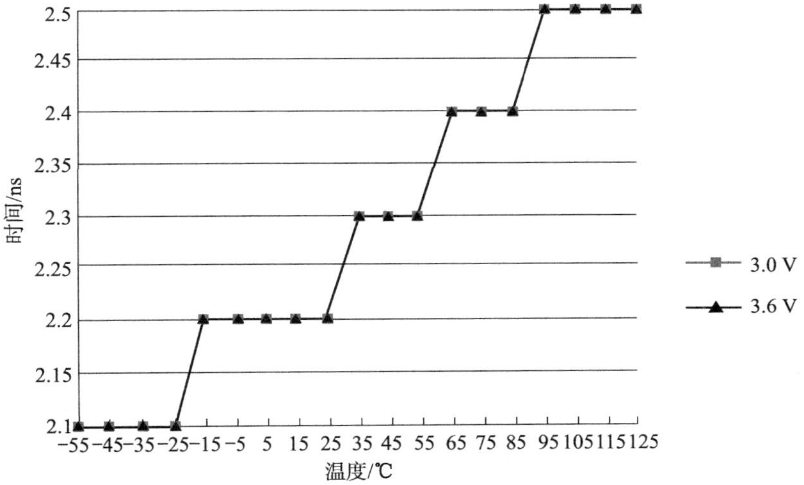

图 4－163　不同电源电压下 t_{PLH} 参数与温度变化曲线（见彩插）

（2）延迟差分偏差与温度、电压变化曲线

如图 4-164 所示，动态电源电流的延迟差分偏差没有明显的随温度及电源电压变化的规律。在－55～125 ℃温度和 3.0～3.6 V 电源电压内，延迟差分偏差值保持在 100 ps 以内，表明信号经电路传输后仍可保证良好的占空比。

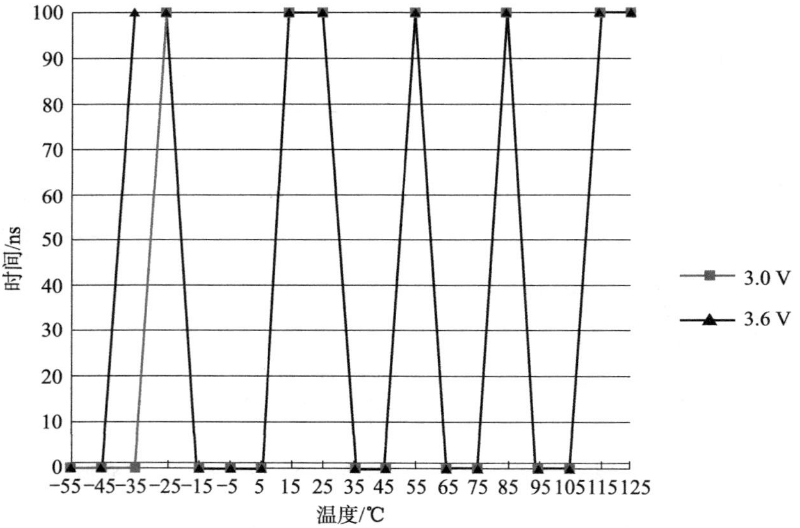

图 4-164　不同电源电压下延迟差分偏差参数与温度变化曲线（见彩插）

（3）动态功耗与频率变化关系

如图 4-165 所示，LVDS 接收器的 4 路同时工作的动态电源电流与频率正相关，动态电源电流随温度的升高而增大。在频率为 200 MHz，温度为 125 ℃时，动态电源电流最大。

（4）输出抖动特性

图 4-166 所示为测试信号经 LVDS 驱动器和 LVDS 接收器后的输出抖动特性测试系统。该系统由信号发生器发送 4 路 PRBS31 CMOS 信号给 LVDS 驱动器，经 SMA 连接线传送至 LVDS 接收器，LVDS 接收器输出信号通过使用 50 cm SMA 线连接至示波器，示波器负载为 11 pF、1 MΩ。

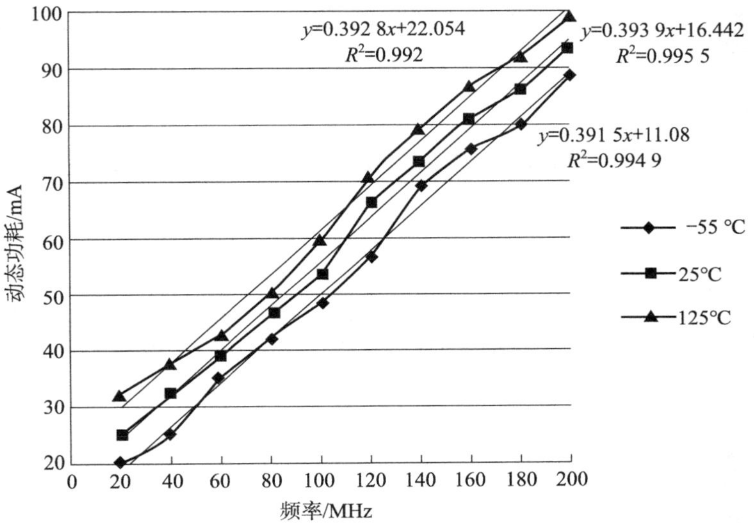

图 4－165 4 路同时工作的动态功耗与频率变化曲线

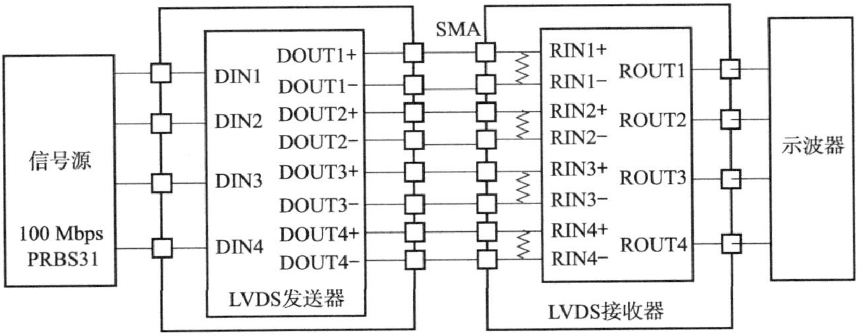

图 4－166 LVDS 电路抖动测试系统

图 4－167 所示为基于该系统 4 路同时工作时 100 Mbps PRBS31 码型下的输出信号眼图，表明在该测试系统下，信号经 LVDS 驱动器、接收器传输后的信号质量良好。

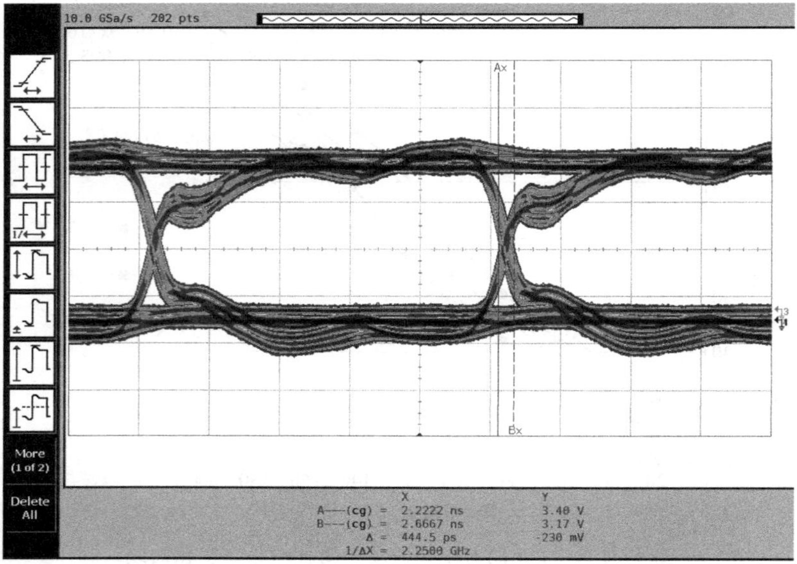

图 4－167　LVDS 接收器 100 Mbps 输出眼图（见彩插）

第5章　混合集成电路测试方法及实例

5.1　概述

混合集成电路是由半导体集成工艺与薄、厚膜工艺结合而制成的集成电路。相对于单片集成电路，混合集成电路设计灵活、工艺方便、便于多品种小批量生产；其组装密度高、稳定性好，可以承接较高电压和较大功率。在混合集成电路产业链条中，测试贯穿混合集成电路生产和应用全过程。无论是工程研究、产品开发，还是质量监控、性能试验等都离不开测试。特别是在混合集成电路生产过程中，可以通过测试检测出电路生产制造过程中引入的缺陷、剔除电路内部早期失效的元器件、发现元器件批次性质量问题。因此，测试的作用不仅仅局限于判断被测电路是否合格，还可以提供关于制造过程的有用信息，从而有助于提高成品率，检测出设计方面的问题，并提供有关设计方案薄弱环节的信息。

混合集成电路的测试包括半成品中测、产品成测、检验测试、应用测试等，应用测试可以是器件级的、板级的或系统级的。与集成电路不同，混合集成电路大部分为定制产品，市场上没有通用的测试平台，而是根据电路实际使用情况及系统要求采用虚拟仪器技术自行设计或外购定制测试平台。目前混合集成电路测试平台有两种：一种为积木式自动测试系统，即基于 GPIB 总线由程控台式通用电子测量仪器仪表组成，该类型测试平台在混合集成电路的测试中普遍使用；另一种由合成仪器取代传统仪器，利用数字处理技术将多种数字化的测试仪器虚拟成一台以计算机为硬件支撑的数字式智能化测试仪器，例如微波/RF 频段的自动测试系统。

随着航天技术发展，混合集成电路的应用越来越广泛，测试需求也越来越多样化、复杂化，以软件为核心的测试策略正逐渐成为行业主流技术，并得到广泛应用，在提高效率的同时又降低测试成本。

5.2 DC/DC 变换器

5.2.1 产品概述

DC/DC 变换器是一种将直流电压转换为稳定直流电压的混合集成电路，具有高效率、低功耗、功率密度高等特点，大量应用于航天、电站、铁路等领域。通常情况下，DC/DC 变换器测试系统主要组成如图 5-1 所示。

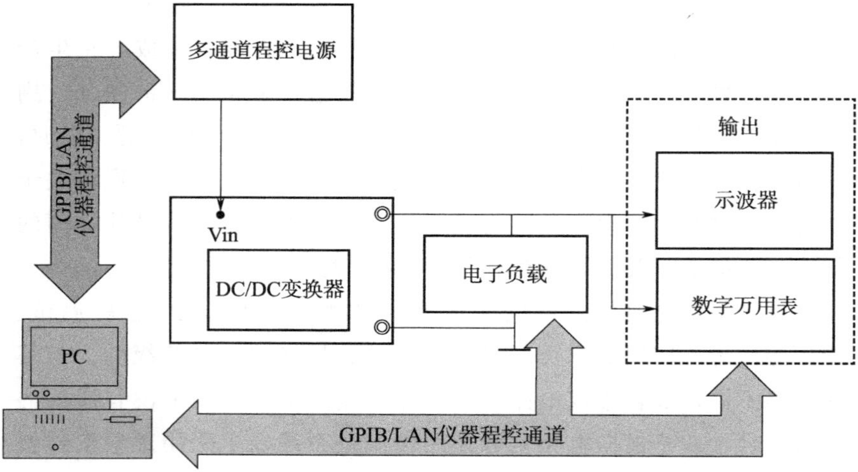

图 5-1 DC/DC 变换器测试系统组成框图

DC/DC 变换器自动测试系统主要由多通道程控电源、示波器、电子负载、数字万用表及工控机等组成的硬件平台和由自动控制、采集及数据处理组成的软件平台构成。

5.2.2　测试指标体系

DC/DC 变换器测试指标主要包括静态特性参数、动态特性参数以及安全隔离参数，具体见表 5-1。

表 5-1　DC/DC 变换器主要测试指标

序号	参数名称		参数定义	单位
1	静态特性参数	输出电压	规定条件下，电路输出端电压	V
2		输出电流	规定条件下，电路输出端流向负载的电流，通常指满载时的额定值	A
3		输出纹波电压	规定条件下，电路满载时，直流输出电压中所包含的交流分量峰峰值	mV
4		效率	电路输出功率与输入功率百分比	%
5		线性调整度	规定条件下，电路输入电压变化时所引起的输出电压的相对变化量	mV
6		负载调整度	规定条件下，电路输入电压保持不变时，由于输出电流的变化所引起的输出电压的相对变化量	mV
7	动态特性参数	启动过冲	电路在阶跃输入电压施加后，输出电压瞬时值的最大变化量	mV
8		启动延迟	电路在施加阶跃输入电压后，输出电压达到其电压额定值 90%时的时间	s
9		负载电流瞬变时输出电压的响应特性	电路负载在空载、半载和满载之间跃变时，输出电压的最大变化量	—
10		输入电压瞬变时输出电压的响应特性	电路输入电压在最大值与最小值之间跃变时，输出电压的最大变化量	—
11	安全隔离参数	绝缘电阻	电路输入与输出端或任意一个与外壳不连接的引出端与外壳间的绝缘电阻	GΩ

5.2.3 测试实例

采用 ATE 设备和示波器对某款 DC/DC 变换器进行测试，整理测试数据并获取启动延迟、输入电压瞬变时输出电压的响应特性、负载电流瞬变时输出电压的响应特性等关键特性和关键参数的特征曲线。测试原理图如图 5-2 所示。

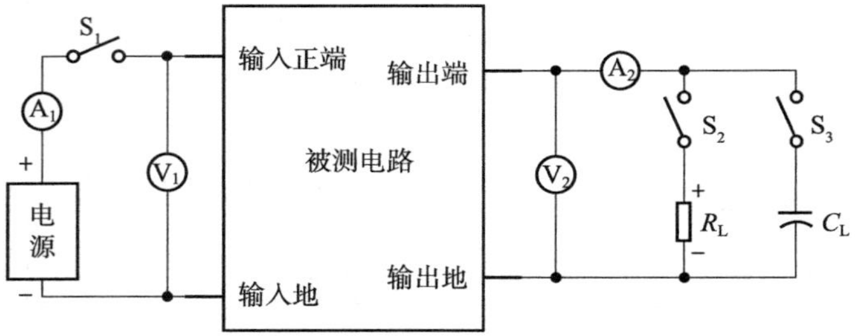

图 5-2 测试原理图

5.2.3.1 输出电压

输出电压作为 DC/DC 变换器最重要的指标，反映了 DC/DC 变换器的基本电参数性能及稳定性，测试时按照规范要求提供输入激励、输出负载电流，监测并记录输出电压值。

5.2.3.2 启动特性

启动特性主要包括启动过冲和启动延迟，测试时按照规范要求提供输入激励、输出负载电流，使用示波器获取输出电压波形，启动特性曲线如图 5-3 所示，DC/DC 变换器启动时平滑稳定无过冲、抖动等异常，启动响应时间较小。

5.2.3.3 输入电压瞬变时输出电压的响应特性

输入电压瞬变时输出电压的响应特性主要包括输入电压瞬变时输出电压峰值和输出电压恢复时间，测试时按照规范要求施加输入瞬变条件、输出负载电流，使用示波器获取输出电压在输入电压瞬变时的响应波形，特性曲线如图 5-4 所示。

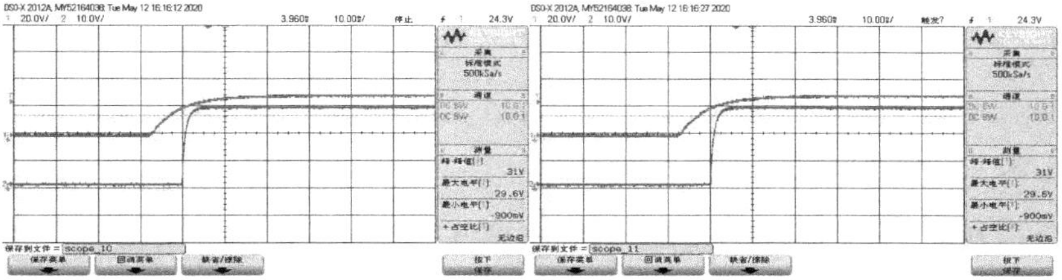

图 5－3　输出电压启动波形（见彩插）

（红色曲线为输入电压曲线，绿色曲线为输出电压曲线）

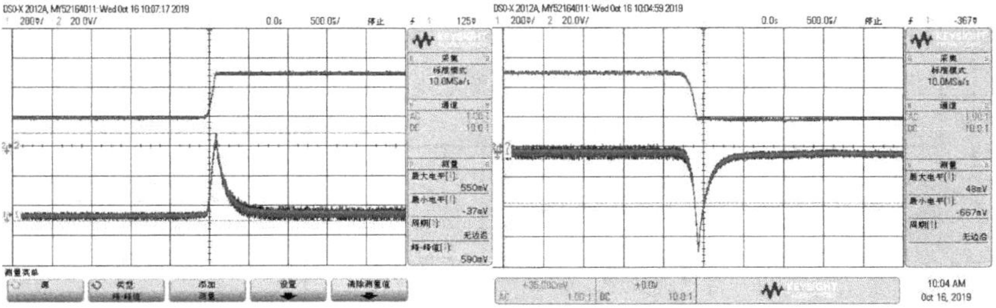

图 5－4　输入电压瞬变时输出电压的响应特性（见彩插）

（红色曲线为输入电压曲线，绿色曲线为输出电压曲线）

5.2.3.4　负载电流瞬变时输出电压的响应特性

负载电流瞬变时输出电压的响应特性主要包括负载电流瞬变时输出电压峰值和输出电压恢复时间，测试时按照规范要求施加输入电压、负载电流瞬变条件，使用示波器获取输出电压在负载电流瞬变时的响应波形，特性曲线如图 5－5 所示。

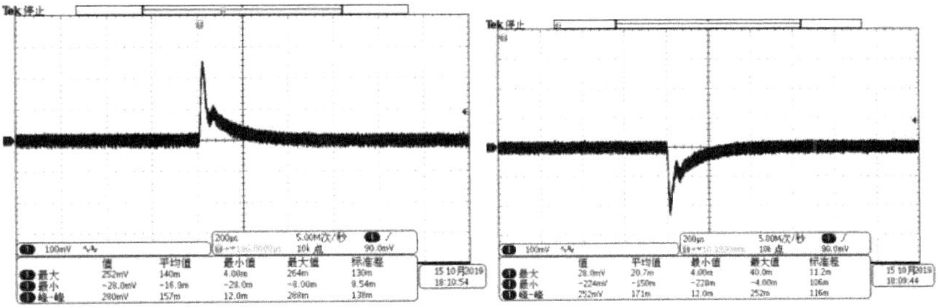

图 5－5　负载电流瞬变时输出电压的响应特性

5.3　功率放大器

5.3.1　产品概述

功率放大器是以输出较大功率为目的的放大电路。通常该电路作为多级放大电路的输出级，可直接驱动负载，带载能力强。通常情况下，功率放大器电路的测试系统主要组成如图 5-6 所示。

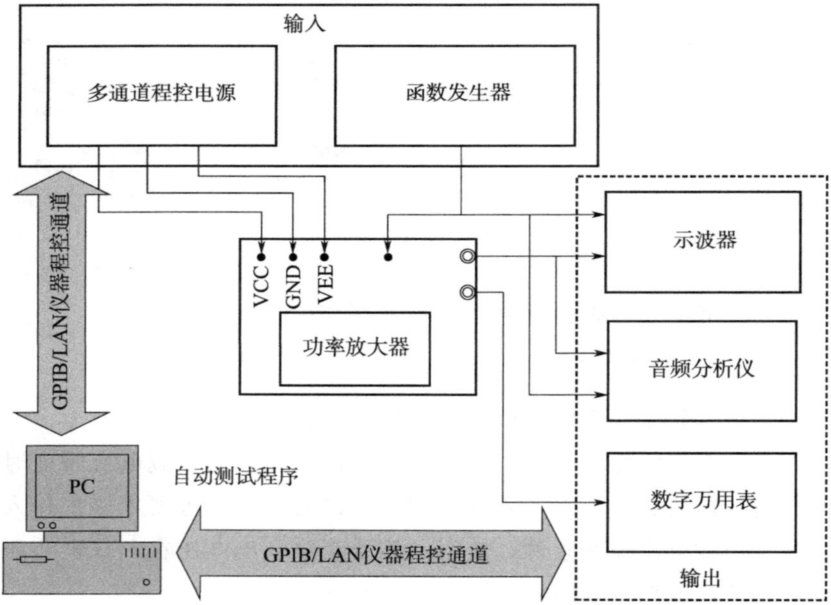

图 5-6　功率放大器测试框图

功率放大器自动测试系统主要由多通道程控电源、函数发生器、示波器、音频分析仪、数字万用表及工控机等组成的硬件平台和由自动控制、采集及数据处理组成的软件平台构成。

5.3.2　测试指标体系

功率放大器的性能指标很多，有输出功率、频率响应、失真度、信噪比、输出阻抗、阻尼系数等，其中以输出功率、频率响应、失真度三项指标为主，功率放大器的主要测试指标见表 5－2。

表 5－2　功率放大器主要测试指标

序号	参数名称		参数定义	单位
1	输出功率	额定输出功率	在一定的谐波失真指标内功率放大器输出的最大有用功率	W
2		最大输出功率	在一定的负载上，功率放大器在规定的谐波失真系数范围内连续输出最大的交流功率	W
3	频率响应		功率放大器对信号各频率分量的均匀放大能力	—
4	失真度		信号通过功率放大器时，输出波形发生了不应有的变化。失真度的大小常用失真系数来描述，即用输出信号中各次谐波合成电压的有效值与基波电压的有效值之比来表示	%
5	信噪比		功率放大器输出的各种噪声电平与输出信号电平之比	dB
6	输出阻抗		功率放大器输出端对负载所呈现的等效内阻抗	Ω
7	阻尼系数		放大器的额定负载阻抗与实际输出阻抗的比值	—

5.3.3　测试实例

基于程控电源、函数发生器等分立仪表搭建的测试系统，通过 Labview 程序开发设计实现对整个测试过程控制、对某款功率放大器自动测试以及测试数据的自动记录、处理。测试示意如图 5－7 所示。

5.3.3.1　最大输出功率

最大输出功率是指在一定负载上，功率放大器在规定的谐波失真系数范围内连续输出最大的交流功率。如图 5－7 所示，通常测试

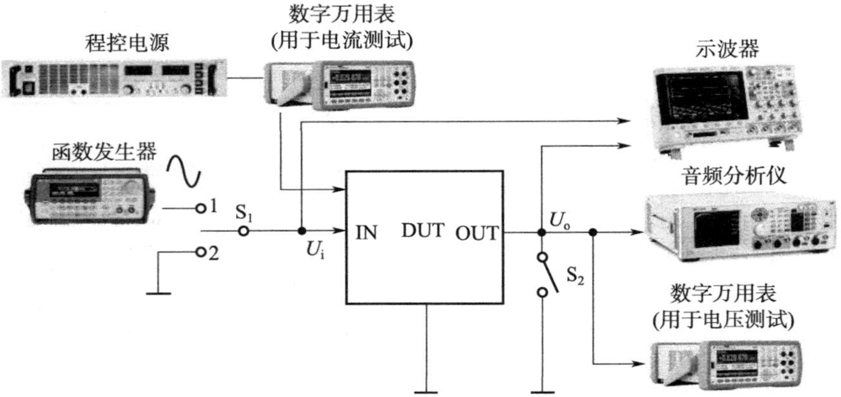

图 5-7　测试示意图

时采用 1 kHz 的正弦波为检测信号，开关 S_1 打到位置 1，S_2 闭合，用示波器观测输出波形，逐渐增大 U_i，使输出波形达到最大不失真，此时用示波器或数字万用表读出负载 R_L 上的电压 U_o，则为最大输出功率。

5.3.3.2　频率响应

频率响应是指功率放大器对信号各频率分量的均匀放大能力。因用途不一样，功率放大器的工作频率也不相同。一般功率放大器的工作频率范围为 20 Hz～20 kHz。以 1 kHz 正弦波为检测信号时的输出电压为参考点。如图 5-7 所示，开关 S_1 打到位置 1，S_2 闭合，用示波器观测输出波形，在工作频率范围内从低到高改变输入频率，保持信号幅度 U_i 不变，每隔几十赫至几百赫逐点记下功率放大器的输出电压 $U_{on}(n = 1, 2, \cdots, n)$，一般从频率下限至频率上限，其输出电压变化范围不得超过±3 dB。

例如，按要求的工作频率从 100 Hz 到 6 kHz，依次记下功率放大器的输出电压 U_o，频率响应曲线如图 5-8 所示。

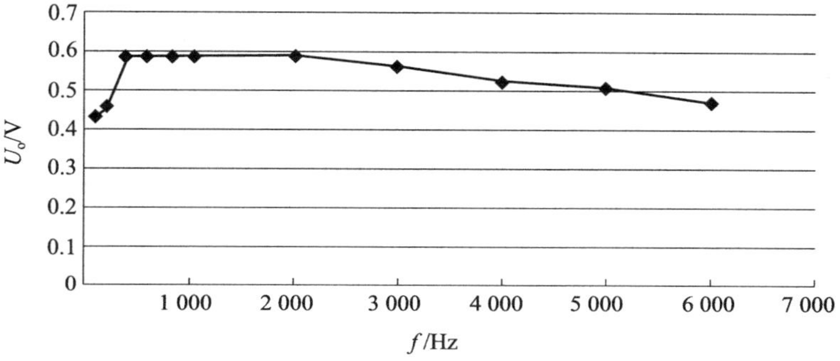

图 5－8　频率响应曲线

5.3.3.3　失真度

失真是指信号通过功率放大器时输出波形发生了不应有的变化。失真度的大小常用失真系数来描述，即用输出信号中各次谐波合成电压的有效值与基波电压的有效值之比来表示，其数值由音频分析仪直接读出，数值越小越好。如图 5－7 所示，开关 S_1 打到位置 1，S_2 闭合，输入 1 kHz 的正弦波，用示波器观测输出波形，用音频分析仪直接读出失真度。

5.3.3.4　信噪比

信噪比是指功率放大器输出的各种噪声电平与输出信号电平之比。信噪比数值越高噪声越小。如图 5－7 所示，开关 S_1 打到位置 1，S_2 闭合，输入 1 kHz 的正弦波，用数字万用表读出输出电压，再将 S_1 打到位置 2，用数字万用表或示波器读出输出端电压即为噪声电压 $U_{噪}$，即输入端接地时的输出电压，可用示波器观测输出波形，计算出信噪比。

5.3.3.5　输出阻抗

输出阻抗是指在功率放大器输出端对负载所呈现的等效内阻抗。输出阻抗越小，驱动更大负载的能力就越强。如图 5－7 所示，开关

S_1打到位置 1，S_2闭合，输入 1 kHz 的正弦波，用数字万用表或示波器读出输出电压U_o，再将开关S_2断开，用数字万用表或示波器读出输出电压$U_空$，可计算出输出阻抗。

5.3.3.6　阻尼系数

阻尼系数是指放大器的额定负载阻抗与实际输出阻抗的比值，阻尼系数大表示功率放大器的输出电阻小。

5.4　混合 EMI 滤波器

5.4.1　产品概述

EMI 滤波器又称作电源线滤波器，安装在电源线与设备之间，既能有效阻止外界的电磁干扰经电源线进入设备，又能阻挡设备自身工作中产生的电磁干扰经电源线进入电网，所以 EMI 滤波器是电源抗干扰和干扰抑制设计中非常重要的器件。通常情况下，EMI 滤波器测试系统组成框图如图 5－9 所示。

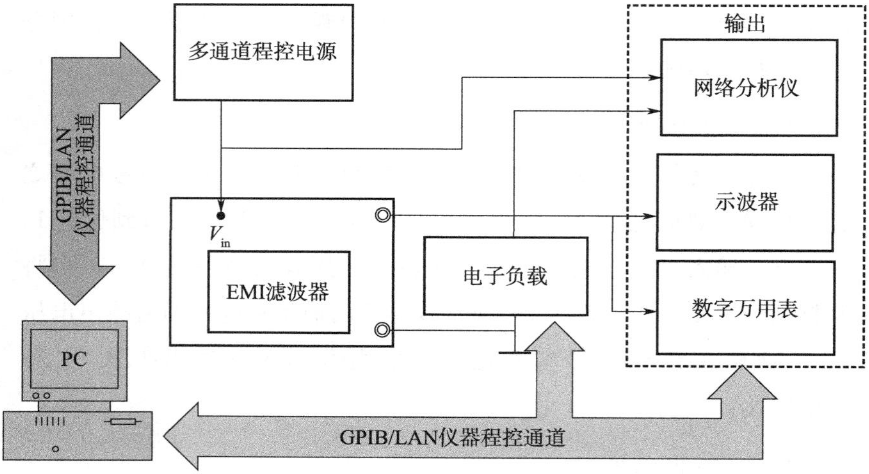

图 5－9　EMI 滤波器测试系统组成框图

EMI 滤波器自动测试系统主要由程控电源、示波器、电子负载、数字万用表、网络分析仪及工控机等组成的硬件平台和由自动控制、采集及数据处理组成的软件平台构成。

5.4.2　测试指标体系

EMI 滤波器参数包括：额定电压、额定电流、直流阻抗、插入损耗、绝缘电阻等，主要测试指标见表 5－3。

表 5－3　EMI 滤波器主要测试指标

序号	参数名称	参数定义	单位
1	额定电压	滤波器在正常工作时能够长时间承受的电压	V
2	额定电流	滤波器在正常工作时能够长时间流过的电流值	A
3	直流阻抗	滤波器在正常工作时输出端的阻抗值	Ω
4	插入损耗	指滤波器在阻带区的频率衰减数值	dB
5	绝缘电阻	EMI 与外壳不连接的引出端与外壳间的绝缘电阻	MΩ

5.4.3　测试实例

采用 ATE 设备和示波器对某款 EMI 滤波器进行测试，整理测试数据并获取启动延迟、输入电压瞬变时输出电压的响应特性、负载电流瞬变时输出电压的响应特性等关键特性和关键参数的特征曲线。

测试原理图如图 5－10 所示。

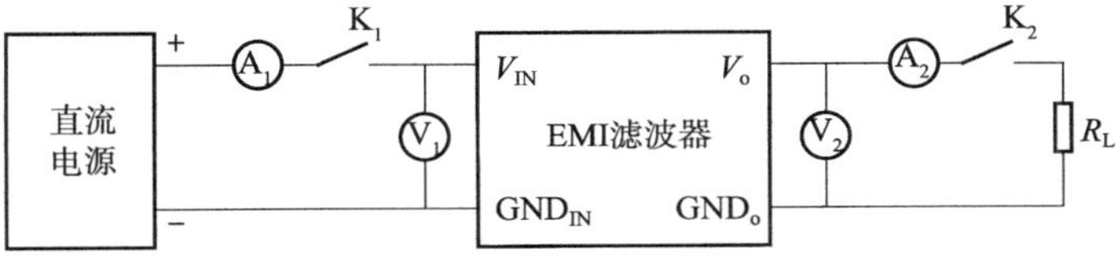

图 5－10　测试原理图

5.4.3.1　输出电压

在规定温度、规定额定电流（负载）下，依次闭合图 5－10 中开关 K_2、K_1。调节电源电压，使输入电压从最小值到最大值连续变化，用数字表 V_1 观测输入电压 U_{IN}，用数字表 V_2 观测输出电压 U_o。

5.4.3.2　直流阻抗

在规定温度、额定输入电压、额定电流（负载）下，依次闭合图 5－10 中开关 K_2、K_1，用数字表 V_1 测量输入电压 U_1，用数字表 V_2 测量输出电压 U_2，则直流电阻为

$$R_L=(U_1-U_2)/I_o$$

式中　I_o——额定输出电流。

5.4.3.3　插入损耗

插入损耗分为差模插入损耗和共模插入损耗。

（1）差模插入损耗 K_{DMR}

差模插入损耗的测试原理如图 5－11 所示。

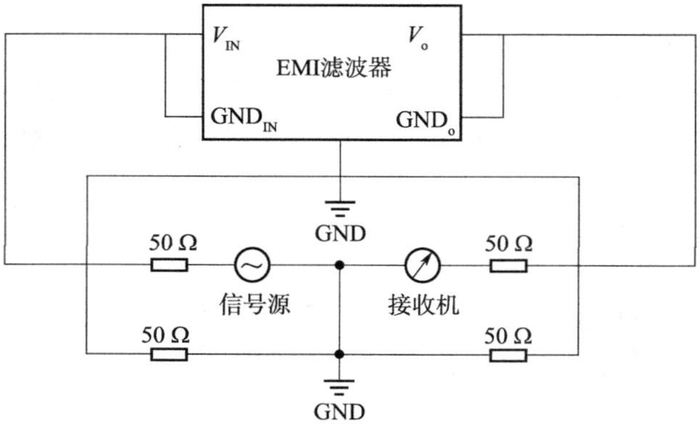

图 5－11　差模插入损耗的测试原理框图

测试程序如下：

在规定测试温度下，在 EMI 滤波器的输出端接输入阻抗为 50 Ω

阻值的接收机（频谱仪），同时在 EMI 滤波器的输入端接与接收机输入阻抗完全相同内阻（50 Ω）的信号源，连接器和电缆的阻抗都应与上述系统匹配，在这种特定条件下按照图 5－11 进行测试连接，根据测试频率点要求设置仪器扫频范围及信号功率，开启仪器，记录特定频率点下的信号源电平 V_I 及接收机信号电平 V_T 。在没有特殊要求的情况下，V_I 设置值为 225 mV，如果有要求按要求值设定，则差模插入损耗为

$$K_{DMR} = 20\log(V_T/V_I)$$

若使用网络分析仪，则直接设置 S_{21} 参数，选取对数坐标轴，设置扫频范围及测试频率点后直接读取相应的 S_{21} 参数值，该值即为差模插入损耗测试结果 K_{DMR}。

(2) 共模插入损耗 K_{CMR}

共模插入损耗的测试原理如图 5－12 所示。

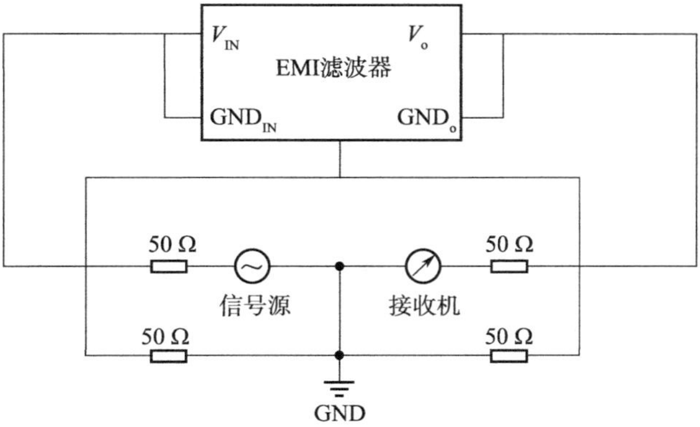

图 5－12　共模插入损耗的测试原理框图

测试程序如下：

在规定测试温度下，在 EMI 滤波器的输出端接输入阻抗为 50 Ω 阻值的接收机（频谱仪），同时在 EMI 滤波器的输入端接与接收机输入阻抗完全相同内阻（50 Ω）的信号源，连接器和电缆阻抗都应

与上述系统匹配，在这种特定条件下按照图 5 - 12 进行测试连接，根据测试频率点要求设置仪器扫频范围及信号功率，开启仪器，记录特定频率点下的信号源功率电平 V_I 及接收机信号功率电平 V_T，则共模插入损耗为

$$K_{CMR} = 20\log(V_T/V_I)$$

若使用网络分析仪，则直接设置 S_{21} 参数，选取对数坐标轴，设置扫频范围及测试频率点后直接读取相应的 S_{21} 参数值，该值即为共模插入损耗测试结果 K_{CMR}。

5.5　微波混合集成电路

5.5.1　产品概述

微波混合集成电路是采用混合电路制作技术，将无源微波电路制作在适合传输微波信号基片上的功能模块。在通信、雷达、环境遥感和医学系统，常用的有混频器、振动器、微波低噪声放大器、微波功率放大器、微波滤波器等。通常情况下，微波混合集成电路测试系统的主要组成如图 5 - 13 所示。

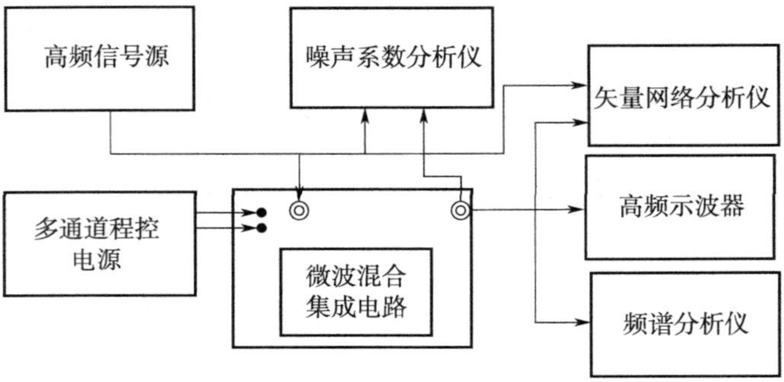

图 5 - 13　微波混合集成电路测试系统的主要组成框图

微波混合集成电路测试系统是由多通道程控电源、高频信号源、微波功率计、矢量网络分析仪、高频示波器、噪声系数分析仪等仪

器仪表组成的硬件平台。

5.5.2 测试指标体系

微波是指频率在 300 MHz 到 300 GHz，对应的电波长在 $\lambda = c/f = 1$ m 和 $\lambda = 1$ mm 之间的交变电流信号。常用的微波混合集成电路有微波混频器、微波振动器、微波低噪声放大器、微波功率放大器、微波滤波器等。类型不同，测试指标也不同。其主要的技术指标见表 5-4。

表 5-4　微波混合集成电路主要测试指标

序号	参数名称	参数定义	单位
1	工作频带	频率可覆盖的波段	GHz
2	增益	系统中输出信号与输入信号的比率	dB
3	增益平坦度	在规定的频率范围和规定的输入功率条件下，测得的最大增益与最小增益的分贝数之差	dB
4	相位差	信号通过系统前后的相位差值	°
5	噪声系数	输入信噪比与输出信噪比的比值	dB
6	S 参数	一种研究微波网络传输特性的分析方法	—

5.5.3 测试实例

采用多通道程控电源、高频信号源、矢量网络分析仪等分立仪器仪表进行微波电路的测试并整理数据。测试原理图如图 5-14 所示。

5.5.3.1 增益

（1）方法一：使用噪声分析仪进行测试

1）使用噪声头对仪器进行校准（每次开启仪器均需校准）；

2）将噪声头接于电路输入端，将输出端接入噪声分析仪的接收通道；

3）在 Frequent 设置合适的扫频范围及需要的测试点数；

4）在表格显示的状态下即可显示出链路增益。

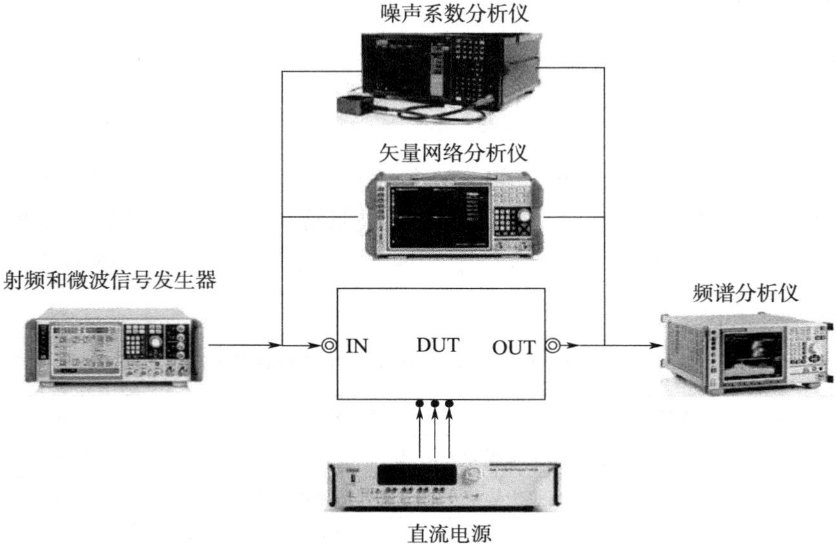

图 5-14　测试示意图

（2）方法二：使用信号源、频谱仪进行测试

1）将信号源的输出端接至电路的输入端，将频谱分析仪的输入端接至电路的输出端；

2）根据电路设计增益值估算可能的输出功率大小；

3）使用信号源输出一个小功率信号，需保证电路输出信号功率小于 1 W（30 dBm），即信号源输出功率＋估算增益≪30 dBm；

4）在频谱仪中可以读出电路输出信号的功率；

5）电路增益＝电路输出功率－电路输入功率。

5.5.3.2　相位差

1）将矢量网络分析仪（下称“矢网”）进行开机校准；

2）电路输入端接 Port1，输出端接 Port2；

3）在矢网 Frequent 中设扫频范围，设置显示初始频率和终止频率；

4）在 Measure 中选择测量电路的 S_{21} 参数；

5）在Format中选择“Phase”，测量相位参数；

6）在合适的频点打上Marker，便可测出当前相位值。

5.5.3.3　噪声系数

1）使用噪声头对仪器进行校准（每次开启仪器均需校准）；

2）将噪声头接于电路输入端，将输出端接入噪声系数分析仪的接收通道；

3）在Frequent设置合适的扫频范围，及需要的测试点数；

4）在表格显示的状态下即可显示出电路噪声系数。

5.5.3.4　S参数

1）将矢量网络分析仪（下称“矢网”）进行开机校准；

2）电路输入端接Port1，输出端接Port2；

3）按下“PRESET”键，准备进行设置监测的频率范围；

4）按下“FREQ”键，按下“CENTER”键，使用扫频段的中心频率，按下“MHz”键；

5）按下“SPAN”键，输入测量带宽并使用数字键输入，按下“MHz”键；

6）此时可在分析仪屏幕上观测到S参数曲线；

7）改换频点测量并记录数据。

5.6　微系统电路

5.6.1　产品概述

微系统是以微电子、光电子、MEMS为基础，结合体系架构和算法，运用系统工程的设计方法，将传感、通信、处理、执行、微能源等功能单元采用微纳尺度的微系统封装技术集成在一起的微型复杂系统。

微系统的基础是微电子、光电子、MEMS等先进芯片技术。微系统的核心是体系架构和算法，微系统的实现是运用多学科融合的系统工程设计技术和微纳加工制造技术，其实质是复杂系统在微观层面的实现，是完整信息链的超高密度微纳集成。微系统的效能相当于传统电子系统性能成倍数增加、体积功耗成倍数降低，可批量生产且成本可控。

微系统是DARPA近十年来大力发展的现代前沿技术，对美国保持其国防科技领先优势具有重要意义。与传统装置相比，微系统由于将各种功能高度集成，因此具有微型化、成本低、性能高等优点，广泛应用于军事国防、仪器测量、无线通信、生物化学、能源环境等领域。微系统技术正处于向大规模应用转化的关键阶段，多项技术已经在诸多领域得到应用，将对武器装备发展与作战产生深远的影响。

5.6.2　测试指标体系

微系统电路测试指标体系包括直流参数、交流参数、电流功耗、单元功能、系统性能、系统功能。

核心指标是与微系统应用密切相关的系统性能与系统功能。系统性能指标是指表征微系统从系统使用角度出发需要满足的特性参数，包括但不限于系统启动时间、系统复位时间、系统时钟等。对于通信方向应用的微系统核心指标包括但不限于通信速率、通道隔离度等，对于导航方向应用的微系统核心指标包括但不限于灵敏度、定位精度等。系统功能指标是指表征微系统从系统使用角度需要具备的系统功能，它可能涉及微系统内一个子系统/单元，也可能涉及多个子系统/单元。针对不同系统的应用方向，常见的有信号处理、信号转换、数据处理、导航定位、射频通信、总线通信等。

5.6.3　流程和方法

微系统的系统功能与系统性能测试需要外围电路、专用测试设备与专用测试线缆相互配合共同完成。针对不同的微系统功能与应用方向，所需外围电路、专用测试设备与专用测试线缆不同，因此微系统的系统功能与系统性能测试通常搭建专用的微系统测试系统进行测试。同时针对不同的微系统开发专用的下位机程序执行微系统功能，建立专用的上位机程序控制测试设备与下位机相配合进行系统功能与系统性能测试。

5.6.4　测试实例

1）以信息处理微系统常见的总线通信测试为例，某数字信号处理微系统的 1553B 总线通信测试情况如下。

该测试分为接收测试和发送测试，测试过程中，由 1553B 测试设备作为 1553B 总线控制器，被测试微系统作为远程终端。在接收测试过程中，首先由 1553B 测试设备发起接收指令，收到被测试微系统的状态响应后，将通信数据发送至 1553B 总线，此时被测试微系统对 1553B 总线数据进行采样，并将采样结果通过串口发送至上位机，形成测试闭环。在发送测试过程中，首先由 1553B 测试设备发起发送指令，收到被测试微系统的状态响应后，由被测试微系统将测试数据上传至 1553B 总线。其中测试数据由上位机通过串口发送至被测试微系统，由此形成测试闭环（图 5－15）。

2）以信号处理微系统常见的信号转换测试为例，某数模混合微系统的转换性能与处理性能测试情况如下。

该测试包括上位机和测试板，上位机负责生成数字低频测试信号、接收测试结果并显示和存储。测试板负责通过 DSP 烧写、读取测试程序及存储发送数据，然后发送上位机生成的数字低频测试信号，测试信号先后经过 FPGA 数字上变频及 DAC 转换成模拟高频信号，之后测试信号通过外围回环电路形成回环信号，回环信号先后经过 ADC 及 FPGA 数字下变频转换成数字低频信号，DSP 采集回环信号数据，与发送数据进行对比，最终得出测试结果并反馈至上位机。本发明充分利用微系统内部集成的 DSP 高速数据处理能力和 FPGA 协同处理能力，通过微系统对发送和回环数据进行采集、存储及处理，减少额外数据传输的开销以及信号间的干扰，系统可以对数

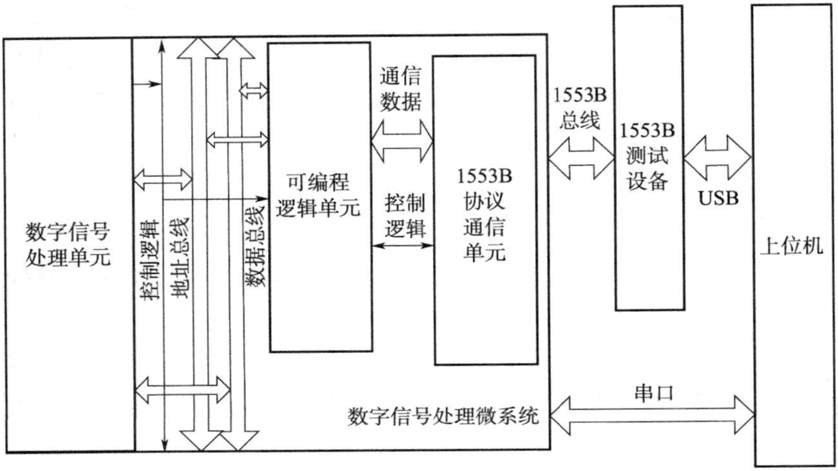

图 5-15 某数字信号处理微系统 1553B 总线通信测试架构示意图

模混合微系统的信号传输过程进行可靠准确的回环测试（图 5-16）。

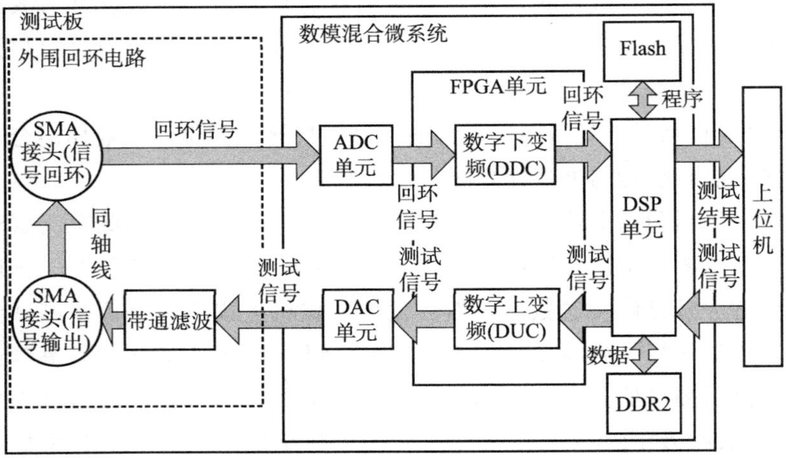

图 5-16 某数模混合微系统转换性能与处理性能测试架构示意图

3）某定轨信号处理微系统的射频性能、基带功能以及定位性能测试情况如下。

测试系统包括卫星信号源、频谱仪、上位机以及测试板。射频性能通过信号源与频谱仪配合完成测试。基带功能完成测试控制、通信与射频信号处理功能测试，通过引出基带部分的外设接口，可测试基带部分控制与通信是否正常；通过基带配置射频寄存器，用频谱仪观测输出是否符合配置要求；设置射频部分寄存器为数字模式输出，该模式下基带可进行射频信号处理，运行测试程序，观测基带处理结果是否正常。定位性能通过卫星信号源提供稳定卫星信号，基于定轨信号处理微系统内部射频部分与基带部分共同配合完成定位解算，通过上位机接收测试结果。所有程序均保存在内置的 FLASH 中，在测试系统射频信号处理、控制与通信功能的同时，测试 FLASH 是否可以正常工作（图 5－17）。

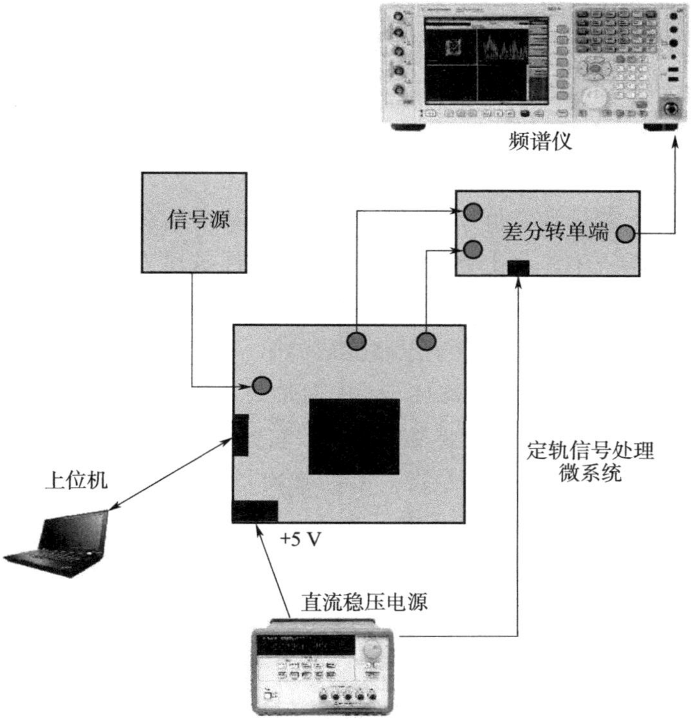

图 5－17　某定轨信号处理微系统射频性能基带功能定位性能测试架构示意图

第 6 章　集成电路自动测试系统

6.1　通用数字集成电路测试系统

6.1.1　功能测试

通用数字集成电路测试系统的测试对象往往是最简单、最常见的数字电路，如 54/74 系列、CMOS4000 系列的门电路、逻辑电路等。这些器件的引脚数一般较少，常见的为 14、16、20、24 引脚，器件功能很简单，如与、或、非门电路、编码器、译码器、触发器、计数器等。TI 公司的 SN54LS11 就是一个 14 引脚，三组三输入与门，在 TI 的官网（www.ti.com）上可以查到这个器件的资料（图 6-1）。

通过上述信息，可以知道这个器件最基本的功能，在数字集成电路测试系统中，将上述功能通过编程软件描述为一个向量表写入测试程序，测试机在执行测试程序时，会验证器件是否满足这个向量表的逻辑，从而实现数字电路测试的第一个部分——功能测试。

如图 6-2 所示为 SN54LS11 的向量表，这个表格比器件手册上的 FUNCTION TABLE 要复杂一些，它罗列了每一组三输入与门所能够出现的所有（8 种）情况。要注意向量表的编写没有严格标准，不同编程人员所编写的向量表可能会不同。

功能测试由数字集成电路测试系统的数字通道板进行，不同测试系统的通道数量也不相同。有些中小规模测试设备仅针对 54/74 类器件，可能仅有 40 个数字通道或更少。有些大规模数字测试设备可以配备 512 个通道或者更多，但也可以对中小规模器件进行测试。

SN54LS11, SN74S11⋯J OR W PACKAGE
SN74LS11, SN74S11⋯D OR N PACKAGE
(TOP VIEW)

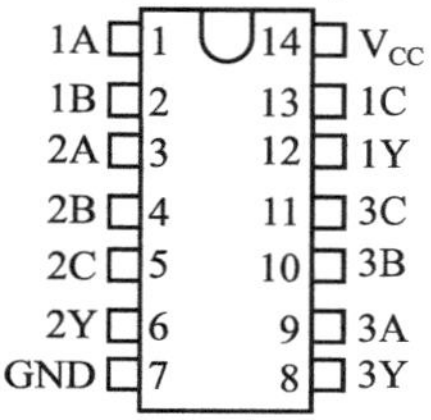

logic diagram (positive logic)

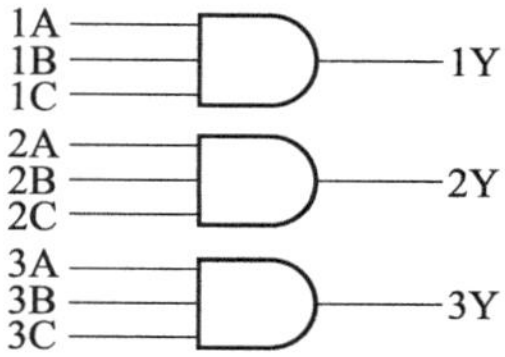

$Y = A \cdot B \cdot C$ or
$Y = \overline{\overline{A} + \overline{B} + \overline{C}}$

FUNCTION TABLE (each gate)

INPUTS			OUTPUT
A	B	C	Y
H	H	H	H
L	X	X	L
X	L	X	L
X	X	L	L

图 6－1　SN54LS11 资料

行号	注释	1A	1B	1C	1Y	2A	2B	2C	2Y	3A	3B	3C	3Y
0001		L	L	L	L	L	L	L	L	L	L	L	L
0002		L	L	H	L	L	L	H	L	L	L	H	L
0003		L	H	H	L	L	H	H	L	L	H	H	L
0004		L	H	L	L	L	H	L	L	L	H	L	L
0005		H	H	L	L	H	H	L	L	H	H	L	L
0006		H	L	L	L	H	L	L	L	H	L	L	L
0007		H	L	H	L	H	L	H	L	H	L	H	L
0008		H	H	H	H	H	H	H	H	H	H	H	H

图 6－2　SN54LS11 向量表

6.1.2　数字电平

数字通道板最基本的指标就是驱动/比较电平。SN54LS11 器件手册中规定，器件工作的输入电平 2 V 为高电平（最低），输入电平 0.7 V 为低电平（最高）。

设备在运行向量表时（表 6－1），通过编程设置 H 为 2.0 V，L 为 0.7 V。数字通道板会按照这个设置输出电平到器件的输入引脚。

表 6－1　SN54LS11 向量表

	SN54LS11			SN74LS11			UNIT
	MIN	NOM	MAX	MIN	NOM	MAX	
V_{CC} 供电电压	4.5	5	5.5	4.75	5	5.25	V
V_{IH} 输入高电平电压	2			2			V
V_{IL} 输入低电平电压			0.7			0.8	V
I_{OH} 输出高电流			−0.4			−0.4	mA
I_{OL} 输出低电流			4			8	mA
T_A 自然冷却下的工作温度	−55		125	0		70	℃

在这里工程师也可以设置高于 2.0 V 的电平为 H，低于 0.7 V 的电平为 L，根据器件手册，此时器件也是可以正常工作的。

但是如果设置低于 2.0 V 的电平为 H，高于 0.7 V 的电平为 L，器件就有可能无法正常运行了。

器件输出的 H 和 L 并不是直接去测试的，而是通过引脚电平比较器和设定的电平进行比较。编程人员设置 V_{OH} 电平和 V_{OL} 电平（参考手册的直流参数部分），通过类似图 6－3 的比较器，来检测器件输出的电平是高于 V_{OH} 或者低于 V_{OL}。

综上，数字通道板通过设置驱动电平给器件施加输入高低电平，通过比较电平检测器件输出的高低，并通过一个合适的速率执行向量表里面每一行的逻辑。当整个向量表都运行结束，器件的输出和预期相同时，功能测试合格，否则失效。如果失效，测试设备应记录哪些位置失效了，并通过测试软件记录，便于测试人员进行分析。

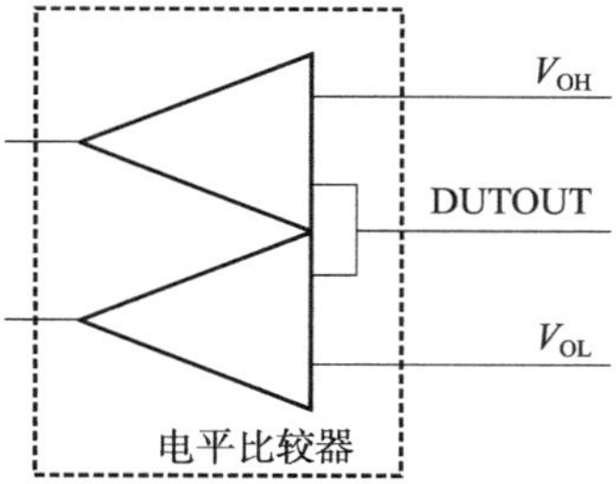

图 6－3　电平比较器原理图

目前，绝大多数数字测试系统都能够满足 54/74 系列器件的电平要求，但是 CMOS4000 电路往往需要更高的电平（20 V）。为了测试这种器件，必须要求设备的数字通道板有更高的驱动和比较电平。

如下例三输入与非门——CD4023B，从逻辑上和 54LS11 类似，三输入“与”计算之后取反（图 6－4）。

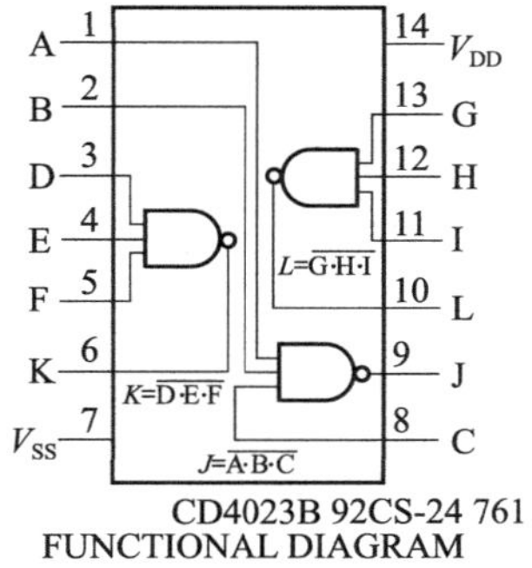

行号	注释	1A	1B	1C	1Y	2A	2B	2C	2Y	3A	3B	3C	3Y
0001		L	L	L	H	L	L	L	H	L	L	L	H
0002		H	L	L	H	H	L	L	H	H	L	L	H
0003		L	H	L	H	L	H	L	H	L	H	L	H
0004		L	L	H	H	L	L	H	H	L	L	H	H
0005		H	H	H	L	H	H	H	L	H	H	H	L
0006		H	L	L	H	L	L	L	H	L	L	L	H
0007		L	H	L	H	L	L	L	H	L	L	L	H
0008		L	L	H	H	L	L	L	H	L	L	L	H

图 6－4　三输入与非门 CD4023B 原理图

但器件直流部分规定需要在 5 V/0 V、10 V/0 V，15 V/0 V 下测试，有些参数还需要 V_{IN} 为 18 V 或者 20 V（表 6－2）。

表 6－2　CMOS4000 直流电参数特规表

参数	条件			指定温度下上下限值/℃							单位
	V_o/V	V_{IN}/V	V_{DD}/V	−55	−40	+85	+125	+25 最小值	+25 典型值	+25 最大值	
静态电流最大值	—	0, 5	5	0.25	0.25	7.5	7.5	—	0.01	0.25	μA
	—	0, 10	10	0.5	0.5	15	15	—	0.01	0.5	
	—	0, 15	15	1	1	30	30	—	0.01	1	
	—	0, 20	20	5	5	150	150	—	0.02	5	
输出低电流最小值	0.4	0, 5	5	0.64	0.61	0.42	0.36	0.51	1	—	mA
	0.5	0, 10	10	1.6	1.5	1.1	0.9	1.3	2.6	—	
	1.5	0, 15	15	4.2	4	2.8	2.4	3.4	6.8	—	
输出高电流最小值	4.6	0, 5	5	−0.64	−0.61	−0.42	−0.36	−0.51	−1	—	
	2.5	0, 5	5	−2	−1.8	−1.3	−1.15	−1.6	−3.2	—	
	9.5	0, 10	10	−1.6	−1.5	−1.1	−0.9	−1.3	−2.6	—	
	13.5	0, 15	15	−4.2	−4	−2.8	−2.4	−3.4	−6.8	—	
输出低电平电压最大值	—	0, 5	5	0.05				—	0	0.05	V
	—	0, 10	10	0.05				—	0	0.05	
	—	0, 15	15	0.05				—	0	0.05	
输出高电平电压最小值	—	0, 5	5	4.95				4.95	5	—	
	—	0, 10	10	9.95				9.95	10	—	
	—	0, 15	15	14.95				14.95	15	—	
输入低电平电压最大值	4.5	—	5	1.5				—	—	1.5	V
	9	—	10	3				—	—	3	
	13.5	—	15	4				—	—	4	
输入高电平电压最小值	0.5, 4.5	—	5	3.5				3.5	—	—	
	1, 9	—	10	7				7	—	—	
	1.5, 13.5	—	15	11				11	—	—	
输入电流最大值		0, 18	18	±0.1	±0.1	±1	±1	—	$\pm10^{-5}$	±0.1	μA

因此，如果有 CMOS4000 系列电路的测试需求，测试设备的电平必须要达到 20 V。

6.1.3　图形速率

数字测试系统最主要的指标还有图形速率，也就是常说的这是一个“多少兆”的设备。直观上讲的就是数字通道板能够以多快的速率运行，如 100 MHz 的图形速率，最小一个周期就是 10 ns。

从上面的例子来看，如果编程人员将测试速率设置为 100 MHz，那么向量表每跑一行需要的时间就是 10 ns，当然被测器件也要能够以这个速率正常工作才行。

关于数字通道板运行向量的速率，编程人员还应该有这样的概念：如果一台最大速率为 100 MHz 的设备在最大速率下运行，那么产生的波形不可能是理论上的“方波”。

在很多器件手册上会有这样的 CLK 波形，这其实是理论上的波形，如图 6－5 所示。

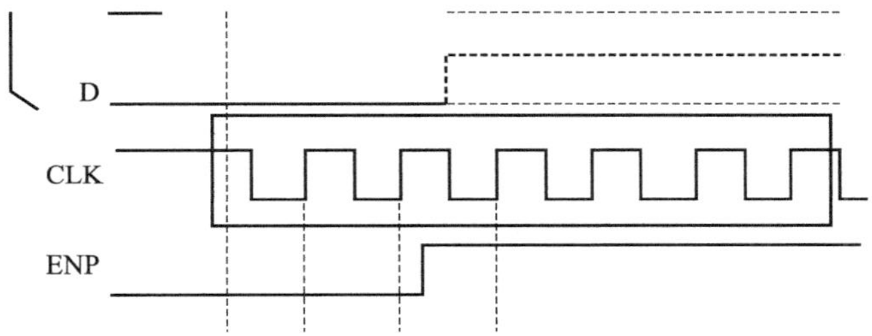

图 6－5 器件理想输入波形

如果数字通道板以最快速率运行，示波器上的波形很可能如图 6－6 所示。

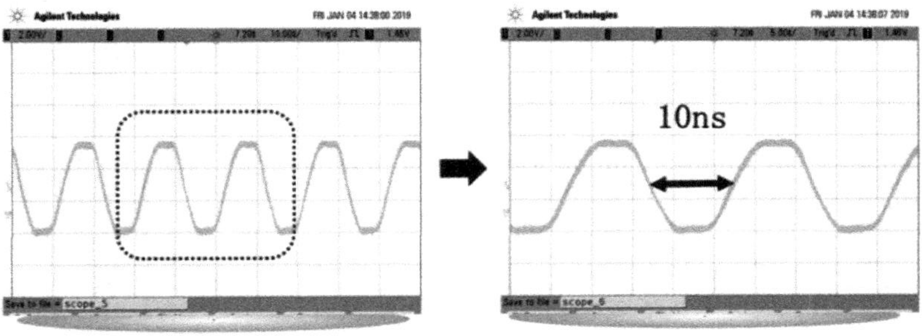

图 6－6 器件实际输入波形

数字通道板的速率除了体现在 MHz 这个指标上，还应该有上升/下降时间这个指标，或者为上升/下降速率这个指标，单位一般是 ns/V。意思是每变化 1 V 需要多少 ns 的时间。

比如 1 ns/V 的速率意味着电压由 0 V 上升到 5 V 需要 5 ns，这是能够在示波器上看到的波形的斜率，那种直上直下的方波仅仅是理论波形。

如果将这样的设备降低速率运行，比如 1 MHz，那么执行每一行向量的时间由 10 ns 变为 1 μs，在示波器上能够看到的波形会更接近理论方波。但如果将波形放大，波形的上升/下降速率仍旧不变，和 100 MHz 是一样的。

6.1.4 波形格式

一台数字集成电路测试设备，通道数量、电平范围、测试速率是最基本的技术指标，工程师在编写数字电路测试程序时，应该首先考虑这些因素。在功能测试时，还有一个功能会经常用到，那就是波形格式。

当测试一个触发器时，在器件的 FUNCTION TABLE 中会遇到输入一个上升沿或者下降沿的要求。图 6－7 所示为最简单的 D 触发器 54LS175。

FUNCTION TABLE

(EACH FLIP-FLOP)

INPUTS			OUTPUTS	
CLEAR	CLOCK	D	Q	$\overline{Q}^{+}$
L	X	X	L	H
H	↑	H	H	L
H	↑	L	L	H
H	L	X	Q_0	$\overline{Q}_0$

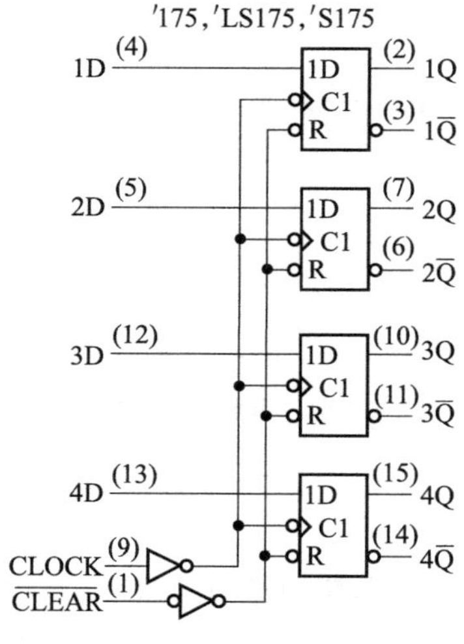

图 6－7 D 触发器 54LS175 真值表及功能框图

编辑图 6－7 框线中的这一行向量表，如果只使用 H 和 L 实现，则需要两行向量表：HLH 为第一行，HHH 为第二行。使用测试设备提供的波形格式，可以简单地通过一行向量实现上升沿。下面介绍最常用的三种波形格式：

1）NRZ：不归零格式，常用于组合逻辑电路测试，可以理解为给 H 就是 H，给 L 就是 L。

图 6－8 所示为 NRZ 的示意图，每一个 T0 就是一个时钟周期，可以理解为向量表中的每一行，PEL 是工程师编程时设置的电平，在这里 LHLHLHL 一共有 7 个周期。

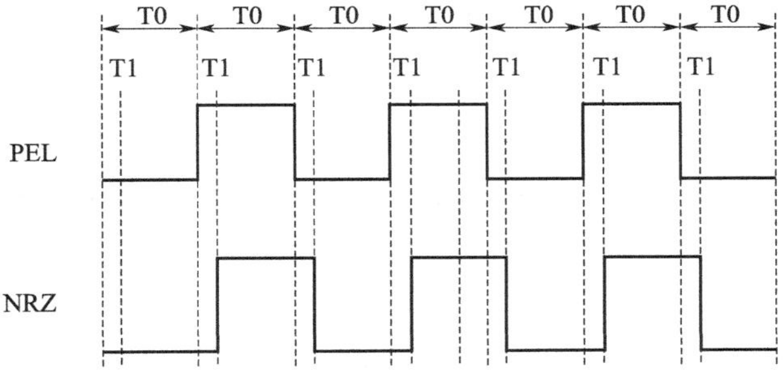

图 6－8　NRZ 格式示意图

NRZ 为不归零格式，在每个 T0 周期里面还有一个小的 T1 时刻，设备的数字通道会在 T1 时刻输出设定的波形，于是出现了第二行的这样一个结果，也是 LHLHLHL。

2）RTZ：归零格式，常用于时序电路测试时产生正时钟脉冲。

图 6－9 所示为 RTZ 的示意图，PEL 仍旧是 LHLHLHL 七个周期，如果选择了 RTZ 的波形格式，在设置为 L 的那一个周期（第 1—3—5—7 个 T0），RTZ 保持为 L，但是在设置为 H 的那一个周期（第 2—4—6 个 T0），数字通道会在 T1 时刻变为 H，在 T2 时刻变为 L，这也就是所谓的“归零”。

在一个 T0 周期内（如第二个 T0），编程人员只需要写一行向量 H，就可以实现一个上升沿的波形。如果一定要使用第一种 NRZ 格式，则需要三个周期，把向量写成 LHL。

3）RTO：归一格式，常用于时序电路测试时产生负时钟脉冲。

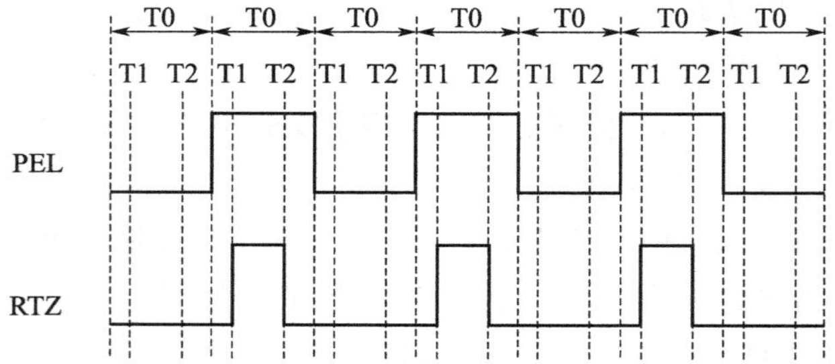

图 6－9　RTZ 格式示意图

RTO 的方式和 RTZ 的方式相反，如图 6－10 所示。在设置为 H 的那一个周期（第 2—4—6 个 T0），RTO 保持为 H，但是在设置为 L 的那一个周期（第 1—3—5—7 个 T0），数字通道会在 T1 时刻变为 L，在 T2 时刻变为 H。

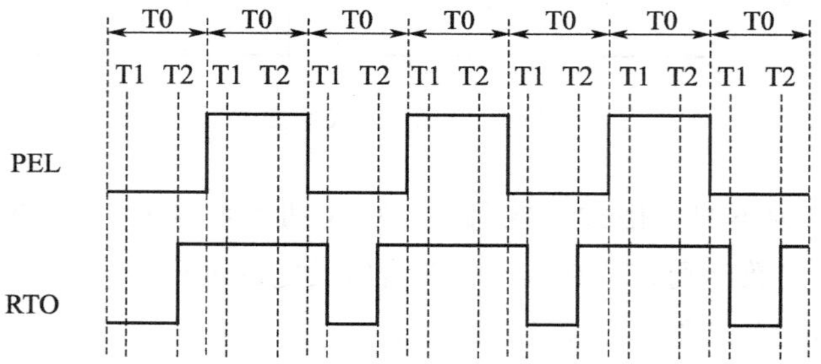

图 6－10　RTO 格式示意图

需要注意：第一个 T0 因为波形初始为 L，所以在 T1 时刻保持为 L，但是第三个 T0 因为前一个波形为 H，所以在 T1 时刻从 H 变为 L。

总之，不同的数字测试设备提供的波形格式会有所不同，相应的名称也会略有差异，但这些格式的目的都是帮助工程师更方便地编写向量。

6.1.5　直流参数和交流参数

数字集成电路测试设备还可以测试直流参数和交流参数，仍旧以 54LS11 举例，在器件手册中，分为三个部分。

（1）推荐工作条件（表 6－3）

表 6－3　推荐工作条件

	SN54LS11			SN74LS11			单位
	最小值	典型值	最大值	最小值	典型值	最大值	
V_{CC} 电源电压	4.5	5	5.5	4.75	5	5.25	V
V_{IH} 输入高电平电压	2			2			V
V_{IL} 输入低电平电压			0.7			0.8	V
I_{OH} 输出高电流			−0.4			−0.4	mA
I_{OL} 输出低电流			4			8	mA
T_A 自然冷却下的工作温度	−55		125	0		70	℃

这里对于器件的电源电压范围、输入高低电平均有要求，这些指标在器件的全部测试中都会用到（功能参数、直流参数、交流参数）。

（2）直流参数（表 6－4）

表 6－4　直流参数

参数	测试条件 ↑	SN54LS11			SN74LS11			单位
		MIN	TYP ‡	MAX	MIN	TYP ‡	MAX	
V_{IK}	V_{CC} = MIN, I_I = −18 mA			−1.5			−1.5	V
V_{OH}	V_{CC} = MIN, V_{IH} = 2 V, I_{OH} = −0.4 mA	2.5	3.4		2.7	3.4		V
V_{OL}	V_{CC} = MIN, V_{IL} = MAX, I_{OL} = 4 mA		0.25	0.4		0.25	0.4	V
	V_{CC} = MIN, V_{IL} = MAX, I_{OL} = 8 mA					0.35	0.5	
I_I	V_{CC} = MAX, V_I = 7 V			0.1			0.1	mA
I_{IH}	V_{CC} = MAX, V_I = 2.7 V			20			20	μA

续表

参数	测试条件↑	SN54LS11			SN74LS11			单位
		MIN	TYP↕	MAX	MIN	TYP↕	MAX	
I_{IL}	V_{CC} =MAX，V_I = 0.4 V			−0.4			−0.4	mA
I_{OS}	V_{CC} = MAX	−20		−100	−20		−100	mA
I_{CCH}	V_{CC} =MAX，V_I = 4.5 V		1.8	3.6		1.8	3.6	mA
I_{CCL}	V_{CC} =MAX，V_I = 0 V		3.3	6.6		3.3	6.6	mA

数字电路因为引脚较多，一般在参数测试之前先进行连接性测试。连接性测试的目的在于检测被测器件是否与测试台之间建立了良好的物理连接，避免因为接触不良导致的测试失效甚至测试损伤。

下面简单介绍常见的通用数字电路直流参数和测试方法。

1）输入钳位电压 V_{ik}（Input Clamp Voltage）：输入端在抽出规定的电流 I_{ik} 时的电压（图 6-11）。

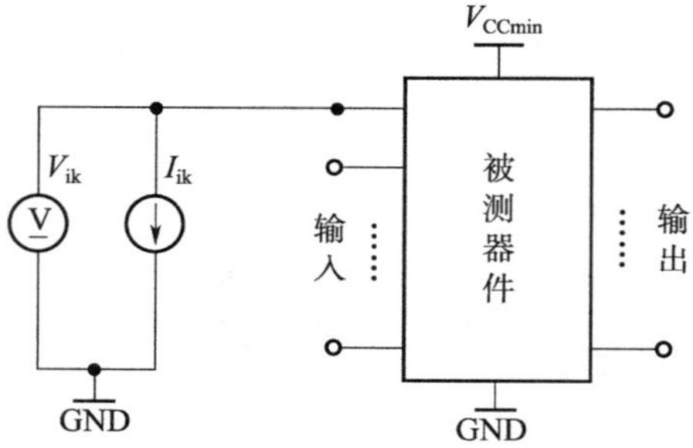

图 6-11　V_{ik} 测试原理图

在被测输入端施加手册规定的 I_{ik}，在输入端测得输入钳位电压 V_{ik}。

2）输出高电平电压 V_{oh}（High Level Output Voltage）：输入端在施加规定的电平下，输出端在规定负载下的高电平电压（图 6-12）。

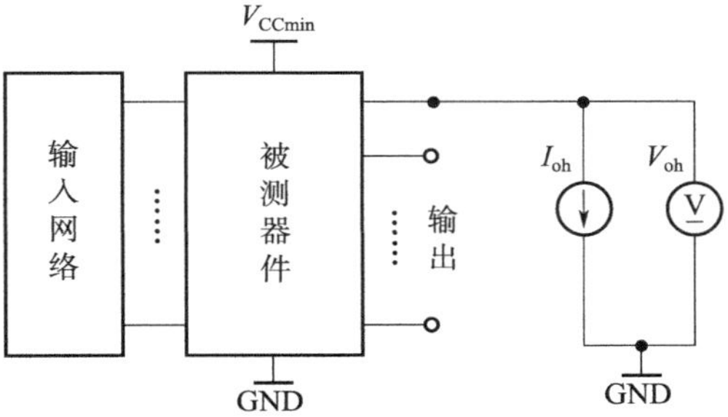

图 6－12　V_{oh} 测试原理图

图 6－13 为测试设备执行向量表，使器件停在被测输出为高电平的那一行，在被测输出端施加手册规定的 I_{oh}，测得输出高电平电压 V_{oh}。如 54LS11 的向量表中，测试 V_{oh} 应选择执行第 8 行。

行号	注释	1A	1B	1C	1Y	2A	2B	2C	2Y	3A	3B	3C	3Y
0001		L	L	L	L	L	L	L	L	L	L	L	L
0002		L	L	H	L	L	L	H	L	L	L	H	L
0003		L	H	H	L	L	H	H	L	L	H	H	L
0004		L	H	L	L	L	H	L	L	L	H	L	L
0005		H	H	L	L	H	H	L	L	H	H	L	L
0006		H	L	L	L	H	L	L	L	H	L	L	L
0007		H	L	H	L	H	L	H	L	H	L	H	L
0008		H	H	H	H	H	H	H	H	H	H	H	H

图 6－13　测试设备执行向量表

3）输出低电平电压 V_{ol}（Low Level Output Voltage）：输入端在施加规定的电平下，输出端在规定负载下的低电平电压（图 6－14）。

测试设备执行向量表，使器件停在被测输出为低电平的那一行，在被测输出端施加手册规定的 I_{ol}，测得输出低电平电压 V_{ol}。

如 54LS11 的向量表中，测试 V_{ol} 应选择执行第 1～7 任意一行。

4）输入电流 I_i（Input Current @ Max Input Voltage）：输入端

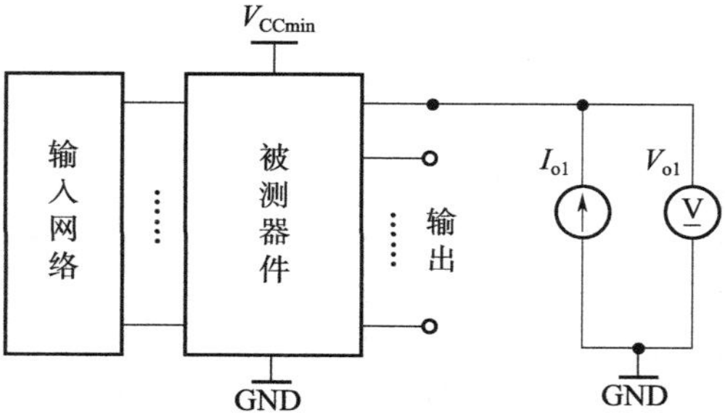

图 6-14 V_{ol} 测试原理图

在施加规定的最大输入电压 V_i 时流入器件的电流（图 6-15）。

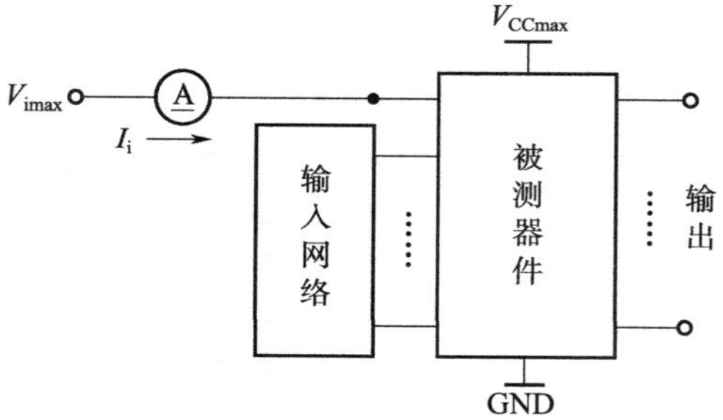

图 6-15 I_i 测试原理图

在被测输入端施加手册规定的 V_i 电压值，其余输入端施加器件规范规定的电平（一般为低电平），在被测输入端测得高电平电流 I_{ih}。

输入高电平电流 I_{ih}（High Leave Input Current）的测试原理与 I_i 基本相同。

5）输入低电平电流 I_{il}（Low Leave Input Current）：输入端在施加规定的低电平电压 V_{il} 时流出器件的电流（图 6-16）。

在被测输入端施加手册规定的 V_{il} 电压值，其余输入端施加器件规范规定的电平（一般为高电平），在被测输入端测得高电平电流 I_{il}。

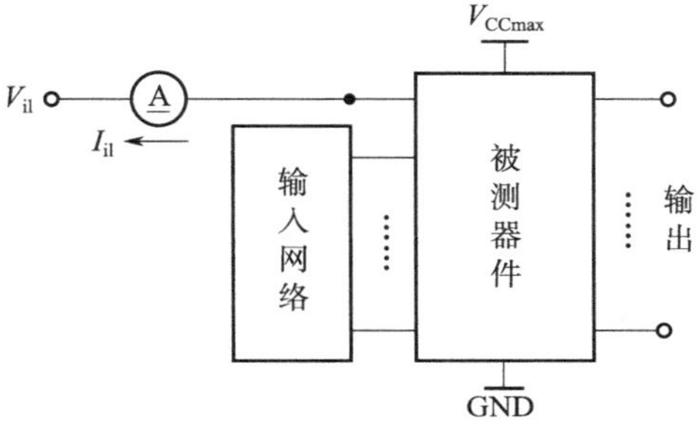

图 6－16　I_{il}测试原理图

I_i、I_{ih}、I_{il} 三个参数需要通过选择合适的向量行进行测试。I_i 和 I_{ih} 一般选择输入全低行，I_{il} 一般选择输入全高行，以满足上述测试条件。

如图 6－17 所示 54LS11 的向量表中，选择第 1 行测试 I_i， 1 A 引脚在测试时会被精密测量单元施加 7 V 的电压测试电流 I_i， 其余的 1B、1C 此时为输入 L 的状态。

行号	注释	1A	1B	1C	1Y	2A	2B	2C	2Y	3A	3B	3C	3Y
0001		L	L	L	L	L	L	L	L	L	L	L	L
0002		L	L	H	L	L	L	H	L	L	L	H	L
0003		L	H	H	L	L	H	H	L	L	H	H	L
0004		L	H	L	L	L	H	L	L	L	H	L	L
0005		H	H	L	L	H	H	L	L	H	H	L	L
0006		H	L	L	L	H	L	L	L	H	L	L	L
0007		H	L	H	L	H	L	H	L	H	L	H	L
0008		H	H	H	H	H	H	H	H	H	H	H	H

图 6－17　54LS11 的向量表

测试 I_{il} 则应该选择第 8 行。

6）高电平输出电流 I_{oh}（High Leave Output Current）：输入端在施加规定的电平使输出端为高电平时，输出端施加规定的电平下流出器件的电流（图 6－18）。

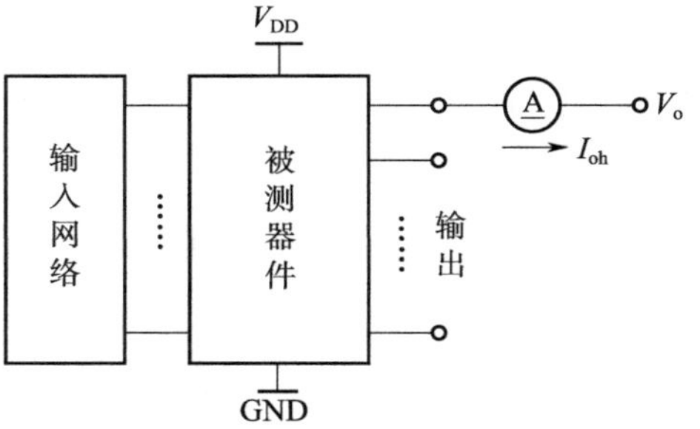

图 6-18　I_{oh} 测试原理图

测试设备执行向量表，使器件停在被测输出为高电平的那一行，在被测输出端施加手册规定的 V_o，测试高电平输出电流 I_{oh}。

7）低电平输出电流 I_{ol}（Low Leave Output Current）：输入端在施加规定的电平使输出端为低电平时，输出端施加规定的电平下流入器件的电流（图 6-19）。

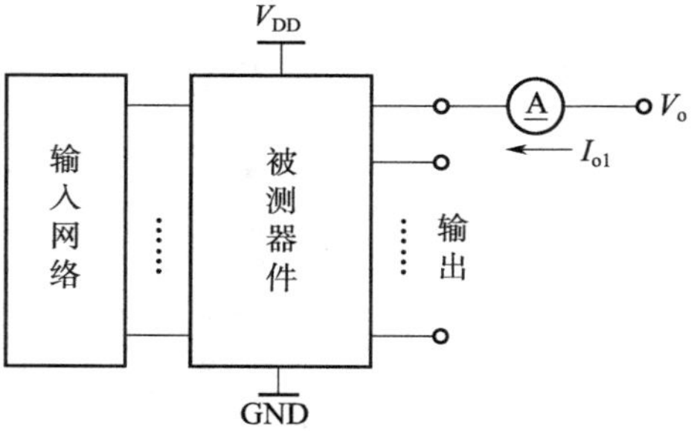

图 6-19　I_{ol} 测试原理图

测试设备执行向量表，使器件停在被测输出为低电平的那一行，在被测输出端施加手册规定的 V_o，测试低电平输出电流 I_{ol}。

应注意 I_{oh} 和 I_{ol} 都需要在设定 V_o 的情况下测试，实际上就是一个恒压测流的过程，I_{oh} 流出器件，因此 V_o 应低于器件的 V_{oh}，I_{ol} 流入器件，因此 V_o 应高于器件的 V_{ol}。当 V_o 为 0 时，I_{oh} 为短路电流。

1）输出高电平时电源电流 I_{cch}（Supply Current with Outputs

High)：输入端在施加规定的电平下使输出端为逻辑高电平时，经电源端流入器件的电流。

2）输出低电平时电源电流 I_{ccl}（Supply Current with Outputs Low)：输入端在施加规定的电平下使输出端为逻辑低电平时，经电源端流入器件的电流（图 6－20）。

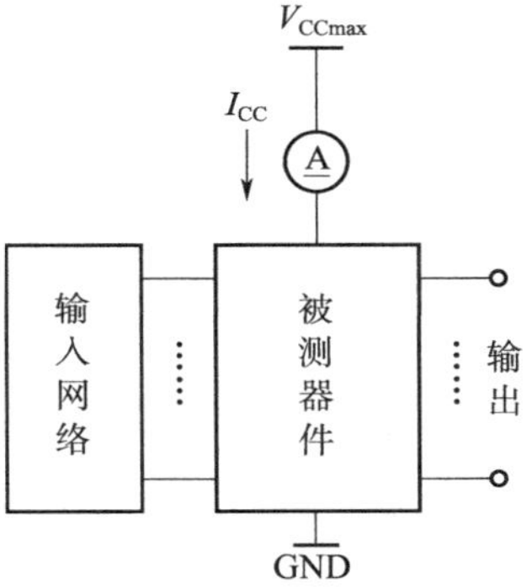

图 6－20　I_{CC} 测试原理图

数字集成电路的直流参数基本都是使用测试系统的程控电源和精密测量单元测试的，程控电源用于器件供电，一般有多路，并且不用切换可直接通过测试适配器连接到器件的电源。

系统的精密测试单元一般需要通过数字通道板上的继电器切换到器件的引脚，因此这些参数是逐一切换进行测试的。

一些设备具有每通道直流测试单元，相当于每个数字通道都可以独立测试，合理使用每通道直流测试单元在某些情况下可以节省不少测试时间，如 I_i、I_{ih}、I_{il} 这些参数。但使用中也要注意，在测试如 V_{oh} 参数时，如果器件的每一个输出的同时施加较大的电流负载，此时器件功率较大，有一定的风险，建议使用系统的精密测试单元测试。同时，这种每通道直流测试单元所具备的电流能力一般低于系统的精密测试单元，如器件的短路电流只能使用系统的精密电源测试。

所有的程控电源和精密测试单元都应具备足够的电压和电流档

位，尤其是电流档位。器件的输入电流一般较小，可以达到 nA 级别，器件的输出电流有些较大，有些可以达到 100 mA 以上，因此适当的档位可以更精准地测试这些参数。

针对 CMOS4000 系列电路，系统也应具备 20 V 的程控电源和 20 V 的测试能力。

下面节选一台数字集成电路测试系统高压精密直流测量单元的指标，方便读者参考（表 6－5）。

表 6－5 高压精密直流测量单元指标

高压精密直流测量单元(HVPMU)共 1 路

电流量程	电流输出范围	最高分辨率	最高精度
6 档	0～±500 mA	0.2 nA	±(0.3%设定值+10 nA+ 5 nA/V)
电压量程	电压测量范围	分辨率	精度
20 V	－20～+20 V	0.35 mV	±(0.2%测量值+3 mV)

（3）交流参数

这就是最常见的交流参数——传输延迟时间（表 6－6）。当数字集成电路接收到输入触发信号后，经过一定的延迟时间，器件的输出才能产生变化，如图 6－21 所示。

表 6－6 传输延迟时间指标

开关参数，$V_{CC}=5$ V，$T_A=25$ ℃(见注释)

参数	起始点(输入)	结束点(输出)	测试条件	最小值	典型值	最大值	单位
t_{PLH}	A,B or C	Y	$R_L=2\ k\Omega$ $C_L=15$ pF		8	15	ns
t_{PHL}					10	20	ns

注释：负载电流及电压波形见第一章。

输入 Input 信号从 L 变为 H，输出在 t_{PLH} 这段时间后，从 L 变为 H；输入 Input 信号从 H 变为 L，输出在 t_{PLH} 这段时间后，从 H 变为 L；要注意在一般情况下，都是按照电平的 50%来计算的，如果我们使用示波器来观测这个波形，相当于触发电平设置在输入和输出的一半。

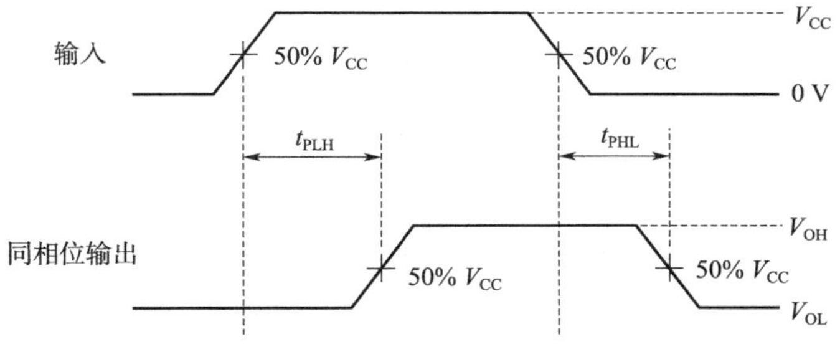

图 6－21　传输延迟时间测量时序图

数字集成电路测试系统测试交流参数一般使用如下两种方法：

（1）直接使用时间测量单元测试

数字通道板可以产生相应的电平并使用数字通道板自带的时间测量单元进行测试。这里需要注意，因为被测参数非常小，一般是 ns 级别，甚至只有几个 ns，所以测试系统必须满足一些基本条件来保证测试精度。

1）输入信号的速度应足够快，也就是我们前面提到的上升/下降时间这个指标。如果数字通道板提供的输入信号速度太慢，是无法测试高速传输延时参数的。

2）测试线路应尽量短，并且避免切换环节，保证波形不会失真。如此快速的传输信号，如果实际测试线路较长，或者在测试适配器上增加了过多的转换环节，甚至某些情况使用长线进行高低温测试，是无法测试高速传输延时参数的。

（2）选通脉冲法

测试原理可以理解为不使用时间测量单元，在测试系统施加输入信号后，在某个固定时刻 T，检测输出是否发生了变化。如果没有变化，再次重复上述操作，在 $T + \Delta t$ 时刻检测输出是否发生变化，以此类推直到检测到输出发生变化。

选通脉冲法理论上会比直接使用时间测量单元检测耗费更多的时间，但是随着测试系统速率越来越快，测试时间上的差异一般都很小。但是如果延迟时间较长，一步步地通过增加 Δt 去检测会占用很长的时间，编程人员应注意设置合适的起始时间 T 和 Δt。

6.2 模拟/混合集成电路测试系统

6.2.1 模拟/混合集成电路测试系统概述

模拟混合集成电路测试系统需要测试的对象种类繁多。最常见的模拟电路有运算放大器、稳压器、脉宽调制器、精密电压基准等，但如差分放大器、开关稳压器、压频转换器、电荷泵、电流镜、监控电路这些比较专用的电路，也属于模拟电路。

混合集成电路一般指数模/模数转换器，但是随着芯片集成度越来越高，很多电源管理芯片也集成了大量数字控制引脚，测试这种器件同样需要测试系统具有相应的数字通道。

不同的测试对象，对应不同的测试参数，不同的测试参数对应不同的测试方法。测试每一个品种的每一个参数，都需要搭接相应的测试电路来实现，测试品种各参数的测试电路汇总在一起，一般叫做这个品种的测试方案（Test Plan）。

不同器件的 Test Plan 差异很大，很难想象一个工程师可以使用一个测试运算放大器输出电压的电路来测试一个电荷泵的输出电压，就算这两种器件的引脚数一样，电源和接地端一样，也是不可能的。因为运算放大器测试时需要将器件接入一个反馈环路，而电荷泵的测试则需要器件某些功能引脚连接特殊的电容以实现功能。

所以，以数字集成电路的测试方案来构建模拟混合电路是行不通的。为了面对模拟/混合器件的测试，工程师必须针对每一个品种拟定专用的 Test Plan，往往一个测试品种就要对应一个专用适配器和程序，甚至为了消除相互的干扰，某些品种的直流参数和动态参数必须分开测试。

6.2.2　测试系统常用硬件模块

(1) 电压电流源

模拟混合集成电路测试系统中，电压电流源（VI 源）是应用最广泛的。标准的 VI 源一般工作在两种方式下：恒压和恒流，不同能力的 VI 源所具备的恒压和恒流范围不同，并且会根据实际电压电流范围规定不同的档位，不同档位的精度和分辨力均有所不同。

如某 VI 源的指标见表 6－7。

表 6－7　某 VI 源加压模式指标

加压模式

量程	分辨率(16 bit)	精度
±100 V	3.052 mV	±(15 mV + 0.025% Rdg)
±40 V	1.221 mV	±(7.5 mV + 0.025% Rdg)
±20 V	0.610 mV	±(3 mV + 0.025% Rdg)
±10 V	0.305 mV	±(1.5 mV + 0.025% Rdg)
±5 V	0.153 mV	±(0.75 mV + 0.025% Rdg)
±2 V	0.061 mV	±(0.5 mV + 0.025% Rdg)
±1 V	0.031 mV	±(0.25 mV + 0.025% Rdg)

电压量程为±100 V～±1 V，分辨率为每一个档位的分辨率，是理论上可以分辨的最小电压。实际使用时，应更加关注精度，VI 源的精度往往是远大于分辨率的，并且与实际恒压/恒流数值是有关的。

如上例中±10 V 档位，输出 5 V 电压，理论精度＝1.5 mV＋0.025%×5 V＝1.5 mV＋1.25 mV＝2.75 mV，因此 VI 源输出电压应在 5 V±2.75 mV 的范围。

电流档位见表 6－8，使用 1 A 档位输出 0.5 A，精度＝0.3 mA＋0.05%×0.5 A＋10 μA/V，指标 10 μA/V，意思是此时恒流过程中产生的电压也会对电流精度产生影响。

表 6-8　某 VI 源加流模式指标

加流模式

量程	分辨率(16 bit)	精度
±10 A	305.176 μA	±(4 mA + 0.25% Rdg+100 μA/V)
±2 A	61.035 μA	±(1.5 mA+0.10% Rdg+20 μA/V)
±1 A	30.517 μA	±(3 mA+0.05% Rdg+10 μA/V)
±100 mA	3.052 μA	±(30 μA+0.05% Rdg+1 μA/V)
±10 mA	305.176 nA	±(3 μA+0.05% Rdg+0.1 μA/V)
±1 mA	30.518 nA	±(300 nA+0.05% Rdg+0.01 μA/V)
±100 μA	3.052 nA	±(30 nA+0.05% Rdg+1 nA/V)

VI 源除了在测试系统中作为恒压/恒流源使用外，同时也应具备电压/电流测量的能力，也就是电压表和电流表的功能。表 6-9 和表 6-10 就是上述 VI 源的测压/测流精度。

表 6-9　某 VI 源测量电压模式指标

测量电压模式(一倍放大)

量程	分辨率(16 bit)	精度
±100 V	3.052 mV	±(15 mV + 0.025% Rdg)
±40 V	1.221 mV	±(7.5mV + 0.025% Rdg)
±20 V	0.610 mV	±(3 mV + 0.025% Rdg)
±10 V	0.305 mV	±(1.5 mV + 0.025% Rdg)
±5 V	0.153 mV	±(0.75 mV + 0.025% Rdg)
±2 V	0.061 mV	±(0.5 mV + 0.025% Rdg)
±1 V	0.031mV	±(0.25 mV + 0.025% Rdg)
±100 mV	0.003 mV	±(0.2 mV + 0.025% Rdg)

表 6-10　某 VI 源测量电流模式指标

测量电流模式(一倍放大)

量程	分辨率(16 bit)	精度
±10 A	305.176 μA	±(4 mA + 0.25% Rdg + 100 μA/V)
±2 A	61.035 μA	±(1.5 mA + 0.10% Rdg + 20 μA/V)

续表

量程	分辨率(16 bit)	精度
±1 A	30.517 μA	±(0.3 mA + 0.05% Rdg + 10 μA/V)
±100 mA	3.052 μA	±(30 μA + 0.05% Rdg + 1 μA/V)
±10 mA	305.176 nA	±(3 μA + 0.05% Rdg + 0.1 μA/V)
±1 mA	30.518 nA	±(300 nA + 0.05% Rdg + 0.01 μA/V)
±100 μA	3.052 nA	±(30 nA + 0.05% Rdg + 1 nA/V)
±10 μA	0.305 nA	±(20 nA + 0.25% Rdg + 0.2 nA/V)

除此之外，VI 源也应具备电压钳位和电流钳位的功能。所谓钳位，就是 VI 源可以在量程范围内设定电压或者电流的限制，如在恒压模式下，可以设定电流钳位，在恒流模式下可以设置电压钳位。

如恒压为 5 V，电流档位选择了 1 A 档，如果将 5 V 短路，则会产生最大 1 A 的电流。如果设置了钳位为 100 mA，那么短路时产生的电流最大为 100 mA。

如恒流为 10 mA，电压档位选择了 10 V，如果整个通路没有形成，电流无处可流，那么 VI 源的电压则会被限制在量程 10 V，如果设置了 5 V 的钳位值，那么电压会被钳在 5 V。

上述 VI 源的钳位指标见表 6 - 11。

表 6 - 11　某 VI 源的钳位指标

钳位电压量程	分辨率	精度(%FS)
±100 V,±40 V,±20 V,±10 V,±5 V,±2 V,±1 V	16 bit	±0.5%
±100 mV	16 bit	±1%
钳位电流量程	分辨率	精度 (%FS)
±1 A,±100 mA,±10 mA,±1 mA,±100 μA,±10 μA	16 bit	±0.5%
±10 A,±2 A	16 bit	±2%

近年来，模拟混合集成电路测试系统的 VI 源均已采用浮动源，某浮动 VI 源的基本原理如图 6 - 22 所示。

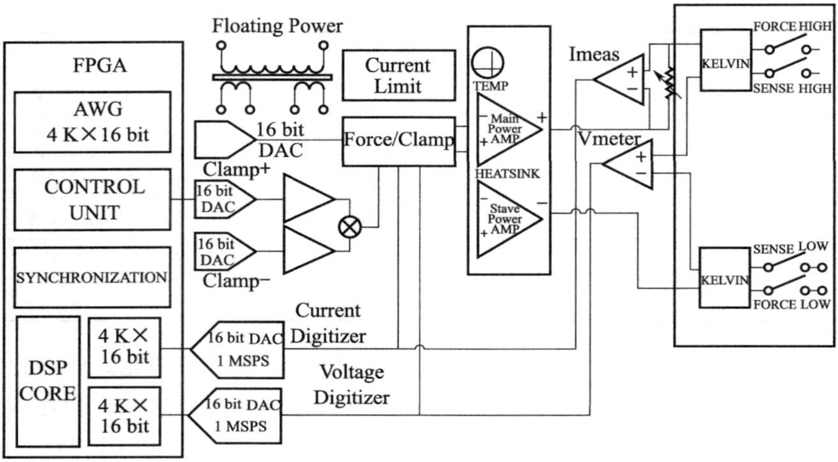

图 6－22　某浮动 VI 源的基本原理图

VI 源的输出分为高端和低端，恒压时产生的电压为高端和低端之间的电压，恒流时产生的电流由高端和低端形成一个回路。使用浮动源还可以进行电压源的串联和电流源的并联，可以获得更大的电压和电流（图 6－23）。

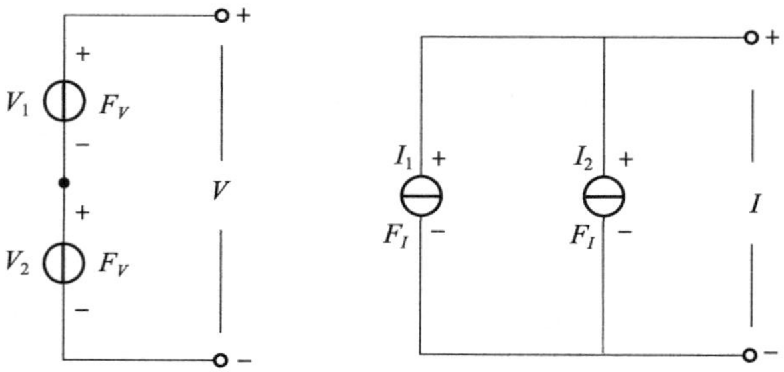

图 6－23　VI 源输出原理图

在实际应用中，测试工程师应同时注意四线开尔文连接，以保证 VI 源的正常工作。

在 VI 源的使用中，四线开尔文连接格外重要。四线开尔文的原理很简单，这种方法通过 FORCE 产生电流、SENSE 检测电压的方式，消除电路中因为线路连接产生的误差（图 6－24）。

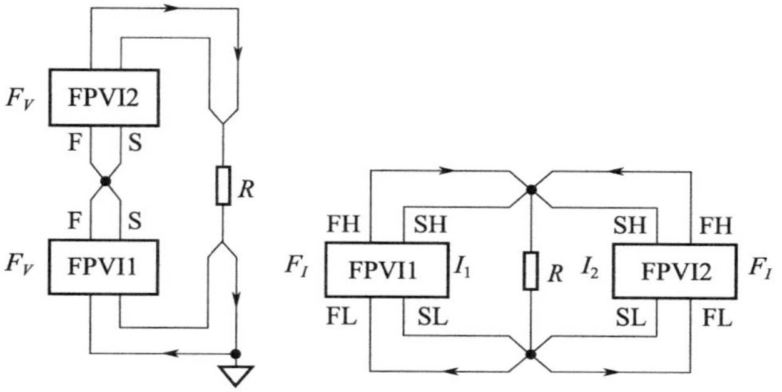

图 6－24　VI 源四线开尔文连接原理图

如图 6－25 所示为了测试电阻 0.1 Ω，使用电压源 U、导线、被测电阻形成一个回路，产生电流 I；使用电压表 V 检测电阻两端的电压，因为电压表 V 的回路中电流几乎为零，因此电压表测试的电压等于电阻产生的电压，使用这个电压除以整个回路的电流 I 得到电阻的阻值。因为电路中导线存在电阻，所以直接使用电压源产生的 U 除以 I 是无法测得准确的 0.1 Ω 电阻的。

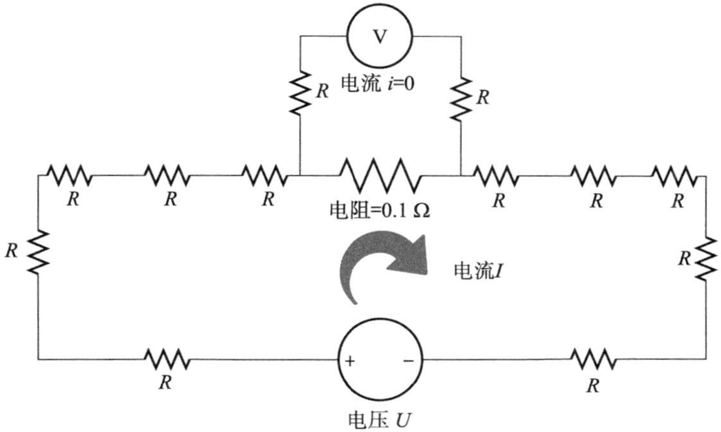

图 6－25　VI 源测量电阻原理图

四线开尔文法在 VI 源的应用可以理解为图 6－26 所示。

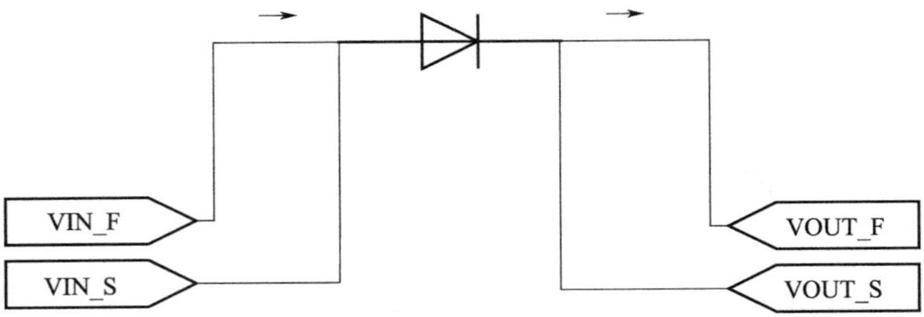

图 6－26　四线开尔文法应用原理图

恒流方式：使用 VI 源的 force 产生流过二极管的电流，再使用 sense 测试二极管的压降 VF。

恒压方式：使用 VI 源产生一个恒定的电压，此时 sense 检测到二极管两端的电压作为反馈信号，确保施加在二极管两端的电压是准确的。

四线开尔文连接不合理的情况如图 6－27 所示。

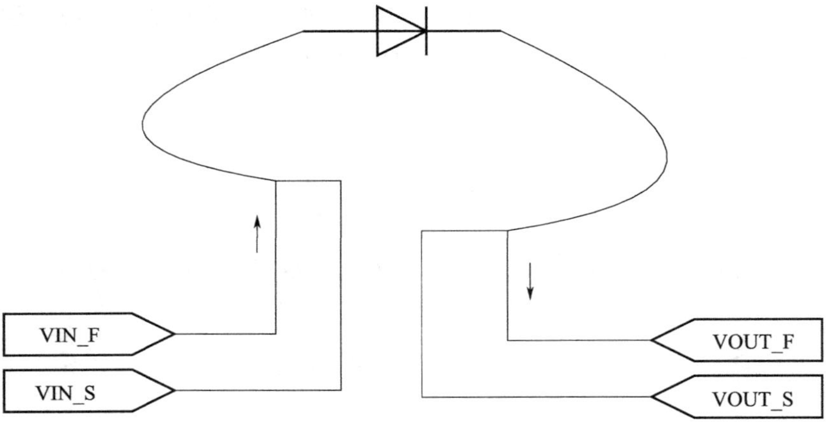

图 6－27　四线开尔文连接不合理的情况原理图

恒流：虽然看似仍旧是四线开尔文连接，但是 sense 的测量点没有在器件距离引脚最近的位置，部分导线上产生的压降无法消除，影响 VF 的测试结果。

恒压：sense 上反馈的电压不是二极管两端的电压，导致设定的恒压值大于二极管两端的电压值。如在恒压 1 V 的情况下，二极管上的压降可能只有 0.95 V，误差电压来自非四线的导线部分。

比较先进的模拟混合测试系统的 VI 源一般还应具有 AWG 任意波形发生功能和数字化仪。

AWG 功能通过编程使 VI 源输出量程范围内的任意波形，可以不再是一个固定的电压或者电流，可以通过编程设置恒压模式下输出一系列变化的电压，如正弦波、方波、三角波等。面对繁杂的测试对象和测试参数，这种功能可以方便地帮助测试工程师编写测试程序，提高工作效率。

数字化仪可以将 VI 源的实时电压和电流数据保存下来，在测试后可以直接观测电压和电流的波形，尤其是电流波形，往往在传统示波器上较难观测，使用数字化仪可以极大地辅助工程师开发测试程序。

图 6-28 是某种功率器件的测试波形，左图是由传统示波器捕捉的，右图是具有数字化仪的 VI 源所记录的。左图示波器的波形中，器件在施加电流负载后电源和输出均有所波动，相比较在右图数字化仪波形中，还可以看到施加电流负载的波形。

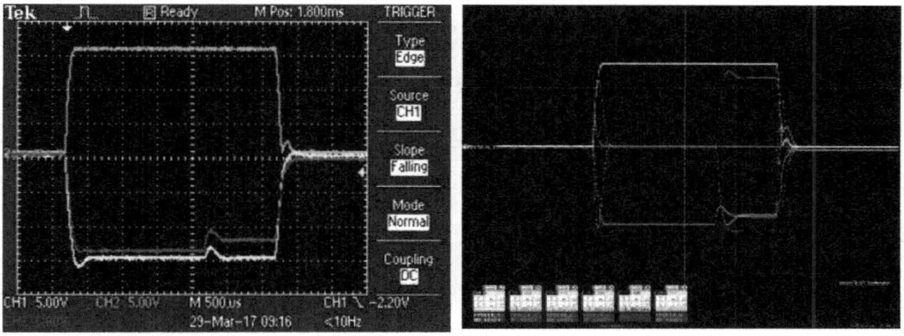

图 6-28　某功率器件的测试波形

在 VI 源的数字化仪（Digitizer）指标中，应注意最大采样速率这个指标，VI 源的采样速率往往远低于传统示波器，数字化仪仅作为测试调试和分析的辅助工具，并不能 100%取代传统示波器。

从软件示波器的图形可以看出，VI 源建立的电压或电流不是瞬间形成的，这个建立过程需要一定的时间。工程师要格外注意，这个时间与电流档位息息相关，如下例中三端稳压器的测试，一般使用 10 A 档位为被测器件（DUT）提供电压。

如图 6－29 所示，稳压器的输入和输出端均需要接电容接地，因此在上电过程中可以明显地从软件示波器中看到这个充电的过程（图 6－30）。

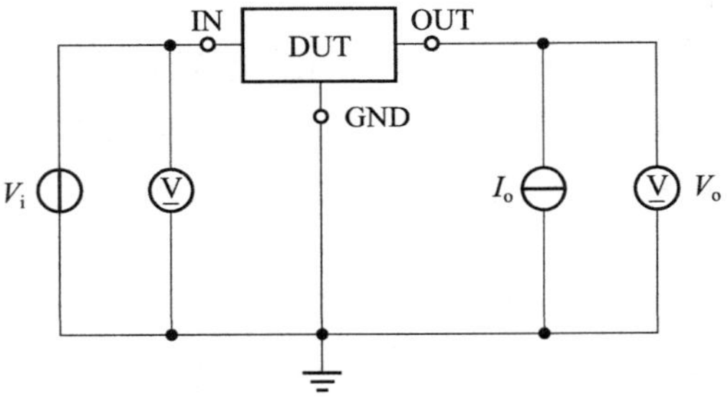

图 6－29　稳压器工作原理图

电流波形稳定后，输入和输出的电压波形才完全建立，这个充电过程的快慢就取决于电流档位的选择。如果选择了 1 A 档位，整个过程将出现如图 6－31 所示的变化。

1 A 档位的充电过程更长，电压经过了更长的时间才建立。如果测试程序没有给足充分的延时时间就读取数据，那么很有可能测试的结果是不正确的。

测试工程师应注意到，VI 源与被测器件形成了一个专用的电路，整个电路中存在一定的电容或等效电容，VI 源本身也有一定的建立时间，因此应在整个测试电路稳定后再对被测参数进行测量。

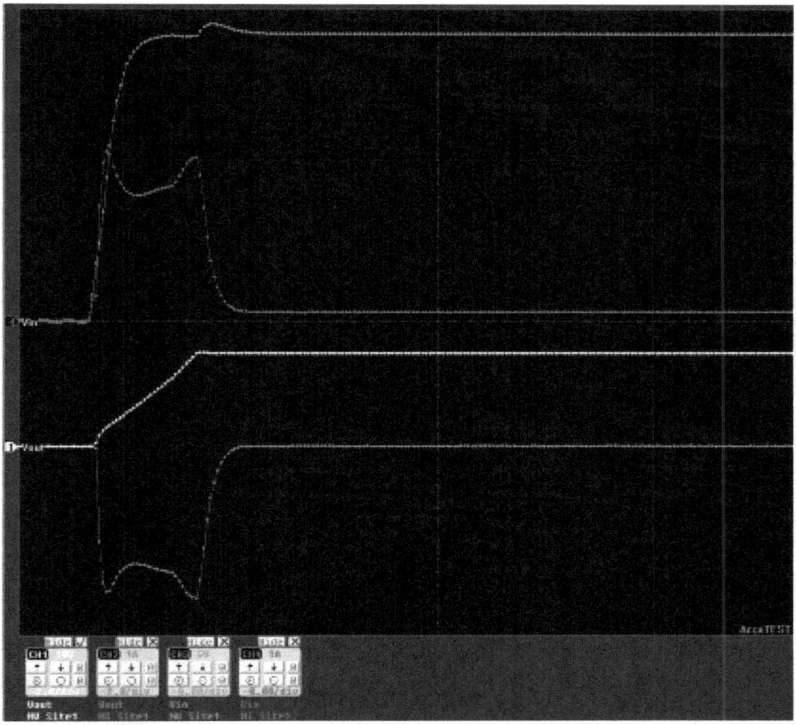

图 6-30　充电过程波形图

对于某些漏电流参数的测试，VI 源必须使用很小的电流量程（如 10 μA 档），因此稳定时间会达到几十毫秒甚至几百毫秒。但在某些大电流参数的测试中，测试时间又必须严格控制，否则器件会因为长时间加载电流而损坏。

VI 源作为测试系统最基本的工具提供给工程师使用，但如何正确合理地使用，是测试工程师应该仔细斟酌并不断积累和提高的。

（2）继电器控制单元

在模拟混合器件的测试中，测试不同的参数往往需要不同的测试线路，如脉宽调制器需要外接不同的电阻和电容来产生不同的振

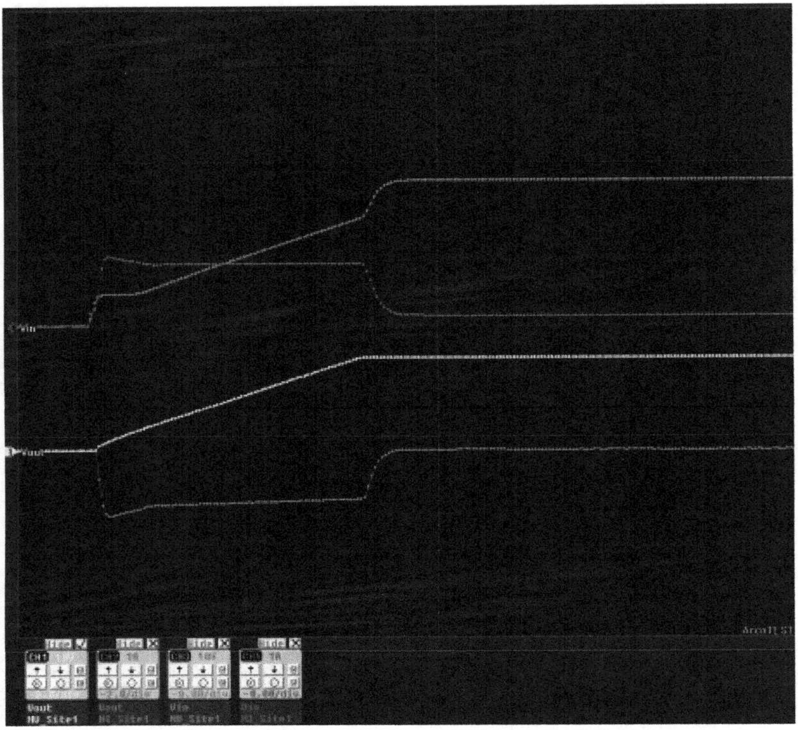

图 6-31　充电电压波形示意图

荡频率，运算放大器中有的参数需要闭环测试，有的参数需要开环测试。

因此测试工程师在设计测试方案时，必然要使用继电器对测试电路进行切换，以满足不同参数的具体要求。继电器控制单元就是测试系统中针对这个需求设计的板卡。

这类板卡一般被称为 CBIT，图 6-32 所示为一个 CBIT 位对于两个信号（Signal IN/OUT）控制的原理图，选择绕组电压为 5 V 或 12 V 的电磁继电器，CBIT 的信号连接到绕组另一端。当测试程序控制 CBIT 由 OFF 的状态变为 ON 的状态后，Signal IN 和 Signal OUT 之间的开关闭合。

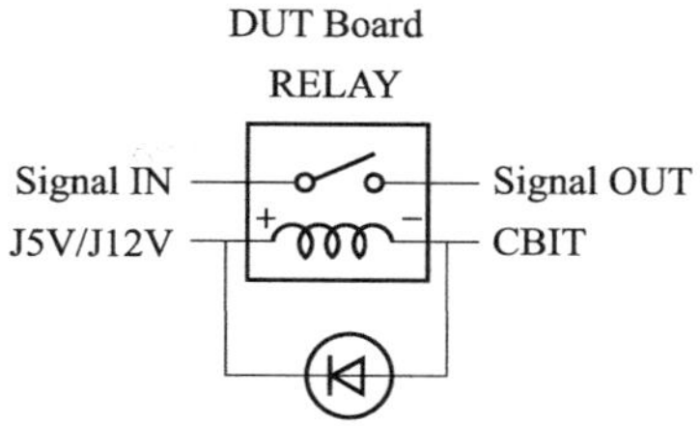

图 6 - 32　CBIT IO 控制原理图

CBIT 板卡提供了很多上述控制位给工程师使用，如果一个板卡有 128 位 CBIT，那就代表设备最多可以有 128 个 CBIT 信号控制继电器的通断。

图 6 - 33 所示为 UC1524 的测试电路，使用 K_{21} 至 K_{23} 切换 RT 端对地的电阻，K_{26} 至 K_{28} 切换 CT 端对地的电容，用于器件在不同振荡频率下的参数，这些继电器都可以通过 CBIT 来控制。

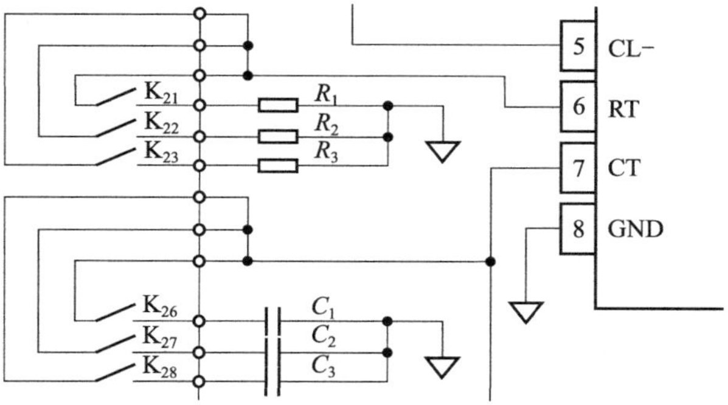

图 6 - 33　CBIT 控制过程原理图

同时，CBIT 板卡也会提供一些基本的电源，它们一般不可以调整电压的固定电源，但却具有一定的负载能力，测试工程师在使用时也应注意这些指标（表 6 - 12）。

表 6-12 CBIT 板卡指标

控制位	128
控制位最大负载	最大 150 mA
+5 V (继电器供电电压:5.0～5.25 V)	最大 5 A
+12 V(继电器供电电压：11.5～12.5 V)	最大 3 A
+15 V (模拟供电电压：14.5～15.5 V)	最大 1 A
−15 V(模拟供电电压：−14.5～−15.5 V)	最大 1 A
继电器驱动电压范围	5～24 V
电压(C 位开启)	<0.15 V (@30 mA,至探针)

(3) 用户端测试板卡——DUT 板、类别板、适配器

①DUT 板

模拟混合集成电路测试系统中一般会配备不同指标的直流电压电流源（VI 源），这些 VI 源会因电压、电流、通道等不同在功能上有所差异，如高压源、大功率源、多通道源等。

作为混合信号测试系统，设备也应具备一定能力的数字通道，这些数字通道的指标可能无法与超大规模数字测试系统相比，但也应满足混合信号集成电路的测试要求，如通道数、电平、图形速率等。

同时，测试系统中还应有时间测量单元、精密电压/电流测量单元、交流源表等模块（不同测试系统实现这些功能的方式均有差异）。

上述所有的功能模块，都会通过插座或者插针连接到用户开发板（DUT 板）上，测试工程师所有的开发都在这个界面上完成。用户开发板（DUT 板）则因测试系统所具备的资源有所不同。

不同的测试系统所具有的测试模块不同，DUT 板上的插针也不同，图 6-34 上图所示设备的资源较少，图 6-34 下图所示设备的资源较多。

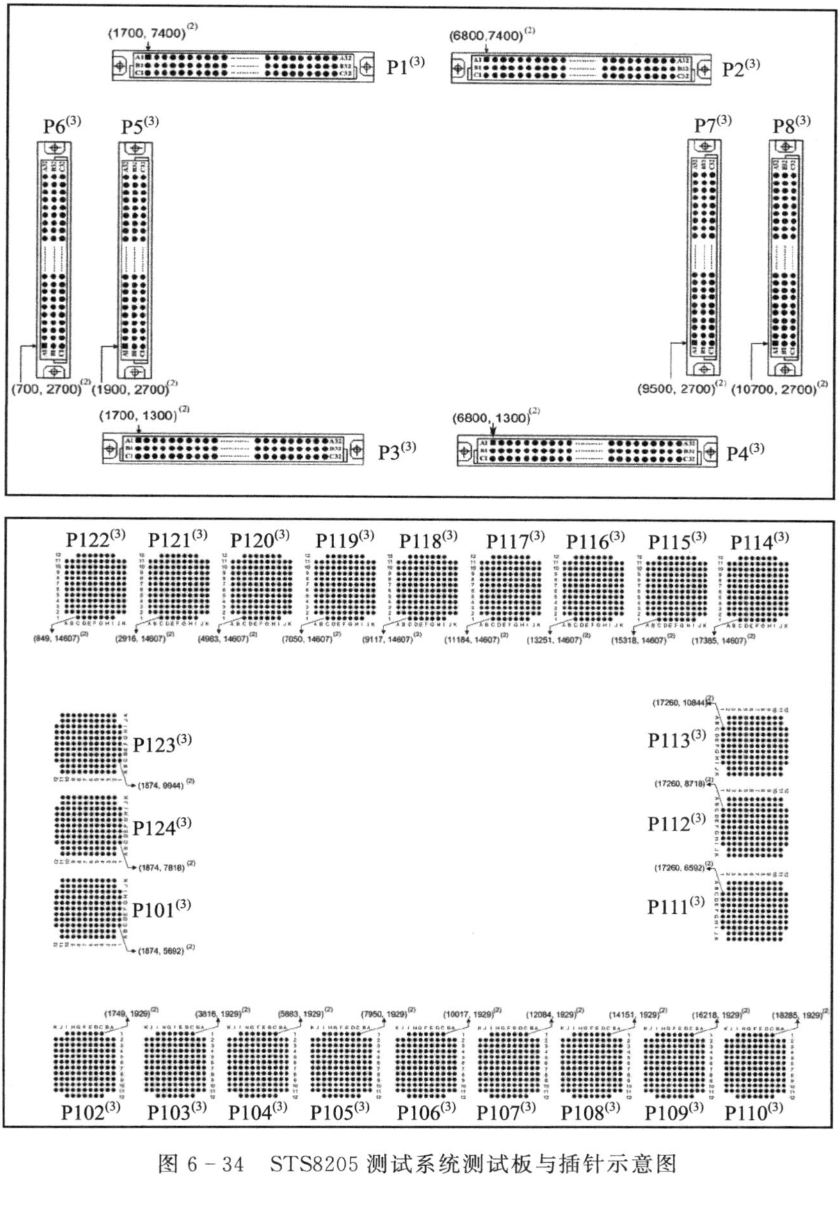

图 6－34　STS8205 测试系统测试板与插针示意图

②类别板

DUT 板很方便地把全部资源引到了一个板卡上，但如果所有的品种都在同样的板卡上进行开发也会带来一些不便。如在测试绝大多数模拟器件时，并不需要数字通道；测试一些引脚较少的模拟器件（如电压基准）和测试引脚较多的模拟器件（如脉宽调制器）使用的资源相差较多；测试运算放大器，则需要搭接运放环路。

针对不同的测试对象，设计不同的“类别板”是应对种类繁多的模拟混合器件测试的一种便捷方案。对种类相近、参数类似、需求接近的器件分类，针对它们制作专用的“类别板”。类别板安装在 DUT 板，再在类别板上安装不同种类的适配器，以应对不同器件的特殊需求（如不同封装）。这样的多级硬件设计更能够方便编程人员进行程序的开发（图 6－35）。

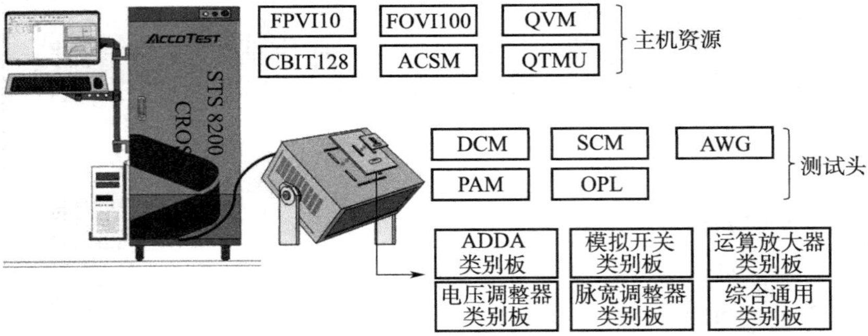

图 6－35　集成电路测试系统硬件结构图

以常见的国产模拟混合集成电路测试系统 STS8205 为例，各类测试资源分布在测试仪主机和测试头内，而为了应对不同类型器件的测试需求，设计了不同种类的类别板。

如 AD/DA 转换器的测试，类别板上需要提供足够的数字通道，同时为了满足电流类 DA 的需求，类别板设计了相关电路，将器件输出的电流信号转换为电压信号，开发人员可以直接使用。

如模拟开关类别板，设计了较为繁杂的切换矩阵，有些模拟开关（如 ADG506）需要 16 路选通 1 路，有些模拟开关（如 ADG201）需要 4 路一对一选通，设计这样的继电器切换矩阵可以极大地方便开发人员测试适配器的制作和程序的开发。如运算放大器类别板，具有独立的专用测试环路，能够测试单、双、四路运算放大器，设计了较多的专用补偿电路，以满足各类不同精度、不同速度的运算放大器。

如图 6－36 所示的运放环直接决定了运算放大器很多关键参数的测试，测试系统的各项电压、电流等指标并不能决定这些参数的测试精度和稳定性。如常见的运算放大器 OP07A 的失调电压 V_{OS} 的判据为 25 μV，但测试系统的恒压精度或者测压精度和失调电压的测试都没有直接关系。如果运放环稳定可靠，测试数据就可信，如果运放环产生自激振荡，测试的数据就不是真实的。

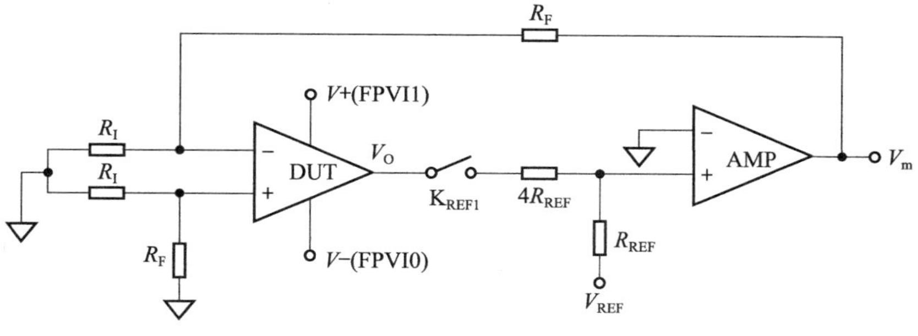

图 6－36　运放环测试原理图

该测试系统的其他类别板均有一定的针对性，开发人员可以根据实际情况在这些板卡上开发适配器和测试程序。

如果现有类别板无法满足某些复杂器件的测试，开发人员仍旧可以使用用户开发板（DUT 板）设计测试方案（图 6－37）。

③适配器

应对每个具体种类的器件，制作不同的适配器来匹配。比如常见的单运放、双运放、四运放的适配器是不同的，这些适配器的引脚定义如图 6－38 所示。

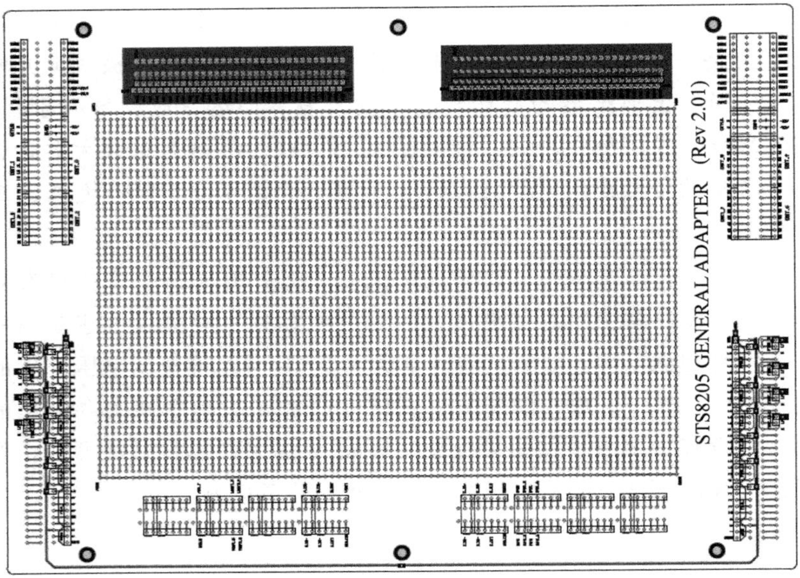

图 6-37 基于用户开发板的测试方案设计

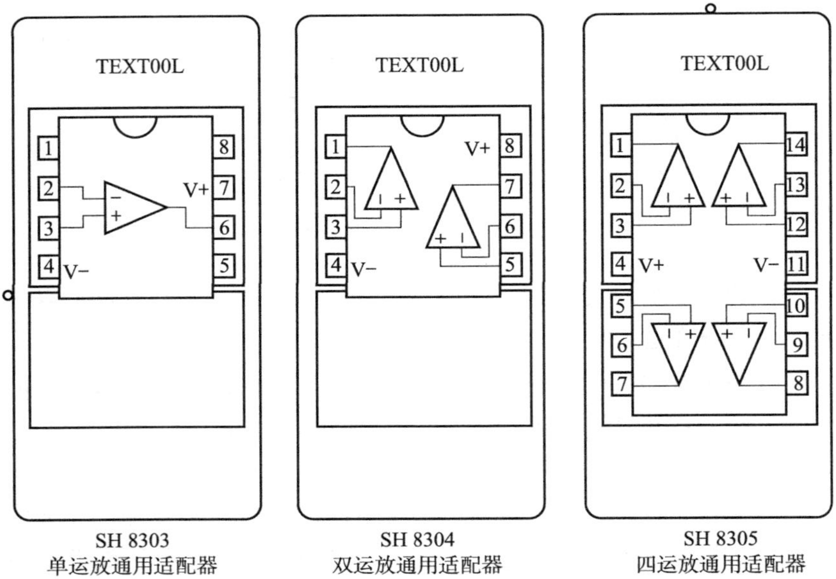

图 6-38 通用适配器示意图

在进行测试之前，测试人员应确保被测器件和适配器的引脚定义相同，这些适配器的输入输出引脚和相应的资源是固定的物理连接，无法像数字电路测试设备一样自由定义。一个 DIP－8 的双路运算放大器和 DIP－8 的单路运算放大器从外观上是没有区别的，但是它们的适配器不能混用。

测试人员也应注意器件的具体封装，相同器件型号的尾标不同，可能对应的封装不同，如常见的精密电压基准 AD584，如图 6－39 所示。

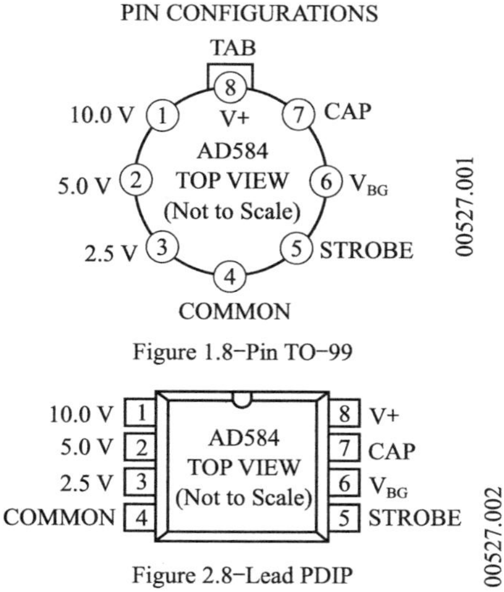

图 6－39　相同器件型号不同封装示意图

器件分为常见的 DIP 封装和 TO－99 圆形封装，针对此两种不同的封装可以制作不同的适配器，封装与测试夹具不匹配也无法进行测试。实物如图 6－40 所示。

测试人员在选择测试夹具时应务必确认夹具连接的可靠性，接触不良的测试夹具很有可能造成测试参数出现误差，甚至在测试中损坏器件。

测试夹具的选择也应考虑四线开尔文，如常见的电压调整器的

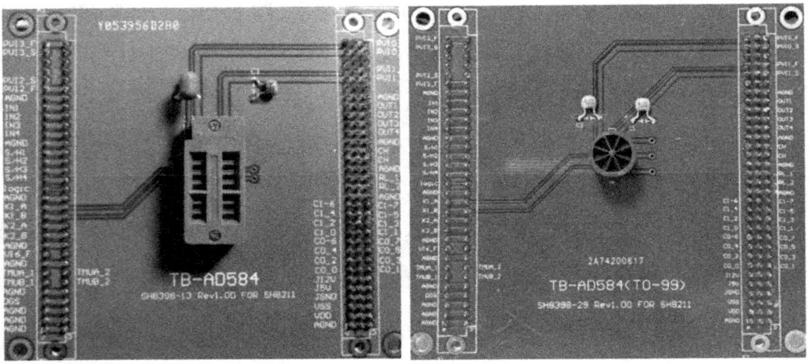

图 6－40　不同封装适配器实物图

测试，如果不使用四线开尔文夹具，某些大电流参数的测试很可能产生误差。

典型的四线开尔文夹具应从器件引脚引出两个簧片，制作适配器时可以分别对应 force 和 sense，非四线开尔文夹具每个引脚只对应一个簧片。

如图 6－41 所示，中间簧片为两片，器件引脚插入时，左右两侧接触器件引脚，测试夹具为四线开尔文连接。

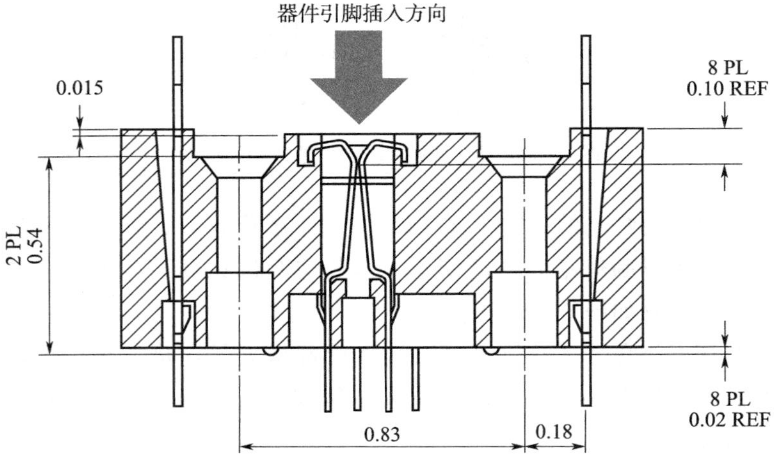

图 6－41　开尔文夹具结构图

（4）测试系统软件

模拟混合集成电路测试系统的操作软件同其他测试设备相同，都应具有一些最基本的用户功能，常见如下：

1）测试操作。调用程序，对相应品种进行测试，并显示在软件界面上。可以对被测器件进行编号，显示测试结果为合格或不合格，显示测试数据，并对测试数据存盘。

2）编程操作。修改和编辑测试程序的参数、上下限判据、测试条件等条件，保存修改后的测试程序。

3）自检。检查测试设备的各项最基本功能是否合格，是否满足技术指标。

4）计量和校准。检验设备的精度是否满足技术指标，一般需要同外部标准做比较，并可以对误差进行校准和修正。

各厂家的测试系统软件差异较大，除上述基本功能外，测试软件所能实现的功能千差万别，而对于模拟混合测试系统，测试软件一般是支持底层语言开发的。

由于测试对象较为复杂，测试方案各不相同，使用底层语言直接控制测试系统硬件工作，可以为编程人员带来最大的自由度。较多测试系统的底层开发都是以 C 语言为基础的，厂家一般将控制硬件工作的语句汇总为函数手册，测试工程师按照相应的要求使用不同的函数控制硬件工作，实现测试方案。

```
fpvi0.Set (FV, 5, FPVI10_10V, FPVI10_100MA, RELAY_ON);
```

如这条语句控制 fpvi0 资源恒压输出 5 V 电压，选择 10 V 电压量程档位和 100 mA 电流量程档位。执行语句后，如果硬件连接正确，fpvi0 则会恒压输出 5 V。

```
cbit.SetCBITOn (2);
cbit.SetCBITOn (11);
cbit.SetCBITOn (4);
```

上述这条语句控制继电器控制单元 2、11 和 4 闭合，如果硬件连接正确，相应 CBIT 控制的继电器就会闭合。

同时，为了满足一些具有共性的器件测试——如运算放大器，测试系统的软件也会将某些程序的底层固化，限制用户的修改。用户编写测试程序时，只需按照相应的测试条件填写进这些固化的测试程序中就可以测试了。有些测试系统的此类编程界面也是在底层程序中的，有些测试系统的编程界面可能是一个电子表格，或者某些测试系统会单独制作一个界面进行填表式编程。但编程人员应注意，那些与固化的底层程序不同的测试要求，只能通过单独的底层开发来实现。一个看似简单的编程界面必然不具备完全的开放性和自由度，完全开放和自由的开发方式必然是较为烦琐的，两者不可兼顾。

综上所述，模拟混合集成电路测试系统配备了各类硬件资源供开发人员使用，开发人员应在充分了解被测对象和被测参数的情况下，根据测试系统资源制定详细的测试方案，并通过测试系统提供的面向用户的硬件接口和软件，进行程序的开发和调试，最终实现各电参数测试。

参考文献

[1] JEDEC Solid State Technology Association. JESD22 - A114D: electrostatic discharge (ESD) sensitivity testing human boby model (HBM) [S]. Virginia: JEDEC Solid State TechnologyAssociation, May 1, 2006.

[2] Deparhnent of Defense. Military standard MIL - STD 883E (method 3015.) [S]. New York: American National Standards Institute, December 31, 1996.

[3] 梁海莲. 集成电路高压 ESD 防护器件的研究 [D]. 无锡：江南大学，2014，1 - 28.

[4] J Bernier, B Hesher. ESD improvements for familiar automated handlers. Electrical Overstress/Electrostatic Discharge Symposium Proceedings, Phoenix, 1995, 110 - 117.

[5] ESD Association. ESD STM 5. 3. - 1999: standard test method for electrostatic discharge sensitivity testing - charged device model (CDM) component level. May 1, 1999.

[6] 杜晓阳. CMOS 射频集成电路片上 ESD 防护研究 [D]. 杭州：浙江大学，2009，20 - 37.

[7] Mark Burns, Gordon W Roberts. An Introduction to Mixed - Signal IC Test and Measurement [M].

[8] Guy Perry. The Fundamentals of Digital Semiconductor Testing [M].

[9] 全国半导体器件标准化技术委员会. 半导体集成电路 电压调整器测试方法：GB/T 4377—2018 [S]. 北京：中国标准出版社，2018.

[10] 全国半导体器件标准化技术委员会. 半导体集成电路 电压比较器测试方法的基本原理：GB/T 6798—1996 [S]. 北京：中国标准出版社，2004.

[11] 全国半导体器件标准化技术委员会. 半导体集成电路 模拟开关测试方法：GB/T 14028—2018 [S]. 北京：中国标准出版社，2018.

[12] 全国半导体器件标准化技术委员会. 半导体集成电路模拟乘法器测试方法的基本原理：GB/T 14029—1992 [S]. 北京：中国标准出版社，2004.

[13] 全国半导体器件标准化技术委员会. 半导体集成电路时基电路测试方法的基本原理：GB/T 14030—1992 [S]. 北京：中国标准出版社，2004.

[14] 全国半导体器件标准化技术委员会. 半导体集成电路模拟锁相环测试方法的基本原理：GB/T 14031—1992 [S]. 北京：中国标准出版社，2004.

[15] 全国半导体器件标准化技术委员会. 半导体集成电路数字锁相环测试方法的基本原理：GB/T 14032—1992 [S]. 北京：中国标准出版社，2004.

[16] 全国半导体器件标准化技术委员会. 半导体集成电路电压/频率和频率/电压转换器测试方法的基本原理：GB/T 14114—1993 [S]. 北京：中国标准出版社，2004.

[17] 全国半导体器件标准化技术委员会. 半导体集成电路采样/保持放大器测试方法的基本原理：GB/T 14115—1993 [S]. 北京：中国标准出版社，2004.

[18] 全国半导体器件标准化技术委员会. 半导体集成电路封装结到外壳热阻测试方法：GB/T 14862—1993 [S]. 北京：中国标准出版社，2004.

[19] 全国半导体器件标准化技术委员会集成电路分技术委员会. 半导体集成电路　电平转换器测试方法：GB/T 35006—2018 [S]. 北京：中国标准出版社，2018.

[20] 全国半导体器件标准化技术委员会. 半导体集成电路　低电压差分信号电路测试方法：GB/T 35007—2018 [S]. 北京：中国标准出版社，2018.

[21] 全国半导体器件标准化技术委员会. 半导体集成电路　第三代双倍数据速率同步动态随机存储器（DDR3 SDRAM）测试方法：GB/T 36474—2018 [S]. 北京：中国标准出版社，2018.

[22] 全国半导体器件标准化技术委员会. 半导体集成电路　快闪存储器测试方法：GB/T 36477—2018 [S]. 北京：中国标准出版社，2018.

[23] 中国人民解放军总装备部. 军用 CPU 测试方法：GJB 7704—2012 [S]. 北京：总装备部军标，2012.

[24] 中国人民解放军总装备部. DSP 测试方法：GJB 7705—2012 [S]. 北京：总装备部军标，2012.

[25] 中国人民解放军总装备部. 半导体集成电路运算放大器测试方法：GJB 9147—2017 [S] . 北京：国家军用标准，2017.

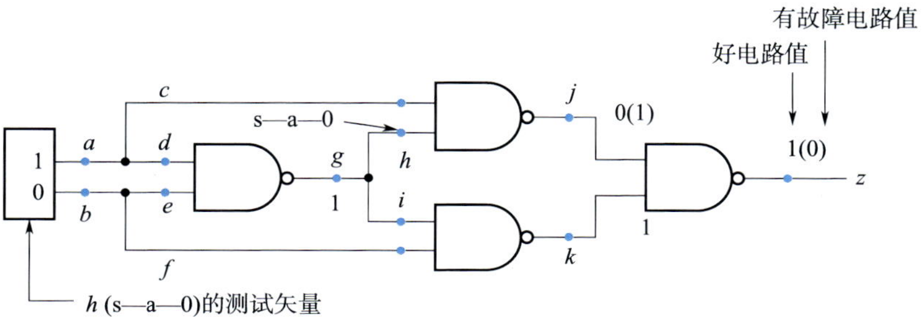

图 2－21　XOR 门单固定故障示意图（P40）

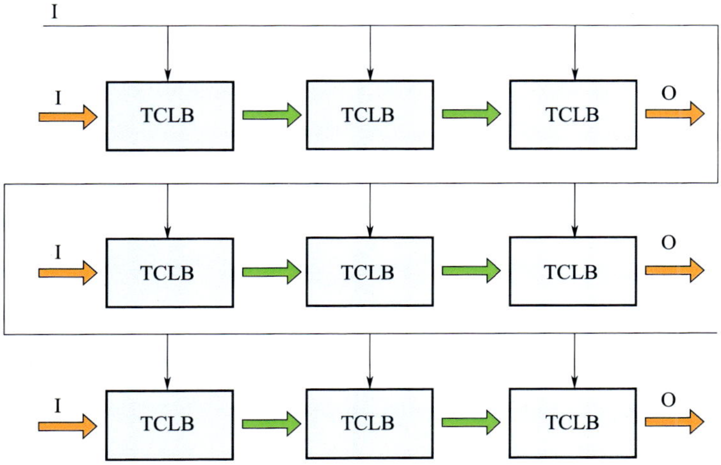

图 4－122　将 3×3 的 CLB 矩阵分布成 3 个一维阵列（P241）

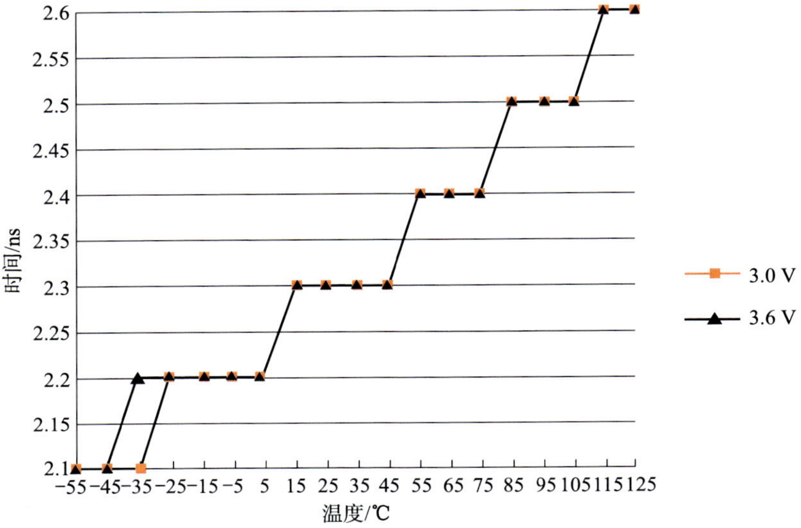

图 4-162　不同电源电压下 t_{PHL} 参数与温度变化曲线（P289）

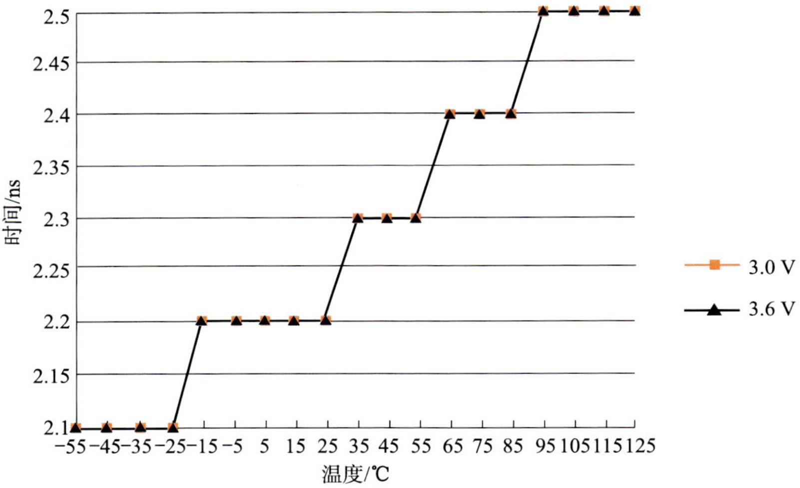

图 4-163　不同电源电压下 t_{PLH} 参数与温度变化曲线（P289）

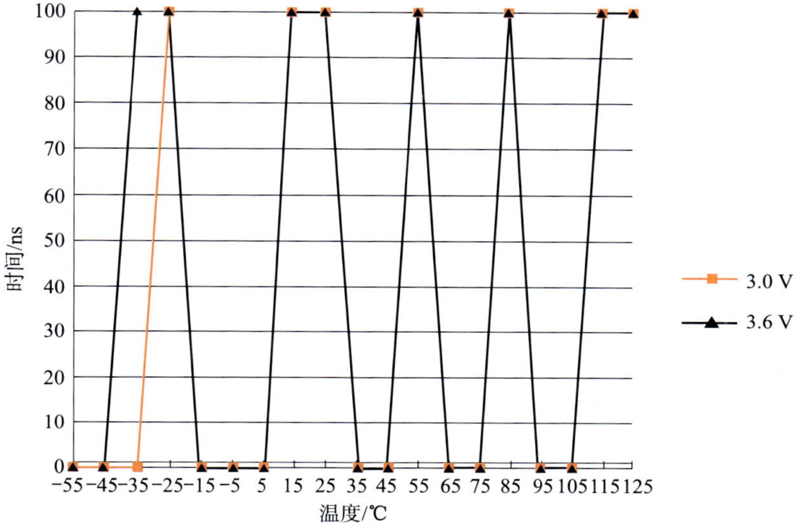

图 4-164　不同电源电压下延迟差分偏差参数与温度变化曲线（P290）

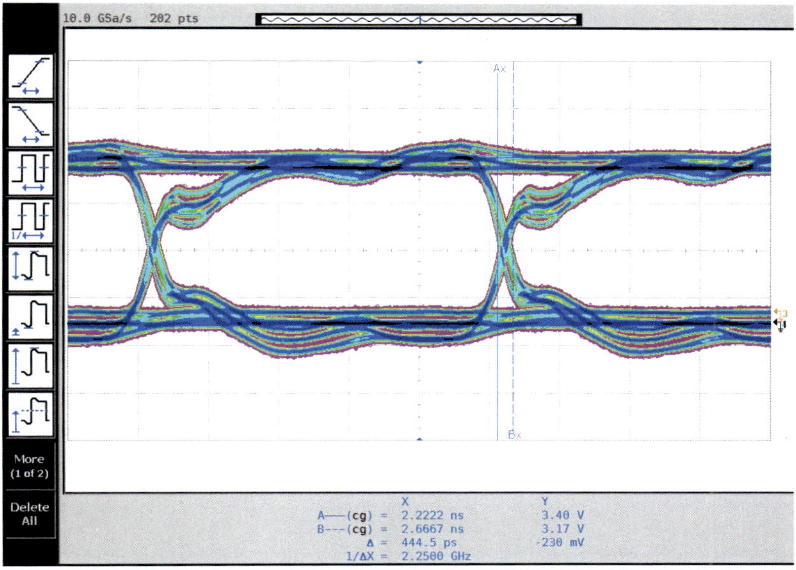

图 4-167　LVDS 接收器 100 Mbps 输出眼图（P292）

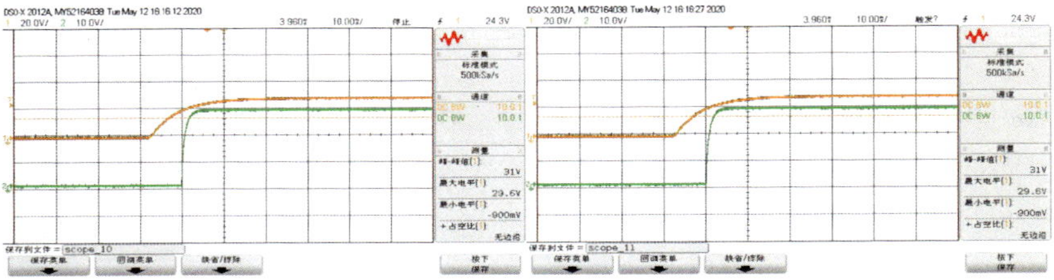

图 5－3　输出电压启动波形（P297）

（红色曲线为输入电压曲线，绿色曲线为输出电压曲线）

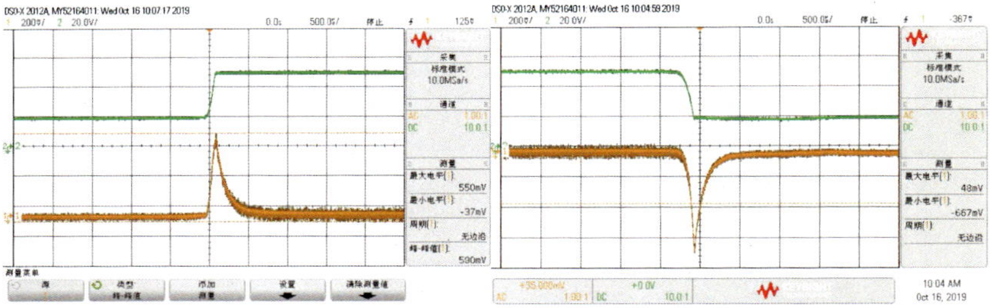

图 5－4　输入电压瞬变时输出电压的响应特性（P297）

（红色曲线为输入电压曲线，绿色曲线为输出电压曲线）